食品药品
科普知识读本

艾宝明 主 编

内蒙古人民出版社

图书在版编目（ＣＩＰ）数据

食品药品科普知识读本/艾宝明主编.--呼和浩特：
内蒙古人民出版社,2017.12（2021.1重印）
ISBN 978-7-204-15237-7

Ⅰ.①食… Ⅱ.①艾… Ⅲ.①食品安全—普及读物
②用药法—普及读物 Ⅳ.①TS201.6-49②R452-49

中国版本图书馆CIP数据核字(2017)第329741号

食品药品科普知识读本

作　　者	艾宝明	
责任编辑	陈宇琪	
封面设计	刘　玥	
出版发行	内蒙古人民出版社	
地　　址	呼和浩特市新城区中山东路8号波士名人国际B座5层	
印　　刷	内蒙古恩科赛美好印刷有限公司	
开　　本	710×1000　1/16	
印　　张	23.75	
字　　数	390千	
版　　次	2018年10月第1版	
印　　次	2021年1月第3次印刷	
印　　数	10001—13000册	
书　　号	ISBN 978-7-204-15237-7	
定　　价	35.00元	

如发现印装质量问题,请与我社联系。联系电话:(0471)3946120　3946124
网址:http://www.impph.cn

前　言

民以食为天。食物是人类赖以生存的物质基础,它为我们的生产、生活提供动力。在当今时代,人民生活水平有较大提高,我们不用担心温饱问题,但是却不得不关注食品安全问题。现时,食品安全问题时有发生。虽然我们一直都在注意食品的卫生,但由于公众对食品知识的了解程度较低,没有充分发挥出食品在人体保健、促进健康、延年益寿等方面的作用。药品直接关系着人民群众的身体健康和生命安全,确保药品安全就是重大的民生问题。药品是用于预防、治疗、诊断人的疾病,有目的地调节人的生理机能,并规定有适应症或者功能主治、用法和用量的物质。作为一种特殊的商品,药品和用药的质量安全直接关系到人们的健康和生命。因此,掌握一定的食品、药品知识,进而提高公众的健康水平和生活质量有重大意义,也是民生和国家两大层面的重大问题。

本书包括食品、药品两部分共十一章内容,食品部分内容包括食品概述、食品安全一般知识、食品的贮藏与保鲜、食品添加剂、食品选购知识、饮食指南六方面;药品部分内容包括药品基本知识、用药安全概述、常见疾病与用药安全、特殊人群用药安全、有关药品质量的认识五方面。由于篇幅和知识有限,在本书中我们仅从人们关心、贴近生活的方面进行阐述,希望能够对民众获取食品药品相关知识、改善生活质量等方面起到积极的作用,让大家能更健康地生活,延年益寿。

本书的撰写,得到了河套学院、巴彦淖尔市食品药品监督管理局、巴彦淖尔市食品药品检验所等单位领导和同志们的大力支持,各位编写者投入了大量的时间和精力,付出了辛勤的劳动,对此我们深表感谢!

目 录

第一篇 食品部分

第二篇　药品部分

第一篇

食品部分

第一章　食品概述

第一节　食品的一般知识

食品是人体生长发育、更新细胞、修补组织、调节各种生理机能所必不可少的营养物质来源,也是产生热量以保持体温恒定、从事各种活动的能量来源。正因为食品中含有人体所必需的各种营养素和能量,所以它是人类维持生命与健康的必需品,是人类赖以进行一切社会活动的物质基础。没有食品,人类就不能生存。

一、基本概念

（一）食品

指各种供人食用或者饮用的成品和原料以及按照传统既是食品又是中药材的物品,但是不包括以治疗为目的的物品。

（二）绿色食品

绿色食品,指产自优良生态环境,按照绿色食品标准生产,实行全程质量控制并获得绿色食品标志使用权的安全、优质食用农产品及相关产品。由于与生命、资源、环境保护有关的事物国际上通常都冠之以"绿色",为了突出这类食品出自良好的生态环境,因此定名为绿色食品。

绿色食品分为 A 级和 AA 级两类,二者均应符合《绿色食品产地环境质量标准》。其中,A 级绿色食品是在生产过程中,严格按照绿色食品生产资料使用准则和生产操作规程要求,限量使用限定的化学合成生产资料,经专门机构认定,许可使用 A 级绿色食品标志的产品;AA 级绿色食品是按有机生产方式生产,在生产过程中

不使用任何化学合成的农药、肥料、兽药、食品添加剂、饲料添加剂及其他有害于环境和身体健康的物质,禁止使用基因工程技术,经专门机构认定,许可使用AA级绿色食品标志的产品。

（三）有机食品

是一种国际通称,是从英文Organic Food直译过来的,其他语言中也有叫生态或生物食品等。有机食品是国际上对无污染天然食品比较统一的提法。有机食品通常来自于有机农业生产体系,是根据国际有机农业生产要求和相应的标准生产加工的。即在原料生产和产品加工过程中不使用化肥、农药、生长激素、化学添加剂等化学物质,不使用基因工程技术,并通过独立的有机食品认证机构认证的一切农副产品,包括粮食、蔬菜、水果、奶制品、畜禽产品、蜂蜜、水产品、调料等。

有机食品是国际上对无污染天然食品比较统一的提法。除有机食品外,国际上还把一些派生的产品如有机化妆品、纺织品、林产品或有机食品生产而提供的生产资料,包括生物农药、有机肥料等,经认证后统称有机产品。

（四）保健食品

保健食品是食品的一个种类,具有一般食品的共性,是指声称具有特定保健功能或者以补充维生素、矿物质为目的的食品,即适宜于特定人群食用,具有调节机体功能的作用,不以治疗疾病为目的,并且对人体不产生任何急性、亚急性或者慢性危害的食品。

一般食品和保健食品的共性与区别:

共性:都能提供人体生存必需的基本营养物质,都具特定色、香、味、形。

区别:（1）保健食品含一定量功效成分（生理活性物质）,能调节人体机能,具有特定功能;而一般食品不强调特定功能。

（2）保健食品一般有特定食用范围（特定人群）,而一般食品没有。

（五）强化食品

根据特殊需要,按照科学配方,通过一定方法把缺乏的营养素

加到食品中去,以提高食品的营养价值,这样加工出来的食品称之为强化食品。

具体来讲,其实就是将人体所缺乏的微量营养素加入一种食物载体,以增加营养素在食物中的含量。这种措施的优点在于既能覆盖较大面积的人群,又能在短时间内见效,而且花费不多,还不需要改变人们的饮食习惯。

(六)无公害食品

无公害农产品(食品)是指产地环境、生产过程和产品品质符合无公害食品标准和规范,经专门机构认证,许可使用无公害农产品标志的食品。无公害农产品生产过程中允许限量、限品种、限时间地使用人工合成的安全的化学农药、兽药、渔药、肥料、饲料添加剂等。

(七)新资源食品

新资源食品是指在中国新研制、新发现或者新引进的无食用习惯的,或者仅在个别地区有食用习惯的,符合食品基本要求的食品。新资源食品的试生产、正式生产由卫生部审批,发给"新资源食品试生产卫生审查批件",批准文号为"卫新食试字(××)第×号"。试生产的新资源食品在广告宣传和包装上必须在显著的位置上标明"新资源食品"字样及新资源食品试生产批准文号。

(八)转基因食品

转基因食品是指利用基因工程技术改变基因组构成的动物、植物和微生物生产的食品和食品添加剂,包括:(1)转基因动植物、微生物产品。(2)转基因动植物、微生物直接加工品。(3)以转基因动植物、微生物或者其直接加工品为原料生产的食品和食品添加剂。

转基因食品作为一类新资源食品,须经卫生部审查批准后方可生产或者进口。未经卫生部审查批准的转基因食品不得生产或者进口,也不得用作食品或食品原料。转基因食品应当符合《食品卫生法》及其有关法规、规章、标准的规定,不得对人体造成急性、慢性或其他潜在性健康危害。转基因食品的食用安全性和营养质

量不得低于对应的原有食品。食品产品中(包括原料及其加工的食品)含有基因修饰有机体或/和表达产物的,要标注"转基因××食品"或"以转基因××食品为原料"。转基因食品来自潜在致敏食物的,还要标注"该品转××食物基因,对××食物过敏者注意"。

(九)辐照食品

辐照食品指用钴60、铯137产生的γ射线或者电子加速器产生的电子束辐照加工处理的食品,包括辐照处理的食品原料、半成品。国家对食品辐照加工实行许可制度,经卫生部审核批准后发给辐照食品品种批准文号,批准文号为"卫食辐字(××)第×号"。辐照食品在包装上必须贴有卫生部统一制定的辐照食品标识。

(十)健康食品

健康食品是食品的一个种类,具有一般食品的共性,其原材料也主要取自天然的动植物,经先进生产工艺,将其所含丰富的功效成分作用发挥到极致,从而能调节人体机能,适用于有特定功能需求的相应人群食用的特殊食品。

二、食品的分类

(一)按原料性质分类

1.谷物类食品:如水稻、小麦、小米、大豆等。

2.杂粮类食品:主要有高粱、谷子、荞麦、燕麦、大麦、薏仁以及菜豆、绿豆、小豆(红小豆、赤豆)、蚕豆、豌豆、豇豆、小扁豆、黑豆等。杂粮一般富含膳食纤维、B族维生素和矿物质。不同种类的杂粮有其独特的特点,有的杂粮具有一定的保健作用。

过食杂粮的坏处:如果杂粮吃得太多,就会影响消化。过多的纤维素可导致肠道阻塞、脱水等急性症状。长期过食杂粮,还会影响吸收,使人体缺乏许多基本的营养元素。对于养分需要量大的特殊人群,过食粗粮影响吸收而造成的危害最明显,这些人包括怀孕期和哺乳期的妇女,以及正处于生长发育期的青少年。纤维素具有干扰药物吸收的作用,它会降低某些降血脂药和抗精神病药的药效。

3.果蔬类食品

（1）蔬菜（按照可食部分分类）

①叶菜类：结球白菜、羽衣甘蓝、大白菜、青菜、小青菜、包菜、生菜、菠菜、韭菜等。

②根茎类：萝卜（白萝卜、胡萝卜、水萝卜）、大葱、蒜、洋葱、生姜、蒜薹、山药、芋头、马铃薯、红薯等。

③果菜类：辣椒（菜椒、青椒、尖椒、甜椒、朝天椒、螺丝椒）、南瓜、冬瓜、苦瓜、乳瓜、黄瓜、丝瓜、佛手瓜、西葫芦、番茄、茄子、豇豆、扁豆、青豆、毛豆等。

④菌类：木耳、银耳、平菇、草菇、口蘑、金针菇、香菇等。

（2）果品

①瓜类：西瓜、甜瓜、香瓜、哈密瓜、木瓜等。

②浆果类：草莓、蓝莓、葡萄、猕猴桃、柑橘类（蜜橘、甜橙、柚子、柠檬等）。

③核果类：桃、李子、樱桃、杏、梅子、大枣、荔枝等。

④仁果类：苹果、梨、海棠果、柿子、山楂、无花果等。

⑤其他水果：菠萝、芒果、栗子、椰子、榴莲、香蕉、甘蔗、核桃等。

4.水产类食品：主要有鱼类（海水鱼、淡水鱼）、虾蟹类、鳖、黄鳝、蛇、蛙、乌贼、海参、海带等。

5.乳制品

①液体乳类：按原料分包括全脂乳、脱脂乳、复原乳、调制乳、发酵乳等，按杀菌程度分包括杀菌乳、灭菌乳等。

②乳粉类：全脂乳粉、脱脂乳粉、调制乳粉等。

③乳脂类：稀奶油、奶油、无水奶油等。

④炼乳类：淡炼乳、调制炼乳等。

⑤干酪类：原干酪、再制干酪等。

6.肉类食品

肉类包括畜肉、禽肉。畜肉有猪、牛、羊、兔肉等。禽肉有鸡、鸭、鹅肉等。肉类含有丰富的蛋白质、脂肪和B族维生素、矿物质，是人类的重要食品。

7.蛋类食品

指卵生动物为繁衍后代排出体外的卵。除了禽类外,爬行类的蛇、龟、鳖也可以产蛋。但烹调中应用最广泛的是禽类所产的蛋。

禽蛋的常用品种有鸡蛋、鸭蛋、鹅蛋、鸽蛋、鹌鹑蛋等。应用最多的是鸡蛋。鸭蛋、鹅蛋较大,腥味较重,通常用于制作咸蛋、皮蛋等。鸽蛋、鹌鹑蛋形态较小、质地细腻,在烹调中多整只使用。

8.饮料食品

饮料是指以水为基本原料,由不同的配方和制造工艺生产出来,供人们直接饮用的液体食品。饮料除提供水分外,由于在不同品种的饮料中含有不等量的糖、酸、乳以及各种氨基酸、维生素、无机盐等营养成分,因此有一定的营养价值。

饮料一般可分为含酒精饮料和无酒精饮料。酒精饮料系指供人们饮用且乙醇(酒精)含量在0.5%~65%(v/v)的饮料,包括各种发酵酒、蒸馏酒及配制酒。无酒精饮料又称软饮料,是指酒精含量小于0.5%(v/v),以补充人体水分为主要目的的流质食品,包括固体饮料。

无酒精饮料大致有以下几类:

①碳酸类饮料:是将CO_2气体和各种不同的香料、水分、糖浆、色素等混合在一起而形成的气泡式饮料。如可乐、汽水等。

②果蔬汁饮料:各种果汁、鲜榨汁、蔬菜汁、果蔬混合汁等。

③功能饮料:含各种营养要素的饮品,满足人体特殊需求。如多糖饮料、维生素饮料、矿物质饮料等。

④茶类饮料:冰红茶、绿茶、大麦茶、菊花茶等。

⑤乳饮料:牛奶、酸奶等。

(二)按生活习惯分类

1.主食品

主食品是在饭桌上除了菜以外的食物,一般指的是粮食一类的食物。

2.副食品

副食品：指米、面等主食外用以下饭的鱼、肉、蔬菜等各种食品。

副食：即非主食，一般是经过精加工的食品，包括食糖、糖果、罐头、茶叶、调味品、乳制品、蜜制品、豆制品、饮料、饼干、糕点、小食品以及烟、酒、果品等。

（三）按产品加工深度分类

1.即食食品：指拆开包装后不需要任何再加工就能食用的食品。如罐头、袋装熟食、即食熟肉制品、即食酱腌菜等。

2.粗加工食品：是指原材料经过简单加工或初级加工而成的食品。如干木耳、干香菇、爆玉米花、熟玉米棒等。

3.精加工食品：水果从树上摘下来，经过简单包装就拿到市场上出售可以看成是食品的粗加工，而把水果制成罐头、饮料、果酒等就属于精加工。如精致米面、蛋糕、饼干、点心、火腿肠等。

4.深加工食品：食品深加工即食品深一步地进行加工，比如把肉做成罐头。

（四）按食用方式分类

1.快餐食品：快餐食品是由食品工厂生产或大中型餐饮企业加工的，大众化、节时、方便，可以充当主食。如汉堡包、盒饭等。

主要分类：

（1）按经营方式、工业化程度可分为：传统快餐、现代快餐。

（2）按菜品风味可分为：中式快餐、西式快餐、中西合璧式快餐、其他快餐。

（3）按品种形式可分为：单一品种快餐、组合品种快餐。

2.蒸煮食品

科学研究证实，食物的烹饪温度越高，烹饪过程中产生的致癌物质越多，食物中的营养成分亦越难被人体消化吸收和代谢。与油炸等高温烹饪方式相比，蒸、煮、炖等则属于低温烹饪方法，加工温度始终保持在100℃上下，避免了油炸等高温过程中造成的成分变化带来的毒素侵袭。并且，在蒸煮过程中，食物原料中的油脂还会随着蒸汽的温润逐渐把过剩的油脂释放出来，降低食物的油腻

度,更有利于人体对营养成分的消化吸收,蒸煮食品从而也就更加有益丁人体健康。

3.速冻食品

是将需速冻的食品,经过适当的处理,急速冷冻,低温储存,于-18℃~-20℃的连贯低温条件下送抵消费地点的低温产品。速冻食品包括水产速冻食品(海虾、冻鱼、虾仁等)、农产速冻食品(毛豆、花生、芦笋、混合蔬菜等)、畜产速冻食品(猪肉、鸡肉等)、调理类速冻食品(特指两种以上的生鲜、农、水、畜产品为原料,加工处理,急速冷冻的速冻食品)。

其最大优点:完全以低温来保存食品原有品质,而不借助任何防腐剂和添加剂,同时使食品营养最大限度地保存下来。具有美味、方便、健康、卫生、营养、实惠的好处。

4.烘焙食品

烘焙食品是以面粉、酵母、食盐、砂糖和水为基本原料,添加适量油脂、乳品、鸡蛋、添加剂等,经一系列复杂的工艺手段烘焙而成的方便食品。它不仅具有丰富的营养,而且品类繁多,形色俱佳,应时适口,可以在饭前或饭后作为茶点品味,又能作为主食,还可以作为馈赠之礼品。

5.休闲食品

休闲食品其实也是快速消费品的一类,是在人们闲暇、休息时所吃的食品。主要分类有干果、膨化食品、糖果、肉制食品等。

休闲食品正在逐渐升格成为百姓日常的必需消费品。随着经济的发展和消费水平的提高,消费者对于休闲食品数量和品质的需求不断增长。

6.油炸食品

油炸食品是我国传统的食品之一,无论是逢年过节的炸麻花、炸春卷、炸丸子,还是常被作为早餐的油条、油饼,以及近年来儿童喜欢食用的洋快餐中的炸薯条、炸面包、炸薯片等,都是油炸食品。油炸食品因其酥脆可口、香气扑鼻,能增进食欲,所以深受许多成人和儿童的喜爱,但经常食用油炸食品对身体健康却极为不利。

三、中国食品行业发展概述

食品工业在世界经济中一直占着举足轻重的地位。我国食品工业自改革开放以来，历经坎坷，在激烈的市场竞争中求生存，并且有了很大的发展。

食品工业不仅与人民生活质量、健康水平密切相关，而且是消费品工业中为国家提供积累最多、吸纳城乡劳动就业人员最多、与农业依存度最大、与其他行业关联度最强的一个工业门类。

中国食品工业是市场化程度较高的竞争性行业，这决定了中国食品工业产业结构的深刻调整，产生并快速发展了如方便食品、冷冻食品等新生的"朝阳产业"，加速了产业市场化、国际化的进程。

随着经济的发展和人民生活水平的提高，我国居民的饮食习惯和饮食结构也发生了巨大的变化，人们不再仅仅满足温饱需要，而开始重视食品的营养、卫生质量、加工工艺、外观包装，越来越多的人开始追求品味、消费品牌。应该说，对于食品行业而言，市场是巨大的，然而竞争也是激烈的。加入世贸组织后，中国的食品企业面对的不仅仅是国内同行的竞争，更有来自国外公司的压力。国内企业在资金、技术、管理、人才等方面都处于劣势，洋品牌在很多领域抢占了我们的市场。同时我们还要考虑如何立足国内、走向世界的发展战略问题，因为经济全球化的到来，仅仅满足于国内市场是很难与那些跨国公司抗衡的。

近几年来，食品安全问题引起了全世界的关注。有关专家指出，这说明我国与发达国家相比，在加工技术、质量管理等方面还存在较大差距，需要尽快与国际接轨。

另外一个突出的问题是品牌培育问题，中国缺少知名品牌和知名企业。像五粮液、双汇、娃哈哈等在国内市场享有名气的品牌，与国际品牌相比还相去甚远。因此，加快食品工业企业结构调整步伐，提高食品工业经济实力，培育和发展中国的知名食品品牌和知名企业，充分利用比较优势、整合资源、组建跨国集团就显得更加重要和迫切。

第二节 各类食品的营养价值

一、食品营养价值的评价及意义

（一）食品营养价值的评价

食品营养价值指食品中所含的热能和营养素能满足人体营养需要的程度。对食品营养价值的评价，主要根据以下几方面：

1.营养素的种类和含量。评定每一种食物原料中所含的营养素种类是否齐全，含量是否充足。一般来说，食物中所能提供的营养素的种类和含量越接近人体需要，其营养价值就越高。前人已经对大量的食物进行了分析测定，并将测定的结果汇总为《食物成分表》。目前，《食物成分表》仍是评定食物营养价值的重要工具。

2.营养素的质量。食物中所含营养素的种类和含量固然十分重要，但营养素质量也是一项非常重要的指标。一般不同食物中的蛋白质、脂肪等营养素都存在着质量上的差异。如蛋白质的优劣体现在其氨基酸的组成及可被消化利用的程度，脂肪的优劣则体现在脂肪酸的组成、脂溶性维生素的含量等方面。营养素的质量对食物的营养价值有直接影响。

3.食品的营养质量指数（INQ）。INQ 是常用来评价食物营养价值的指标。营养价值比较好的食物应该与满足机体某种营养素需要的程度（营养密度）和满足机体热能需要的程度（热能密度）相适应。所以，通常用以上两个数值的比值大小来评定食物的营养价值，即 INQ＝营养密度/热能密度，营养密度＝某营养素含量/该营养素供给标准，热能密度＝食物所产生的热能/热能供给标准。INQ＝1，表示食物的该营养素与能量含量达到平衡；INQ＞1，说明食物的该营养素的供给量高于能量的供给量，故 INQ＞1 为营养价值高；INQ＜1，说明此食物中该营养素的供给量少于能量的供给量，长期食用此种食物，可能发生该营养素的不足或能量过剩，则该食物的营养价值低。

（二）评定食物营养价值有何意义

1.有助于全面了解各种食物的天然组成成分,包括营养素、非营养素类物质、抗营养素因素等,以充分利用食物资源。

2.了解食物在加工过程中营养素的变化和损失,利于采用合理的加工烹调方式以最大限度地保存食物中营养素含量,提高食物营养价值。

3.有助于指导人们科学地选购食物和合理配制营养平衡的膳食,以达到增强体质及预防疾病的目的。

二、植物性食物的营养价值

（一）谷类

谷类大多属于单子叶禾本科植物,包括稻谷、小麦、玉米、高粱、大麦、小米、燕麦等。谷类食物是我国人民的主食,是人体热能的主要来源。我国人民膳食中约66%的能量和58%的蛋白质由谷类提供。此外,谷类还提供较多的B族维生素和矿物质,在我国人民的膳食中占有着重要的地位。

1.结构

一般谷粒由四部分组成:谷皮、糊粉层、胚乳、谷胚（胚芽）。

2.谷类的主要营养成分

（1）蛋白质:含量一般为7%~12%,其中赖氨酸含量低,谷类蛋白质生物学价值不及动物性蛋白质。

（2）脂类:谷类脂肪含量多数在0.4%~7.2%,在小麦胚芽中可达10.1%,且大多为不饱和脂肪酸,质量较好。

（3）碳水化合物:淀粉含量大约占40%~70%,集中在胚乳中。

（4）维生素:主要含B族维生素,如维生素B_1、维生素B_2、尼克酸、泛酸、吡哆醇等,主要分布在糊粉层和胚芽。

（5）矿物质:磷、钙、钾、钠、镁等,位于谷皮和糊粉层,易在加工中丢失,与植酸结合影响吸收。小麦胚芽中除铁含量较低外,其他矿物质含量普遍较高。

3.谷类的合理利用

（1）合理加工

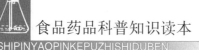

避免过度精加工。加工精度高,出粉(米)率低,淀粉含量高,粗纤维低,蛋白质、脂肪、B族维生素损失多;加工精度低,出粉(米)率高,营养素损失少,感官性状差,消化吸收率降低。1953年我国规定加工精度为标准米"九五米"、标准粉"八五粉",与精白米、精白面比较,保留了较多的维生素、纤维素和矿物质,在预防营养缺乏病方面能起到良好的效果。

(2)合理烹调

烹调过程可使一些营养素损失。如大米淘洗过程中,维生素B_1损失率约为30%~60%,维生素B_2和尼克酸损失率约为20%~25%,矿物质损失率约为70%。搓洗次数愈多、浸泡时间愈长、用水量愈大、水温愈高,损失愈多。烹调方式也会导致营养素的损失,蒸、煮、烙比高温油炸损失少些。

(3)合理贮存

谷类在一定条件下可以贮存很长时间,但当环境条件发生改变,如水分含量高、相对湿度大、温度较高时易霉变。故粮谷类食品应在避光、干燥、通风、阴凉的环境中贮存。

(二)豆类及其制品

豆类可分为大豆类和大豆类之外的其他豆类。大豆类按种皮的颜色可分为黄、青、黑、褐和双色大豆五种。其他豆类包括蚕豆、豌豆、绿豆、小豆等。豆制品是由大豆或绿豆等为原料制作的半成品食物,包括豆浆、豆腐和豆腐干等。

1.豆类及其制品的主要营养成分和组成特点

(1)蛋白质:豆类及豆制品含蛋白质很高,一般在20%~40%之间,以大豆含量最高。有资料显示,1斤大豆蛋白质的含量相当于2斤多瘦猪肉或3斤鸡蛋或12斤牛奶,因此,大豆被人们称为"植物肉"。豆类及豆制品的蛋白质不仅含量高,而且质量也好。豆类蛋白质的氨基酸组成与动物蛋白质相似,接近人体需要。其中谷类食物中较为缺乏的赖氨酸在豆类中含量丰富,因此宜与谷类混配食用。

(2)脂类:豆类的脂肪含量因种类不同相差很大。大豆脂肪含量约为15%～20%,故可作为食油原料;而除大豆外的其他豆类脂肪仅含1%左右。大豆脂肪多为不饱和脂肪酸(约85%),其中,油酸约占32%～36%,亚油酸约占51.7%～57.0%,亚麻酸约占2%～10%,磷脂约占1.64%。大豆脂肪熔点低,易于消化吸收,是优质脂肪。大豆制品脂肪含量差别较大,豆腐、豆腐干等含量较高,3.7%左右,豆浆等含量较低。

(3)碳水化合物:大豆类含量在34%左右,组成多为纤维素和可溶性糖,几乎不含淀粉;其他豆类含量较高,约为55%～65%,主要以淀粉形式存在;豆制品中含量很低。

豆类含有丰富的膳食纤维,可达10%～15%,主要在豆皮中;豆制品中膳食纤维的含量在1%以下。纤维素、可溶性糖在体内较难消化,其中的低聚糖如水苏糖、棉籽糖等在大肠内被细菌发酵产气。

(4)维生素:豆类含有胡萝卜素、维生素B₁、烟酸、维生素E等。种皮颜色较深的豆类中胡萝卜素含量较高;各类豆制品中维生素的含量较低,豆芽和发芽豆中维生素C的含量大大提高。

(5)矿物质:豆类中的矿物质有钾、钠、钙、镁、铁、锌、硒等。大豆类中矿物质含量较高,在4%左右,其中铁含量较多,每100g中含量可达7～8mg;其他豆类中矿物质含量约为2%～3%;豆制品中铁含量较低,多数在2%以下。

2.豆类及其制品的合理利用

不同加工和烹调方法,对大豆蛋白质的消化率有明显的影响。整粒熟大豆的蛋白质消化率仅为65.3%,但加工成豆浆可达84.9%,加工成豆腐可提高到92%～96%。大豆中含有抗胰蛋白酶的因子,它能抑制蛋白酶的消化作用,经过加热煮熟后,这种因子即被破坏,消化率随之提高,所以大豆及其制品须经充分加热煮熟后再食用。

豆类中膳食纤维含量较高,特别是豆皮。据报道,食用含膳食纤维的豆类食品可以明显降低血清胆固醇,对冠心病、糖尿病及肠癌也有一定的预防及治疗作用。

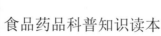

豆类与谷类食物搭配食用,可发挥蛋白质的互补作用,提高谷类食物蛋白的利用率。

(三)蔬菜和水果

1.蔬菜

蔬菜的种类非常多,按植物结构及可食部分不同,可分为:

A.叶菜类:白菜、油菜、菠菜等。

B.根茎类:萝卜、芋头、马铃薯、藕、葱、蒜等。

C.瓜茄类:冬瓜、黄瓜、苦瓜、西葫芦、茄子、青椒、西红柿等。

D.鲜豆类:扁豆、豇豆等。

E.菌藻类:可分为野生和人工栽培两大类。野生食用菌常见的有牛肝菌、羊肝菌、鸡油菌及口蘑等,人工栽培的现已有香菇、草菇、黑木耳、银耳等。

(1)蔬菜的主要营养成分

①叶菜类:是胡萝卜素、维生素 B_2、维生素C、矿物质及膳食纤维的良好来源。蛋白质含量较低,一般为1%~2%;脂肪含量不足1%;碳水化合物含量约为2%~4%;膳食纤维约为1.5%。

②根茎类:蛋白质含量约为1%~2%;脂肪含量不足0.5%;碳水化合物含量相差较大,低者5%左右,高者可达20%以上;膳食纤维约1%。胡萝卜中含胡萝卜素最高,每100g中可达4130μg;硒的含量以大蒜、洋葱、马铃薯等为最高。

③瓜茄类:水分含量高,营养素含量相对较低。蛋白质约为0.4%~1.3%;脂肪微量;碳水化合物约为0.5%~3.0%;膳食纤维为1%左右。胡萝卜素含量以南瓜、番茄和辣椒为最高;维生素C含量以辣椒、苦瓜为较高。辣椒中还含有丰富的硒、铁和锌。

④鲜豆类:与其他蔬菜相比,营养素含量相对较高。蛋白质含量约为2%~14%,平均4%左右;脂肪含量除毛豆外均在0.5%以下;碳水化合物含量约为4%;膳食纤维约1%~3%;胡萝卜素含量普遍较高,每100g中的含量大多在200μg左右。此外,还有丰富的钾、钙、铁、锌、硒等。铁的含量以发芽豆、刀豆、蚕豆、毛豆较高,每100g中含量约为3mg以上;锌的含量以蚕豆、豌豆和芸豆较高,

每100g中含量均超过1mg;硒的含量以玉豆、龙豆、毛豆、豆角和蚕豆较高,每100g中含量在2μg以上。维生素B_2含量与绿叶蔬菜相似。

⑤菌藻类:富含蛋白质、膳食纤维、碳水化合物、维生素和微量元素。蛋白质含量以发菜、香菇和蘑菇最为丰富,在20%以上;蛋白质氨基酸组成比较均匀,必需氨基酸含量占蛋白质总量的60%以上。脂肪含量低,约1%左右。碳水化合物含量约为20%~35%;银耳和发菜中的含量较高,达35%左右。维生素B_1、B_2含量也较高。微量元素尤其是铁、锌、硒含量丰富,其含量约是其他食物的数倍甚至十余倍;海带、紫菜等海产植物中还含有丰富的碘。胡萝卜素仅在紫菜和蘑菇中含量丰富。

(2)怎样合理烹调蔬菜

蔬菜的营养价值除了受品种、食用部位、产地、季节等因素的影响外,还受烹调加工方法的影响。加热烹调可降低蔬菜的营养价值,西红柿、黄瓜、生菜等可生吃的蔬菜应在洗净后食用。烹调蔬菜的正确方法是:

先洗后切:正确的方法是流水冲洗、先洗后切,不要将蔬菜在水中浸泡时间过久,否则会使蔬菜中的水溶性维生素和无机盐流失过多。

急火快炒:胡萝卜素含量较高的绿叶蔬菜用油急火快炒,不仅可以减少维生素的损失,还可促进胡萝卜素的吸收。

开汤下菜:维生素C含量高、适合生吃的蔬菜应尽可能凉拌生吃,或在沸水中焯1~2min后再拌,也可用带油的热汤烫菜。用沸水煮根类蔬菜,可以软化膳食纤维,改善蔬菜的口感。

炒好即食:已经烹调好的蔬菜应尽快食用,连汤带菜吃,现做现吃,避免反复加热,这不仅是因为营养素会随储存时间延长而丢失,还可能因细菌的硝酸盐还原作用增加亚硝酸盐含量。

2.水果

A.鲜果类:苹果、橘子、桃、李、杏、葡萄、香蕉和菠萝等。

B.干果类:葡萄干、杏干、蜜枣和柿饼等。

（1）鲜果类：多数新鲜水果含水分约85%～90%，是膳食中维生素（维生素C、胡萝卜素以及B族维生素）、矿物质（钾、镁、钙）和膳食纤维的重要来源。鲜果蛋白质、脂肪含量均不超过1%；碳水化合物含量差异较大，低者为6%，高者可达28%；矿物质含量除个别水果外，相差不大。红色和黄色水果（如芒果、柑橘、木瓜、山楂、沙棘、杏、刺梨）中胡萝卜素含量较高；枣类（鲜枣、酸枣）、柑橘类（橘、柑、橙、柚）和浆果类（猕猴桃、沙棘、黑加仑、草莓、刺梨）中维生素C含量较高；香蕉、黑加仑、枣、红果、龙眼等的钾含量较高。成熟水果所含的营养成分一般比未成熟的水果高。

鲜果中的有机酸如果酸、柠檬酸、苹果酸、酒石酸等含量比蔬菜丰富，能刺激人体消化腺分泌，增进食欲，有利于食物的消化。同时有机酸对维生素C的稳定性有保护作用。

（2）干果类：干果是新鲜水果经过加工晒干制成的。由于加工的影响，维生素损失较多，尤其是维生素C。但干果便于储运，并别具风味，有一定的食用价值。

3.蔬菜与水果不能相互替代

尽管蔬菜和水果在营养成分和健康效应方面有很多相似之处，但它们毕竟是两类不同的食物，其营养价值各有特点。一般来说，蔬菜品种远远多于水果，而且多数蔬菜（特别是深色蔬菜）的维生素、矿物质、膳食纤维和植物化学物质的含量高于水果，故水果不能代替蔬菜。在膳食中，水果可补充蔬菜摄入的不足。水果中的碳水化合物、有机酸和芳香物质比新鲜蔬菜多，且水果食用前不用加热，其营养成分不受烹调因素的影响，故蔬菜也不能代替水果。推荐每餐有蔬菜，每日吃水果。

三、动物性食物的营养价值

动物性食物主要包括畜禽肉、蛋类、水产类和乳类及其制品。动物性食物是人体优质蛋白、脂类、脂溶性维生素、B族维生素和矿物质的主要来源。

（一）畜肉类

畜肉是指猪、牛、羊、兔、马、骡、驴、犬等牲畜的肌肉、内脏及其制品,其营养价值很高。

1.蛋白质:含量约为10%～20%,与动物种类、年龄及肥瘦有关。肥肉多脂肪,瘦肉多蛋白质。蛋白质含量,牛肉高于羊肉,羊肉高于猪肉。畜肉类营养价值高,含各种必需氨基酸,消化吸收率高。内脏比一般肉类有较多的矿物质和维生素,营养价值高于一般肉类。

2.脂肪:平均含量猪肉高于羊肉,羊肉高于牛肉。

3.维生素:瘦肉含维生素 B_1、B_2、PP,尤以维生素 B_1 为高,基本不含维生素 A、C。和内脏器官差别较多,各种脏器都富含 B 族维生素,尤以肝脏是各种维生素最丰富的器官。

4.矿物质:含量与肥瘦有关,瘦肉含矿物质种类较多,有磷、钾、钠、镁、氯等,红色瘦肉还有铁,其他微量元素有铜、钴、锌、钼等。其矿物质消化吸收率高于植物食品,尤其铁的吸收率高。肉类少钙、硫、磷、氯较多,是酸性食品。

5.含氮浸出物:肉味鲜美是由于肉中有"含氮浸出物",能溶于水的含氮物如肌溶蛋白、肌肽、肌酸、肌酐、嘌呤碱和少量氨基酸能促进胃液分泌。浸出物愈多,味愈浓。

(二)禽肉类

禽肉包括鸡、鸭、鹅、火鸡、鹌鹑、鸽等的肌肉及其制品。其营养价值较高,饱腹作用强,可加工烹制成各种美味佳肴,是一种食用价值很高的食物。

1.蛋白质:禽肉约含10%～20%,其中鹅、鸭、鸡的蛋白质含量递减。禽肉能提供各种必需氨基酸,较牲畜肉有较多的柔软结缔组织并均匀地分布于肌肉组织内,比牲畜肉更细嫩、更易消化。

2.脂肪:含量很不一致,鸡肉约2.5%,而肥鸭、肥鹅可达10%或更高。禽肉脂肪含丰富的亚油酸(约20%),营养价值高于畜肉脂肪。

3.维生素:禽肉 B 族维生素含量与畜肉接近,维生素 PP 含量较高,并含维生素 E,内脏富含维生素 A、B_2。

4.矿物质:禽肉钙、磷、铁等含量均高于猪、牛、羊肉,禽肝含铁

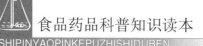

量约为猪肝、牛肝的 1～6 倍。

5.含氮浸出物:与年龄有关,同一品种幼禽肉汤中含氮浸出物含量低于老禽。肉鸡经煮沸后蛋白质遇热凝固,仅有很小一部分水解为氨基酸而溶于汤中,大部分蛋白质仍在肉中。

(三)水产品

水产动物种类繁多,全世界仅鱼类就有2.5万～3万种,海产鱼类超过1.6万种。这些丰富的海洋资源作为高生物价的蛋白质、脂肪和脂溶性维生素的来源,在人类的营养领域具有重要作用。

1.蛋白质:鱼虾蟹贝类含蛋白质约15%～20%,氨基酸组成与肉类相似,是膳食蛋白质的良好来源,较畜肉鲜嫩易消化。鱼蛋白中赖氨酸丰富,特别适合儿童。

2.脂肪:含量约1%～3%(个别达10%),不饱和脂肪酸较多,可高达80%,消化吸收率高(约95%)。富含DHA,DHA是大脑营养必不可少的不饱和脂肪酸。还含EPA,EPA有降血胆固醇、防血栓形成及降动脉粥样硬化等心脑血管疾病发生的作用,并有抗癌、防癌功效。

3.维生素:鳝鱼、海蟹、河蟹维生素B_2含量高,海鱼肝富含维生素A、D,一般鱼肉含B维生素族。生鱼中含硫胺素酶,可破坏维生素B_1,所以鲜鱼应尽快加工,以降低维生素B_1的损失。

4.矿物质:含量约1%～2%,高于畜肉,其中钾、磷、钙、镁、铁、锌均较丰富。海鱼还有碘、钴。牡蛎是含锌、铜最高的海产品。

(四)乳和乳制品

乳主要指动物乳类,常用的是牛奶,其营养价值高又易于消化吸收,最适合病人、幼儿、老人食用。牛奶有丰富的蛋白质、脂肪、矿物质、维生素等各种人体所需营养物质,且易于消化吸收。牛奶成分不完全固定,因牛的种类、饲料、季节不同而变化。

1.蛋白质:平均含量约3.5%。以酪蛋白为主,占86%,其次是乳白蛋白占11%,乳球蛋白占3%,三者均为完全蛋白质(含全部必需氨基酸),生物价和消化率仅次于鸡蛋。

2.脂肪:约含3.5%,与母乳大致相同。牛奶脂肪呈极小的脂肪球状,熔点较低,易消化,吸收率可达98%。

3.碳水化合物:主要是乳糖,含量约4.5%,在肠中经消化酶作用分解为葡萄糖和半乳糖,有助于肠乳酸杆菌的繁殖,抑制腐败菌的生长。

4.矿物质:含有婴儿生长需要的几乎全部矿物质,特别是钙、磷、钾,还有锌、锰、碘、氟、钴、硅等,而铜、铁极少。

5.维生素:含维生素 A、D、B₁、B₂(维生素 A、D 均在乳脂中),鲜奶仅含极少量维生素 C,消毒处理后所剩无几。此外,牛奶中还有维生素 B₆、B₁₂、生物素和泛酸。

(五)蛋类

蛋类包括鸡蛋、鸭蛋、鹅蛋、鹌鹑蛋、鸽蛋、鸵鸟蛋、火鸡蛋及其加工制成的咸蛋、松花蛋等。蛋类的营养素不仅含量丰富,而且质量也很好,是一类营养价值较高的食品。

1.蛋的结构

各种禽蛋的结构都很相似,主要由蛋壳、蛋清、蛋黄三部分组成。以鸡蛋为例,每只蛋平均重约50g,蛋壳重量占全部的11%,其主要成分是碳酸钙,其余为碳酸镁和蛋白质等。在蛋的钝端角质膜分离成一气室。蛋壳的颜色由白到棕色,深度因鸡的品种而异。蛋清包括两部分,外层为中等黏度的稀蛋清,内层包围在蛋黄周围的为角质冻样的稠蛋清。蛋黄表面包有蛋黄膜,有两条系带将蛋黄固定在蛋的中央。

2.蛋类的营养特点

各种禽蛋在营养成分上大致相同,食用较普遍的是鸡蛋,其营养价值高。

(1)蛋白质:蛋类蛋白质含量一般在10%以上。全蛋蛋白质含量为12%左右,蛋黄含量高于蛋清,加工成咸蛋或松花蛋后变化不大。禽蛋蛋白质是天然食品中最优质的蛋白质,蛋黄、蛋清生理价值都极高,氨基酸组成适宜,利用率高。

(2)脂肪:大多在蛋黄中,蛋清几乎不含脂肪,蛋黄中含量约28%～33%。蛋黄中的脂肪为乳融状,易于消化吸收。鸡蛋脂肪中

有大量磷脂和胆固醇,磷脂约占30%～33%,胆固醇约占4%～5%。

(3)矿物质:主要存在于蛋黄中,蛋黄中约含1%～1.5%,有磷、镁、钙、硫、铁、铜、锌、氟等。钙含量不及牛奶多,但铁含量高于牛奶。

(4)维生素:含量丰富,且种类较多,大部分集中于蛋黄,有维生素A、D、B_2和少量的维生素B_1、维生素PP。

四、调味品的营养特点及作用

调味品是指以粮食、蔬菜等为原料,经发酵、腌渍、水解混合等工艺制成的各种用于烹调调味和食品加工的产品以及各种食品的添加剂。

(一)酱油和酱类调味品

酱油和酱是以小麦、大豆及其制品为主要原料,接种曲霉菌种,经发酵酿制而成。酱油品种繁多,可以分为风味酱油、营养酱油、固体酱油三大类。烹调食物时加入一定量的酱油,可增加食物的香味,并可使其色泽更加好看,从而增进食欲。

1.蛋白质与氨基酸:酿造酱油通过看其氨基酸态氮的含量可区别其等级,氨基酸态氮含量越高,品质越好(氨基酸态氮含量大于或等于0.8g/100ml为特级,大于或等于0.4g/100ml为三级,两者之间为一级或二级)。

2.维生素和矿物质:酱油含有一定量的B族维生素,如维生素B_1含量约0.01mg/100g,维生素B_2含量约0.05～0.20mg/100g,尼克酸约1.0mg/100g,氯化钠的含量约占12%～14%。

温馨提示:要食用酿造酱油,而不要食用“配制”酱油。“餐桌酱油”拌凉菜用,“烹调酱油”未经加热不宜直接食用。酱油应在菜肴将要出锅时加入,不宜长时间加热。正常的酱油色应为红褐色,品质好的颜色会稍深一些,但如果酱油颜色太深了,则表明其中添加了焦糖色。

(二)醋

醋的种类很多,其中以米醋和陈醋为最佳。

醋的总氮含量在0.2%～1.2%之间,其中氨基酸态氮占一半左右。碳水化合物含量差异较大,多数在3%～4%之间,而老陈醋可高达12%,白米醋仅约为0.2%。氯化钠含量在0～4%之间,多数在3%左右。

温馨提示:烹调菜肴时加醋可增加菜肴的鲜、甜、香等味道。在炒菜时加点醋,不仅使菜肴脆嫩可口,去掉腥膻味,还能保护其营养成分。醋还有使鸡骨、鱼刺软化,促进钙吸收的作用。醋可以开胃、促进唾液和胃液的分泌,帮助消化吸收,使食欲旺盛,消食化积。醋有很好的抑菌和杀菌作用,能有效预防肠道疾病、流行性感冒和呼吸道疾病。醋可有效软化血管、降低胆固醇,是高血压等心血管疾病的一剂良方。食醋对皮肤、头发能起到很好的保护作用。食醋可以消除疲劳、促进睡眠,并能减轻晕车晕船的不适症状。它还能减少胃肠道和血液中的酒精浓度,起到醒酒的作用。

(三)食用油

根据来源,食用油可分为植物油和动物油。常见的植物油包括豆油、花生油、芝麻油、玉米油等,常见的动物油包括猪油、牛油、羊油等。

1.油脂的营养特点

植物油脂肪含量通常在99%以上,此外含有丰富的维生素E,少量钾、钠、钙和微量元素。

动物油的脂肪含量在未提炼前一般为90%左右,提炼后也可达99%以上。动物油的维生素E含量远不如植物油高,但含有少量的维生素A,其他营养成分与植物油相似。

2.油脂的合理利用

动物油的脂肪组成以饱和脂肪酸为主,长期大量使用,可引起血脂升高,增加心脑血管疾病的危险性,因此高血脂病人要控制食用。

植物油因含有较多的不饱和脂肪酸,易发生酸败,产生一些对身体有害的物质,因此不宜长时间储存。

3.主要油脂的营养特点

(1)花生油:中国预防医学科学院研究证实,花生油含锌量是

色拉油的37倍,粟米油的32.6倍,菜籽油的16倍,豆油的7倍。

温馨提示:花生油耐高温,除炒菜外适合于煎炸食物。

(2)色拉油:又译作"沙拉油",是植物油经过脱酸、脱杂、脱磷、脱色和脱臭等工艺之后制成的食用油,特点是色泽澄清透亮,气味新鲜清淡,加热时不变色,无泡沫,很少有油烟,并且不含黄曲霉素。

温馨提示:可以直接用于凉拌,但最好还是加热后再用。应避免经高温加热后的油反复使用。

(3)菜籽油:是用油菜籽榨出来的一种食用油。菜籽油色泽金黄或棕黄,有一定的刺激气味,这种气味是其中含有一定量的芥子甙所致,但特优品种的油菜籽则不含这种物质。

温馨提示:因为有一些"青气味",所以不适合直接用于凉拌菜。菜籽油是一种芥酸含量特别高的油,是否会引起心肌脂肪沉积和使心脏受损目前尚有争议,冠心病、高血压患者还是应当注意少吃。

(四)味精

味精是采用微生物发酵的方法由粮食制成的现代调味品,其主要成分是谷氨酸钠。它是既能增加人们的食欲,又能提供一定营养素的家常调味品。鸡精是以味精、食用盐、鸡肉/鸡骨或其抽提物等为原料加工而成的,除含有谷氨酸钠外,更含有多种氨基酸。因其具有很好的鲜味,故可增进人的食欲。

温馨提示:投放的最佳时机是在菜肴将要出锅的时候。若菜肴需勾芡,味精投放应在勾芡之前。烹制含碱食物时不要放味精,以免产生不良气味。甜味菜、酸味菜中也不要放味精。高汤、鸡肉、鸡蛋、水产制出的菜肴中不用再放味精。味精忌高温烹调,否则会产生致癌物。孕妇及婴幼儿不宜吃味精,因为味精可能会引起胎儿缺陷;老人和儿童也不宜多食;患有高血压的人如果食用味精过多,会使血压更高。所以,高血压患者不但要限制食盐的摄入量,而且还要严格控制味精的摄入。

(五)盐

咸味是食物中最基本的味道,而膳食中咸味的来源是食盐,也就是氯化钠。

食盐按照来源可以分为海盐、井盐、矿盐和池盐等;按加工精度可分为粗盐、精盐、加碘盐等特种食盐。

盐的生理功能:①盐对维持人体酸碱平衡及其他正常生理机能起着重要作用。②对炎症及创伤能起到辅助治疗作用,如用盐水漱口、清洗伤口等。③盐汽水还具有防暑降温作用。

温馨提示:流行病学研究表明,钠盐的摄入量与高血压的发病呈正相关。世界卫生组织建议每人每天食盐用量不超过6g为宜。

（六）糖

糖为纯能量食品,从甘蔗和甜菜中提取的,都属于蔗糖的范畴。白糖性平,纯度较高;红糖性温,杂质较多;冰糖则是糖的结晶。

适当食用白糖有助于提高机体对钙的吸收,但过多就会妨碍钙的吸收。冰糖养阴生津、润肺止咳,对肺燥咳嗽、干咳无痰、咯痰带血都有很好的辅助治疗作用。红糖虽杂质较多,但营养成分保留较好,它具有益气、缓中、助脾化食、补血破淤等功效,还兼具散寒止痛作用。所以,妇女因受寒体虚所致的痛经等症或是产后喝些红糖水往往效果显著。红糖对老年体弱,特别是大病初愈的人,还有极好的疗虚进补作用。

温馨提示:吃糖后应及时漱口或刷牙,以防龋齿的产生。糖尿病患者不可吃糖。孕妇和儿童不宜大量食用白糖。产妇适合食用红糖,但不要时间太久,一般半月为佳。老年人阴虚内热者不宜多吃红糖。

第二章 食品安全一般知识

第一节 食品安全概述

食物是人类生存与繁衍的最基本的物质基础,食物的安全问题一直为各国政府、国际组织所关注,包括食物供给安全和质量卫生安全,因为它关系到人民的健康、民族的兴衰、人类的发展。

食品安全是指食品对食品消费者的安全性,即防止食品中有毒、有害物质对人体健康的危害。食品中的有毒、有害物质对人体的危害包括:微生物性危害、化学性危害、物理性危害。广义的食品安全问题是指食品对人类健康、动物、植物卫生及国家经济安全构成的危害或威胁。微生物的危害是食品安全的最大危害,化学危害是造成食源性疾病的重要因素。

了解食品中可能存在的有害物质及其对健康的影响,研究避免有害物质对人体健康危害的措施,是保证食品安全、维护人类健康的前提。

一、基本概念

1.食品安全:又叫食品质量安全,就是指食品质量状况对食用者健康安全的保证程度。

食品(食物)的种植、养殖、加工、包装、贮藏、运输、销售、消费等活动要符合国家强制标准和要求,不存在可能损害或威胁人体健康的有毒有害物质以导致消费者病亡或者危及消费者及其后代的隐患。食品安全既包括生产安全,也包括经营安全;既包括结果安全,也包括过程安全;既包括现实安全,也包括未来安全。

食品安全包括食物量的安全和食物质的安全两个方面,现在后一个含义的突出和前一个含义的弱化,反映了我国在基本解决食物量的安全的同时,食物质的安全越来越引起全社会的关注。

2.食品卫生:为了确保食品安全性和适用性,在食物链的所有阶段必须采取的一切条件和措施。

3.食品污染:指在食品生产、加工、贮运、经营等过程中可能对人体健康产生危害的物质介入食品的现象。

4.食品污染物:任何有损食品的安全性和适宜性的生物或化学物质、异物或非故意加入食品中的其他物质。

二、食品加工中的危害因素简介

一般来说,食品化学污染包括以下内容:

1.天然存在的化学物质,原本就存在于食物中。如有毒菇类中含有剧毒的物质,存在于谷物中的可以致癌的黄曲霉毒素,大豆中的有害成分等。

2.食品加工时添加或带入的有毒有害物质。在食品生产、加工、运输、销售过程中人为加入的添加剂,如果超出国家有关标准规定的安全水平,对人体就有危害。如掺假或者在食品加工的一些环节被细菌或病毒等微生物污染等。

3.食物在种植和养殖过程中带入的有毒有害物质,即外来污染的化学物质。农药如杀虫剂、杀真菌剂、除草剂等。兽用药品和植物激素,包括兽医治疗用药、饲料添加用药,如抗生素、磺胺药、抗寄生虫药、促生长激素、性激素等,这些化学物质可以在动植物体内残留。

4.工业污染化学物质。这主要指金属毒物,如甲基汞、镉、铅、砷等。这些化学物质可以污染土壤、水域,进而污染植物、畜禽、水产品等。

5.食品加工企业使用的化学物质。如润滑剂、清洗剂、消毒剂、燃料、油漆等。这些物质使用和管理不当,可能污染食品。

6.食品容器、包装材料等带来的食品污染问题也应引起重视。

如PVC(聚氯乙烯)保鲜膜与食物接触一同加热可产生致癌物。

三、国内外食品安全概况

食品安全有两个方面。一是食品本身的营养价值和质量问题。如食品变质、食品达不到应有质量指标等,这些问题通过质量监管是能够控制的。另一方面,是食品在生产、加工、运输、储存、销售过程中人为改变其天然、纯洁性而产生的安全问题。正是这方面的问题严重影响到人们的身体健康。

近年来全球发生的食品安全的重大事件引起各国政府和国际社会的广泛关注。如1996年英国发生的疯牛病,1998年东南亚的猪脑炎,1999年比利时等国的二噁英污染,2000年年初法国的李斯特杆菌污染,2000年7月日本的雪印牌牛奶污染,2001年欧洲暴发的口蹄疫等对人类食品安全均造成严重威胁。

在我国,关于食品安全的事件也屡见不鲜。例如,2001年7月,广东大米黄曲霉毒素B1超过国家卫生标准;2003年11月,"金华火腿敌敌畏"事件曝光;2004年4月,安徽省阜阳市劣质奶粉导致"大头娃娃"事件曝光;2006年11月,由河北某禽蛋加工厂生产的"红心咸鸭蛋"在北京被检测出含有致癌物质苏丹红;2009年1月,三鹿"三聚氰胺奶粉"案终审宣判;2010年7月,三聚氰胺超标奶粉事件"卷土重来"。

世界卫生组织称目前的有关食品安全事件的报道只是"冰山的一角",发达国家的漏报率为90%,而发展中国家的漏报率为95%,可见问题的严重性。随着经济全球化与世界食品贸易率的增长,食源性疾病还将呈现出流行速度快、影响范围广的特点。

四、食品安全的重要性

(一)人类健康对食品安全卫生的要求

食品安全事件容易造成群体性发病,引起较大的社会和心理影响,也极易受到恐怖主义和犯罪分子的利用。如何保证食品安全已提升到新世纪社会性、国际性的重大课题,越来越受到政府和人们的重视。食源性疾病是使人遭受痛苦的一个主要原因,它能带来不必要的死亡和经济负担。在世界范围内,近年来食品安全方面的恶性、突发事件屡屡发生,比利时发生的二噁英污染事件,英国发生的疯牛病及猪瘟,日本发生的近万例的大肠杆菌O157的食物中毒事件均已严重威胁人类健康。

(二)食品贸易全球化对食品安全卫生的要求

目前全球食品安全形势不容乐观,主要表现为食源性疾病不断上升,恶性污染事件接二连三,新技术、新工艺带来新的危害致使世界范围内食品贸易纠纷不断,成为影响食品国际贸易的重要因素。如英国的疯牛病仅禁止出口一项每年损失约52亿美元,为杜绝疯牛病而采取的宰杀行动损失约300亿美元;比利时的二噁英污染事件不仅导致其生产的动物性食品被大量销毁,而且导致世界各国禁止其动物性食品的进口,据估计经济损失约13亿欧元。

(三)社会稳定发展和国家安全对食品安全卫生的要求

食品安全问题的发生不仅使经济上受到严重损害,还影响消费者对政府的信任,威胁社会稳定和国家安全。比利时的二噁英事件不仅使卫生部长和农业部长下台,也使执政长达40年之久的社会党政府垮台。

归纳起来食品安全问题事件频发的原因主要有以下几个方面:

(1)微生物引起的食源性疾病是影响食品安全的主要因素。

(2)种植业、养殖业的源头污染对食品安全威胁很大。经营者违法使用高毒农药,违法使用抗生素、激素等兽药,违法使用瘦肉精等。

(3)食品生产经营企业规模化、集约化程度不高,自身食品安全管理水平仍然偏低。食品生产经营过程中使用不合格原料生产加工食品。

(4)食品工业应用新原料、新工艺带来的食品安全问题。如用中草药、转基因食品等新资源,食品新型包装材料,食品辐照等新食品加工工艺。

(5)环境污染对食品安全构成严重威胁。如二噁英、有机氯的污染问题。

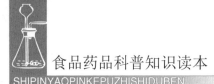

（6）犯罪分子极易利用食品进行犯罪或恐怖活动。

（7）食品安全监督管理的条件、手段和经费还不能完全适于实际工作的需要。

食品安全问题已受到各国政府部门的高度重视。在2001年初世界卫生组织召开的第53届世界卫生大会上，全球100余个会员国针对食品安全问题达成了一项食品安全决议，将食品安全列为公共卫生的优先领域，并要求成员国制定相应的行动计划，最大程度地减少食源性疾病对公众健康的威胁。我国政府也高度重视食品的安全与卫生问题。在总结原有工作的基础上，借鉴国外的先进经验，制定了《食品安全行动计划》。

第二节　食品安全的影响因素

1.食品污染的分类

食品在生产、加工、储存、运输和销售的过程中有很多污染的机会，会受到多方面的污染。污染后有可能引起具有急性短期效应的食源性疾病或具有慢性长期效应的长期性危害。一般情况下，常见的主要食品卫生问题均由这些污染物所引起。食品污染的种类按其性质可分为以下三类：

（1）生物性污染

食品的生物性污染包括微生物、寄生虫和昆虫的污染，主要以微生物污染为主，危害较大，主要为细菌和细菌毒素、霉菌和霉菌毒素。

（2）化学性污染

来源复杂，种类繁多。主要有：①来自生产、生活和环境中的污染物，如农药、有害金属、多环芳烃化合物、N-亚硝基化合物、二噁英等。②从生产加工、运输、储存和销售工具、容器、包装材料及涂料等溶入食品中的原料材质、单体及助剂等物质。③在食品加工储存中产生的物质，如酒类中有害的醇类、醛类等。④滥用食品添加剂等。

（3）物理性污染

主要包括两个方面：①食品杂物污染，就是指污染到食品中的各种杂物。②食品的放射性污染，主要来自放射性物质的开采、冶炼、生产以及在生活中的应用与排放，特别是半衰期较长的放射性核素污染，在食品卫生上更加重要。

2.食品污染的途径

（1）原料材料污染

①农业方面：化肥、农药、植物激素等。

②畜牧业方面：抗生素、兽药、饲料添加剂、动物激素等。

③水产品方面：海域污染、赤潮等。

（2）生产、加工过程污染

不适宜的工艺、不干净的容器、环境卫生、个人卫生等。

（3）包装、贮运、销售过程污染

①包装：一次性泡沫塑料餐具。

②贮运：贮藏环境、运输工具不合格都会引起食品污染。

③销售：露天销售时食用工具不合理也可导致食品污染。

（4）人为污染

食品生产经营者为了牟取暴利不顾人民健康，人为地在食品中掺入有毒有害物质。如白酒中掺有工业酒精、辣椒油中添加苏丹红等。

（5）意外污染

由于地震、火灾、核泄漏事故等意外情况对食品造成的污染。

3.食品污染的特点

（1）食物链：污染物可以通过一种生物到达另一种生物而最后进入人体，在此过程形成一种链状关系。

（2）生物富集：生物将环境中的低浓度化学污染物按一定的食物链在体内蓄积，使浓度增高到能使采集的人和动物达到中毒水平的过程。

一、环境污染对食品安全的影响

环境污染即指环境变得不清洁、污浊、肮脏或其他方面的不洁

净的状态。一种状态由洁净变污浊的过程叫污染。

环境污染源主要有以下几方面：①工厂排出的废烟、废气、废水、废渣和噪音。②人们生活中排出的废烟、废气、噪音、脏水、垃圾。③交通工具（所有的燃油车辆、轮船、飞机等）排出的废气和噪音。④大量使用化肥、杀虫剂、除草剂等化学物质的农田灌溉后流出的水。⑤矿山废水、废渣。

环境污染不仅破坏生物的生存环境，而且直接威胁人类的健康。与人类健康直接相关的由环境污染而导致的食品安全性问题也已引起了研究领域的高度关心和重视。

（一）环境污染与食品安全

1.环境与人类生存的密切关系

一般认为，环境是指环绕着人类的空间及其中可以直接、间接影响人类生活和发展的各种自然因素的总体。人类所需的一切能量都来自于太阳，来自于植物光合作用直接或间接提供的食物。人类对环境的不适当或过度地开发和利用，产生了环境污染问题。环境污染使得环境中的物质组成改变，通过食物链（网）或其他途径，造成人体与环境物质组成所具有的平衡关系破坏，产生了人体对生存的不适应，甚至产生对人体健康的危害，出现了由环境污染而引起的食品安全性问题。

（1）环境污染与食品安全

环境污染：指人类活动所引起的环境质量下降而对人类及其他生物的正常生存和发展产生不良影响的现象。当物理、化学和生物因素进入大气、水体、土壤环境，其数量、浓度和持续时间超过了环境的自净能力，就会破坏生态平衡，影响人体健康，造成环境污染。环境污染的产生是一个量变到质变的过程。

对于食品来讲，在食品的生产、加工、贮存、分配和制作等过程中，都有可能存在食品污染的因素，因而引起食品的安全性问题。但由环境污染造成的食品安全性问题，主要针对动植物的生产过程。通常天然的动植物食品原材料很少含有有害物质，但在这些动植物的生长过程中，由于呼吸、吸收（或摄食）、饮水而使环境污

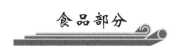

染物质进入或积累在动植物体内之后,会影响食品的安全性。

①原生环境与食品安全

原生环境是指天然形成,并未受人为活动影响或影响较小的环境。一般来说,这种环境存在许多有利于人体健康的因素,由此种环境中正常化学物质组成的空气、水体和土壤,以及太阳辐射、微小气候和自然的生态系统,人类可获得清洁的空气、水和食品。然而产生于这种环境中的食品也并不都是安全的,有些原生环境也会对人体健康产生不利影响。例如:由于地球结构上的原因,造成地球化学元素分布的不均匀性,使某一地区的水或土壤中某些元素过多或过少,当地居民通过水、食物等途径摄入这些元素过多或过少,而引起某些特异性疾病,成为生物地球化学疾病。这类疾病的特点具有明显的地方性,故又称地方病。最典型的元素过少而引起的地方病为碘缺乏病。

②次生环境与食品安全

次生环境是指在人类活动影响下,其中的物质交换、迁移和转化,能量、信息的传递都发生了重大变化的环境。人类开发利用自然资源的能力和范围不断扩大,环境受"三废"(废气、废水、废渣)的污染日渐明显。矿藏的开采,金属的冶炼、加工,合成材料生产的多样化,能源的大量消耗,大规模的工农业生产,农药、化肥和其他化学品的生产和使用,在为人类带来大量财富的同时,产生的有害物质和生活废弃物进入环境,污染大气、水体和土壤。在这种环境中种植和加工的各种食品,不同程度地受到污染,从而导致食物的多种不安全因素的形成。

(二)大气污染对食品安全性的影响

大气污染是指人类活动向大气排放的污染物或由它转化成的二次污染物在大气中的浓度达到有害程度的现象。大气污染物的种类很多,主要来源为矿物燃料(如煤和石油等)燃烧和工业生产。对农作物有害的大气污染物种类也很多,如SO_2、HCl、氧化剂、氟化物、汽车尾气、粉尘等。长期暴露在污染空气中的动植物,由于其体内外污染物增多,可造成其生长发育不良或受阻,甚至发病

或死亡。人类食物来自动植物,因而影响食品的安全性。氟化物污染以大气污染最为严重。许多工厂排出的氟化物主要为SiF_4、HF,它们易溶于水,具有剧毒性。

1.氟化物

大气中氟化物对食品的污染主要分为两类:

(1)生活燃煤污染型

这种类型的污染表现为对食品的直接污染。比如,在一些高寒山区,气候寒冷潮湿,烤火期长,而这些地区煤质低劣,高氟、高硫,在室内贮存、烧制的粮食、蔬菜被氟严重污染,居民食用后易引起中毒。

(2)工业生产污染型

氟化物来自以含氟物作原料的化工厂、铝厂、钢铁厂和磷肥厂的烟囱,化合物有氟气、氟化氢、四氟化硅和含氟粉尘。氟的大气污染会引起工厂周围的土壤污染。

氟具有在生物体内积累的特点,植物体内的氟比空气中氟的浓度高百万倍之多。农作物可直接吸收空气中的氟化物,大部分通过叶片上的气孔进入体内,也有从叶缘水孔进入。受污染的工厂四周的土壤、地面水、牧草、农作物的含氟量都较高。受氟污染的农作物除会使污染区域的粮食、蔬菜的食用安全性受到影响外,氟化物还会通过禽畜食用牧草后进入食物链,对食品造成污染。

2.煤烟粉尘和金属飘尘

烟尘由炭黑颗粒、煤粒和飞灰组成。烟尘产生于冶炼厂、钢铁厂、焦化厂和供热锅炉等烟囱附近,常以污染源为中心扩大到周围几百亩地区或下风向发展到几公里的区域。煤烟粉尘危害作物,使果蔬品质下降。

随着工业的发展,排入大气的许多金属微粒如铅、镉、铬、锌、镍、砷和汞等金属飘尘的毒性较大,这些微粒可沉积或随雨雪下降到地面,在粮食、蔬菜作物中积累。

3.沥青烟雾

沥青烟雾为一种红黄色的烟尘,产生于大规模的筑路及利用沥青作原料或燃料的工厂。常常会沾染一层发黑的、发黏的物质，给作物带来严重危害。受沥青烟雾污染过的作物，一般不能直接食用，同时也不应在沥青制品如油毡上铺晒食品，以防止食品受到污染。

4.酸雨

酸雨通常是指pH值小于5.6的酸性降水，包括雨、雪和雾。

（1）酸雨对水生生态系统的影响

使淡水湖泊和河流酸化，影响鱼类的繁殖。另外，酸雨地区内鱼的含汞量很大，鱼和淡水湖泊中含汞量的增加，会通过食物链对人类健康产生有害影响。

（2）酸雨对陆生生态系统的影响

酸雨对陆生生态系统也带来潜在的危害。酸雨能使土壤酸化，土壤中的锰、铜、铅、汞、镉、锌等元素转化为可溶性化合物，使土壤溶液中重金属浓度增高，通过淋溶转入江、河、湖、海和地下水，引起水体重金属元素浓度增高，通过食物链在水生生物以及粮食、蔬菜中积累，影响食品安全性。

（三）水体污染对食品安全性的影响

随着工农业生产的发展和城市人口的增加，工业废水和生活污水的排放量日益增加，大量污染物进入河流、湖泊、海洋和地下水等水体，造成水体污染。水体的污染对渔业和农业带来严重的威胁，它不仅使渔业资源受到严重破坏，而且直接或间接影响农作物的生长发育，造成作物减产，同时对食品的安全性有严重的影响。

污染水体的污染源复杂，污染物的种类繁多。对食品安全性有影响的水污染物有三类：无机有毒物，包括各类重金属（汞、镉、铅、铬等）和氰化物、氟化物等；有机有毒物，主要为苯酚、多环芳烃和各种人工合成的具有积累性的稳定的有机化合物，如多氯联苯和有机农药等；病原体，主要指生活污水、禽畜饲养场、医院等排放废水中的如病毒、病菌和寄生虫等。

水体污染引起的食品安全性问题主要是通过污水中的有害物

质在动植物中累积而造成的。污染物质随污水进入水体以后,能够通过植物的根系吸收向地上部分以及果实中转移,使有害物质在作物中累积,也能进入生活在水中的水生动物体内,并蓄积,对人体健康产生危害。

现我国水污染较为严重。绝大部分污水未经处理就用于农田灌溉,灌溉水质不符合农田灌溉水质标准。污水中污染物超标,已影响食品的品质,进而危害人体健康。

1.酚类污染物

酚类污染物来源于焦化厂、城市煤气厂、炼油厂和石油化工厂等工厂,产生大量的含酚废水,且浓度高。灌溉水和土壤里过量的酚,会在粮食、蔬菜中蓄积,使粮食、蔬菜带有酚臭味。

(1)酚对植物的影响表现在:低浓度酚促进庄稼生长,而高浓度抑制生长。酚在植物体内的分布是不同的,一般茎叶较高,种子较低。不同植物对酚的积累能力也有差别,蔬菜中以叶菜类较高,其排列顺序是:叶菜类>茄果类>豆类>瓜类>根菜类。

(2)污水中的酚对鱼类的影响:低浓度能影响鱼类的洄游繁殖,高浓度能引起鱼类的大量死亡。

2.氰化物

氰及其化合物来自电镀、焦化、煤气、冶金、化肥和石油化工等排放的工业废水,具有强挥发性,易溶于水,有苦杏仁味,剧毒,0.1g即可致死。

氰化物是植物本身固有的化合物,在植物体内自然氰化物种类有几百种,因品种而异。污水中的氰化物被作物吸收后,一部分经过自身解毒作用形成氰醇苷贮藏在细胞里,一部分在体内分解成无毒物质,其吸收量随污水浓度的增大而增大,但一般累积量不很高。

3.石油废水

(1)石油的工业废水来自炼油厂。石油废水不仅对作物的生长产生危害,还会影响食品的品质。比如,用高浓度石油废水灌溉土地,生产出的稻米煮成的米饭有汽油味,花生榨出的油也有油臭味,生长的蔬菜(如萝卜)也有浓厚的油味,这种受到石油废水污染而生产的食品,人食用后,会感到恶心。

石油废水中还含有致癌物3,4-苯并芘,这种物质能在灌溉的农田土壤中积累,并能通过植物的根系吸收进入植物,引起植物积累。

(2)石油废水能对水生生物产生较严重的危害。高浓度时,能引起鱼虾死亡,特别是幼鱼、幼虾;当废水中石油浓度较低时,石油中的油臭成分能从鱼、贝的腮黏膜侵入,通过血液和体液迅速扩散到全身,使鱼虾产生石油臭味,降低海产品的食用价值。

4.苯及其同系物

苯及其同系物在化学上叫芳香烃,是基本的化工原料之一,用途很广。苯影响人的神经系统,轻则引起头晕、无力和呕吐等症状,剧烈中毒能麻醉人体、失去知觉,甚至死亡。含苯废水浇灌作物,对食品食用安全性的影响在于它能使粮食、蔬菜的品质下降,且在粮食、蔬菜中残留,不过其残留量较小。我国规定,灌溉水中苯的含量不得超过2.5mg/L。

5.污水灌溉中的重金属

污水灌溉是指经过一定处理的污水、工业废水或生活和工业混合污水灌溉农田、牧场等。污灌中重金属污染是引起食品安全性问题的原因之一。矿山、冶炼、电镀、化工等工业废水中常含有大量重金属物质,如汞、镉、铜、铅、砷等。

(1)未经过处理的或处理不达标的污水灌入农田,会造成土壤和农作物的污染。随污水进入农田的有害物质,能被农作物吸收和累积,致使其含量过高,甚至超过人、畜食物标准,而造成对人体的危害。不同作物对重金属吸收累积不同。蔬菜对重金属的吸收累积量最高,其次是小麦和玉米,水果类最低。

(2)水体中重金属对水生生物的毒性,不仅表现为重金属本身,而且重金属可在微生物作用下转化为毒性更大的金属化合物,如汞的甲基化作用。另外,生物还可以千万倍富集,通过食物进入人体,可造成慢性中毒。污水中不同的重金属在植物中各有其残

留情况,总的来说,随污水中重金属浓度的增大,作物中重金属累积量增大。

(四)土壤污染对食品安全性的影响

土壤污染的发生途径首先是农用施肥、农药施用和污灌,污染物质进入土壤,并随之积累;其次,土壤作为废物(垃圾、废渣和污水等)的处理场所,有大量的有机和无机的污染物质进入土壤;再次,土壤作为环境要素之一,有大气或水体中的污染物质随迁移和转化而进入土壤。

土壤污染的特点是进入土壤的有害物质迁移的速度较缓慢,污染达到一定程度后,即使中断污染源,土壤也很难复原。

1.土壤中酚残留对作物的影响

含酚污水的污灌和含酚固废都是引起土壤中酚残留的原因。与含酚废水对作物影响不同的是,土壤中残留酚能维持植物中较高水平的酚积累,并且植物中的酚随土壤酚的增大而增大。调查表明,蔬菜中酚与土壤中酚含量相比,蔬菜酚常大于土壤酚。

2.土壤中重金属对植物的影响

金属在土壤中大多呈氢氧化物、硫酸盐、硫化物、碳酸盐或磷酸盐等固定在土壤中,难以发生迁移,并随污染源(如污灌)年复一年地不断积累。它的危害不像有机物那样急性发作,而是慢性蓄积性发生,即在土壤中积蓄到一定程度后显示出危害。另外,金属在土壤中的残留率很高,一般都在90%以上。

二、生物性污染对食品安全的影响

生物性污染是指微生物、寄生虫、昆虫等生物对食品的污染。

(一)微生物污染

微生物污染是指有害的病毒、细菌、真菌等污染食品。微生物污染食品后不仅可以降低食品卫生质量,还可以对人体健康产生危害。在食品中常见的微生物有以下几类:

①细菌:细菌有许多种类,有些细菌如变形杆菌、黄色杆菌、肠杆菌可以直接污染动物性食品,也能通过工具、容器、洗涤水等途径污染动物性食品,使食品腐败变质。

②真菌:真菌的种类很多,有5万多种。最早为人类服务的霉菌,就是真菌的一种。现在,人们吃的腐乳、酱制品都离不开霉菌,但其中百余种菌株会产生毒素,目前已知的霉菌毒素约有200余种,与食品的关系较为密切的霉菌毒素有黄曲霉毒素、赭曲霉毒素、杂色曲毒素、岛青霉素、黄天精、桔青霉素、层青霉素、单端孢霉烯族毒素、丁烯酸内酯等。毒性最强的是黄曲霉毒素。食品被这种毒素污染以后,会引起动物原发性肝癌。霉菌及其产生的毒素对食品的污染多见于南方多雨地区。我国华东、中南地区气候温湿,黄曲霉毒素的污染比较普遍,主要污染在花生、玉米上,其次是大米等食品。

食品污染的细菌、真菌是人的肉眼看不见的。鸡蛋变臭、蔬菜烂掉主要是细菌、真菌在起作用。

微生物污染通过以下几种途径:一是对食品原料的污染,食品原料品种多、来源广,细菌污染的程度因不同的品种和来源而异;二是对食品加工过程中的污染;三是在食品贮存、运输、销售中对食品造成的污染。

1.食品的细菌污染与腐败变质

食品的细菌以及由此引起的腐败变质是食品卫生中最常见的有害因素之一。食品中的细菌,绝大多数是非致病菌。它们对食品的污染程度是间接估测食品腐败变质可能性及评价食品卫生质量的重要指标,同时也是研究食品腐败变质的原因、过程和控制措施的主要对象。

(1)食品的细菌污染

由于非致病菌中多数非腐败菌,从影响食品卫生的角度出发,应特别注意以下几属常见的食品细菌:假单胞菌属、微球菌属、芽孢杆菌属、肠杆菌科各属、弧菌属与黄杆菌属、嗜盐杆菌属与嗜盐球菌属、乳杆菌属。

(2)食品的腐败变质

食品腐败变质的原因:①微生物的作用是引起食品腐败变质的重要原因,微生物包括细菌、霉菌和酵母。②食品本身的组成和

性质包括食品本身的成分、所含水分、pH值高低和渗透压的大小等都是引起食品腐败变质的原因。

2.霉菌与霉菌毒素对食品的污染及其预防

霉菌是真菌的一部分。与食品卫生关系密切的霉菌大部分属于半知菌纲中曲霉菌属、青霉菌属和镰刀霉菌属。

①霉菌的产毒条件

影响霉菌产毒的条件主要是食品基质中的水分、环境中的温度和湿度及空气的流通情况。

A.水分和湿度:霉菌的繁殖需要一定的水分活性。因此食品中的水分含量少,能提供给微生物利用的水分少,不利于微生物的生长与繁殖,有利于防止食品的腐败变质。

B.温度:大部分霉菌在28～30℃都能生长。10℃以下和30℃以上时生长明显减弱,在0℃几乎不生长。但个别的可能耐受低温。一般霉菌产毒的温度,略低于最适宜温度。

C.基质:霉菌的营养来源主要是糖和少量氮、矿物质,因此极易在含糖的饼干、面包、粮食等食品上生长。

②霉菌污染

霉菌污染食品可降低食品的食用价值,甚至不能食用。每年全世界平均至少有2%的粮食因为霉变而不能食用。霉菌如在食品或饲料中产毒可引起人畜霉菌毒素中毒。

③霉菌毒素:目前已知的霉菌毒素约有200多种,与食品卫生关系密切的比较重要的有黄曲霉毒素、赭曲霉毒素、杂色曲霉素、烟曲霉震颤素、单端孢霉烯族毒素、玉米赤霉烯酮、伏马菌素以及桔青霉素等。

(1)黄曲霉毒素

①产毒的条件:黄曲霉毒素是由黄曲霉和寄生曲霉产生的。黄曲霉产毒的必要条件为湿度80%~90%,温度25~30℃,氧气1%。此外天然基质培养基(玉米、大米和花生粉)比人工合成培养基产毒量高。

②对食品的污染:一般来说,国内长江以南地区黄曲霉毒素污

染要比北方地区严重,主要污染的粮食作物为花生、花生油和玉米,大米、小麦、面粉污染较轻,豆类很少受到污染。而在世界范围内,一般高温高湿地区(热带和亚热带地区)食品污染较重,而且也是花生和玉米污染较严重。

③毒性:黄曲霉毒素有很强的急性毒性,也有明显的慢性毒性和致癌性。

A.急性毒性:黄曲霉毒素为一剧毒物,其毒性约为氰化钾的10倍。对鱼、鸡、鸭、大鼠、豚鼠、兔、猫、狗、猪、牛、猴及人均有强烈毒性。鸭雏的急性中毒肝脏病变具有一定的特征,可作为生物鉴定方法。一次大量口服后,可出现肝实质细胞坏死,胆管上皮增生,肝脏脂肪浸润、脂质消失延迟,肝脏出血。

B.慢性毒性:长期小剂量摄入黄曲霉毒素可造成慢性损害。其主要表现是动物生长障碍,肝脏出现亚急性或慢性损伤。其他症状如食物利用率下降、体重减轻、生长发育迟缓、雌性不育或产仔少。

C.致癌性:黄曲霉毒素对动物有强烈的致癌性,并可引起人急性中毒,但与人类肝癌的关系难以得到直接证据。从肝癌流行病学研究发现,凡食物中黄曲霉毒素污染严重和人类实际摄入量比较高的地区,原发性肝癌发病率高。

(2)杂色曲霉毒素

是一类结构近似的化合物,目前已有十多种已确定结构。生物体可经多部位吸收杂色曲霉毒素,并可诱发不同部位癌变。在生物体内转运可能有两条途径:一是与血清蛋白结合后随血液循环到达实质器官,二是被巨噬细胞转运到靶器官。杂色曲霉毒素引起的致死病变主要为肝脏。

(3)镰刀菌毒素

镰刀菌毒素种类较多,从食品卫生角度(与食品可能有关)主要有单端孢霉烯族化合物、玉米赤霉烯酮、丁烯酸内酯、伏马菌素等毒素。

①单端孢霉烯族化合物:该化合物化学性能非常稳定,一般能

溶于中等极性的有机溶剂,微溶于水。在实验室条件下长期储存不变,在烹调过程中不宜破坏。

毒性特点为较强的细胞毒性、免疫抑制、致畸作用,有的有弱致癌性。急性毒性也强,当浓度在0.1mg/kg~10mg/kg即可诱发动物呕吐。

②玉米赤霉烯酮:是一类结构相似具有二羟基苯酸内酯化合物,主要作用于生殖系统,具有类雌激素作用。玉米赤霉烯酮主要污染玉米,也可污染小麦、大麦、燕麦和大米等粮食作物。

③伏马菌素:是一个完全的致癌剂。伏马菌素对食品污染的情况在世界范围内普遍存在,主要污染玉米及玉米制品。伏马菌素为水溶性霉菌毒素,对热稳定,不易被蒸煮破坏,控制农作物在生长、收获和储存过程中的霉菌污染是至关重要的。

3.病毒

病毒比细菌更小,用电子显微镜才能看到。他们不是细胞,没有细胞结构。病毒不能靠自身进行复制繁殖。

病毒包括污染食物的病毒、人兽共患病病毒。

(1)污染食物的病毒

①特点:病毒不能靠自身进行复制繁殖。病毒只是简单地存在于食物中,在数量上并不增长。病毒在其所污染的食物上可以存留相当长的时间。

②种类:轮状病毒、星状病毒、杯状病毒、腺病毒、肝炎病毒等。

(2)人兽共患病病毒

①疯牛病病毒:是一类非正常的病毒,它不含有通常病毒所含有的核酸,而是一种不含核酸仅有蛋白质的蛋白感染因子。人类感染通常是因为以下因素:

A.食用感染了疯牛病的牛肉及其制品会导致感染,特别是从脊椎剔下的肉。

B.某些化妆品除了使用植物原料之外,也有使用动物原料的成分,所以化妆品也有可能含有疯牛病病毒。

②禽流感病毒:禽流感病毒是一种RNA病毒,其主要的传染源

为病禽及其尸体的血液、内脏、分泌物和排泄物,通过被污染的用具、场地、吸血昆虫而传播该病。

流感与禽流感之间的关系:禽流感与普通流感同属 A 型流感病毒致病,其感染性是在病毒的 H 抗原上。现在普遍影响人类的流感病毒属 H3 及 H1 型,从禽鸟传染人类的禽流感病毒则属 H5 型。

③口蹄疫病毒:口蹄疫病毒属于 RNA 病毒,是偶蹄类动物高度传染性疾病(口蹄疫)的病原。口蹄疫是由口蹄疫病毒感染引起的偶蹄动物共患的急性、热性、接触性传染病。

传染源:病畜和带毒畜是主要的传染源。个别口蹄疫病毒的变种可传染给人,人一旦受到口蹄疫病毒传染,经过 2~18 天的潜伏期后突然发病,表现为发烧,口腔干热,唇、齿龈、舌边、颊部、咽部潮红,出现水泡(手指尖、手掌、脚趾),同时伴有头痛、恶心、呕吐或腹泻。患者一般在数天后会痊愈。

(二)寄生虫污染

寄生虫在食品中或食品表面不能生长和繁殖,其繁殖时需要特定的宿主或一类宿主。通过食品感染人体的寄生虫称为食源性寄生虫。包括原虫、节肢动物、吸虫、绦虫和线虫。污染食品的寄生虫一般都是通过病人、病畜的粪便污染水源、土壤,然后再使动物、果蔬受到污染,人吃了以后会引起寄生虫病。

1.常见的食源性寄生虫病

(1)吸虫病:华支睾吸虫病(肝吸虫)、并殖吸虫病(肺吸虫病)、肝片形吸虫病、姜片吸虫病。

(2)绦虫病:猪肉绦虫病、牛肉绦虫病、曼氏迭宫绦虫病。

(3)线虫病:旋毛形线虫病、异尖线虫病、棘颚口线虫病、广州管圆线虫病。

(4)原虫病:弓形虫病。

2.与饮食相关的寄生虫与寄生虫病

(1)吃淡水鱼虾可能得的寄生虫病:淡水鱼虾是肝吸虫(华支睾吸虫)、异形吸虫、棘口吸虫、棘颚口线虫和肾膨结线虫的中间宿

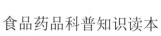
主,能使人得肝吸虫病、异形吸虫病、棘口吸虫病、棘颚口线虫病和肾膨结线虫病。

（2）吃海产品可能得的寄生虫病：海鱼或海里的软体动物是异尖线虫的中间宿主,人吃了未煮熟的含有异尖线虫幼虫的海鱼或软体动物,这些幼虫就会在胃壁寄生,引起酷似外科急腹症的异尖线虫病。

（3）吃猪肉可能感染的寄生虫：猪是猪肉绦虫的中间宿主,也是旋毛虫、肉孢子虫、弓形虫的重要宿主。猪肉中可能含有猪肉绦虫的囊尾蚴（这样的猪肉俗称"米猪肉""米粉猪肉"）、旋毛虫的幼虫形成的囊包、肉孢子虫形成的虫囊和弓形虫。

（4）吃牛肉可能感染的寄生虫：牛是牛肉绦虫的中间宿主,也是肉孢子虫和弓形虫的重要宿主,人因吃了这些含有寄生虫的牛肉而感染牛肉绦虫、肉孢子虫和弓形虫。

（5）吃狗肉、羊肉可能感染的寄生虫：狗肉、羊肉中可能含有旋毛虫、肉孢子虫、弓形虫。人因吃进未煮熟的狗肉、羊肉而感染旋毛虫、肉孢子虫、弓形虫。

（6）吃青蛙肉、蛇肉可能得的寄生虫病：青蛙、蛇是曼氏裂头绦虫及线中殖孔绦虫、异形吸虫、棘口吸虫的中间宿主或转续宿主。这些寄生虫以幼虫或囊蚴形式存在于蛙、蛇肉中。人吃了未煮熟的蛙、蛇肉就可能得裂头蚴病、线中殖孔绦虫病、异形吸虫病、棘口吸虫病。

（7）吃螃蟹、蝲蛄可能得的寄生虫病：螃蟹、蝲蛄（俗称小龙虾）是肺吸虫（并殖吸虫）的中间宿主,肺吸虫幼虫在它们体内形成囊蚴。人吃了未煮熟的含有囊蚴的螃蟹、蝲蛄而得肺吸虫病。

（8）吃鼠肉可能感染的寄生虫：鼠能传播很多寄生虫病,它们是旋毛虫、肉孢子虫、弓形虫的重要宿主,还是肺吸虫、曼氏裂头绦虫的转续宿主。人吃了未煮熟的鼠肉,就可能感染旋毛虫、肉孢子虫、弓形虫、肺吸虫、曼氏裂头绦虫。

（三）害虫污染

1.昆虫的污染及防治

（1）蟑螂

蟑螂是全世界食品加工厂和食品服务设施内最为普遍的一类害虫,它能携带并传播各种病原菌,所以防治蟑螂是非常重要的。大多数蟑螂携带约50种不同的微生物（例如:沙门氏菌和志贺氏菌）,并可传播骨髓灰质炎和霍乱病原菌——霍乱弧菌。

①检查:黑暗区域开灯检查,粪便检查。

②防治:①保持环境卫生。②消除蟑螂的栖息场所和通道。③化学药剂防治（二嗪农、除虫菊酯等）。

（2）其他昆虫

①苍蝇:苍蝇之所以传播疾病,主要是因为苍蝇以动物和人的排泄物为食物,并在其足、口器、翅膀上和内脏中携带这些病原菌。控制苍蝇数量最有效的方法是防止其飞入加工储藏制备及经营食品的区域,从而减少在这些区域中苍蝇的数量。

②蚂蚁、甲虫、蛾:后两种通常出没于干燥的储藏区内。根据织物和食品与包装材料中的蛀洞可以鉴别害虫的种类。蚂蚁、甲虫和蛾生长所需的食物量很少,所以保持良好的环境卫生、合理存放食物及其他物品是防治这些害虫的必要条件。

（3）昆虫的杀灭

①杀虫剂

A.残留杀虫剂:在进行残留处理时常将化学试剂投放于某些点上或间隙中。

B.非残留杀虫剂:非残留杀虫剂只有在使用时具有防治害虫的效果,因此这类杀虫剂的使用方法通常为接触处理或空间处理。

②机械方法:风幕是一种可行的害虫防治机械装置,它不仅可以减少冷藏室内冷气的损耗,而且可以防止昆虫和灰尘进入食品加工区域内。

③昆虫光捕捉器:昆虫光捕捉器通常采用具有高伏特低安培电流的导电金属网,并将该金属网置于一种类似紫外光的光源前面。

④粘捕器:这种捕捉器有黏性捕蝇纸、几根防水袋,或涂有干

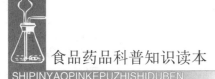
得很慢的胶粘剂的扁平塑料。

⑤信息素捕捉器：这类捕捉器利用特定的性激素将昆虫吸引至专门捕捉昆虫的小室内。

2.啮齿类动物的防治

啮齿类动物（如老鼠和小鼠）具有敏锐的听觉、触觉和嗅觉，能迅速辨别新鲜的或不熟悉的东西，保护自身不受环境变化的影响，因此很难防治。它们会直接或间接传播各种疾病，如钩端螺旋体、鼠型斑疹伤寒、斑疹伤寒和沙门氏菌病。一粒老鼠屎中存在几百万种有害微生物。

啮齿类动物的防治措施：

（1）防止侵入：切断所有可能的入口是最有效的防鼠措施。①对不好关闭的门或管道外部不符合要求的石砌建筑应该用金属覆盖或用水泥填补，以堵住老鼠的入口。②通风孔、排水管道和窗户上应盖一层纱幕。③老鼠和小鼠具有避开宽阔区域的本能，特别是浅色的宽阔障碍区。在建筑物外围平铺一条宽1.5m的白色石子区带或花岗岩碎石区带，能有效防止老鼠侵入。

（2）清除啮齿类动物的栖息地

（3）断绝啮齿类动物的食物来源：①及时清除木屑，定期打扫地面并经常清理室内废弃物品可减少老鼠的食物来源。②食品和其他物品应放在密封性能好的容器内。

3.鸟类污染的防治

（1）污染：鸟粪携带各种对人有害的微生物。这些微生物有螨、真菌病源、鸟疫病源、假结核病源、弓浆虫病源、沙门氏菌及能导致脑炎、鹦鹉热和其他疾病的微生物。鸟类还会将昆虫引入工厂，导致虫害。

（2）防治：合理的管理及卫生设施可以减少厂区内鸟粪的数量。①当食品转移之后必须打扫卫生，否则会引来鸟类。②门、窗及通风口应该装纱幕以防鸟类飞入建筑物内。

三、化学物质应用对食品安全的影响

化学性污染是由有毒有害的化学物质污染食品引起的。各种农药是造成食品化学性污染的一大来源,还有含铅、镉、铬、汞、硝基化合物等有害物质的工业废水、废气及废渣,食用色素、防腐剂、发色剂、甜味剂、固化剂、抗氧化剂等食品添加剂,作食品包装用的塑料、纸张、金属容器等都会造成食品化学性污染。

（一）农药残留

1.概述

（1）农药的分类

按用途可将农药分为杀（昆）虫剂、杀（真）菌剂、除草剂、杀线虫剂、杀螨剂、杀鼠剂、落叶剂和植物生长调节剂等类型。其中使用最多的是杀虫剂、杀菌剂和除草剂三大类。

按化学组成及结构可将农药分为有机磷、氨基甲酸酯、拟除虫菊酯、有机氯、有机砷、有机汞等多种类型。

（2）使用农药的利和弊

使用农药可以减少农作物的损失,提高产量,提高农业生产的经济效益,增加粮食供应;另一方面,由于农药的大量和广泛使用,不仅可通过食物和水的摄入、空气吸入和皮肤接触等途径对人体造成多方面的危害,如急、慢性中毒和致癌、致畸、致突变作用等,还可对环境造成严重污染,使环境质量恶化,物种减少,生态平衡破坏。

2.食品中农药残留的来源

进入环境中的农药,可通过多种途径污染食品。进入人体的农药据估计约90%是通过食物摄入的。食品中农药残留的主要来源有:

（1）施用农药对农作物的直接污染:包括表面黏附污染和内吸性污染。

（2）农作物从污染的环境中吸收农药:由于施用农药和工业三废的污染,大量农药进入空气、水和土壤,成为环境污染物,农作物便可长期从污染的环境中吸收农药,尤其是从土壤和灌溉水中吸收农药。

（3）通过食物链污染食品:如饲料污染农药而导致肉、奶、蛋的

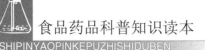

污染,含农药的工业废水污染江河湖海进而污染水产品等。

（4）其他来源的污染：①粮食使用熏蒸剂等对粮食造成的污染。②禽畜饲养场所及禽畜身上施用农药对动物性食品的污染。③粮食储存加工、运输销售过程中的污染,如混装、混放、容器及车船污染等。④事故性污染,如将拌过农药的种子误当粮食吃,误将农药加入或掺入食品中,施用时用错品种或剂量而致农药高残留等。

3.食品储藏和加工过程对农药残留量的影响

（1）储藏：谷物在仓储过程中农药残留量缓慢降低,但部分农药可逐渐渗入内部而致谷粒内部残留量增高。

（2）加工：常用的食品加工过程一般可不同程度地降低农药残留量,但特殊情况下亦可使农药浓缩、重新分布或生成毒性更大的物质。

4.控制食品中农药残留量的措施

（1）加强对农药生产和经营的管理。

（2）安全合理使用农药。

（3）制定和严格执行食品中农药残留限量标准。

（4）制定适合我国的农药政策。

（二）有害金属对食品的污染

环境中80余种金属元素可以通过食物和饮水摄入,以及呼吸道吸入和皮肤接触等途径进入人体,其中一些金属元素在较低摄入量的情况下对人体即可产生明显的毒性作用。如铅、镉、汞等,常称之为有毒金属。另外,许多金属元素,甚至包括某些必需元素,如铬、锰、锌、铜等,如摄入过量也可对人体产生较大的毒性作用或潜在危害。

1.有害金属污染食品的途径：①某些地区特殊自然环境中的含量高。②由于人为的环境污染而造成有毒有害金属元素对食品的污染。③食品加工、储存、运输和销售过程中使用和接触的机械、管道、容器以及添加剂中含有的有毒有害金属元素导致食品的污染。

2.摄入被有害元素污染的食品对人体可产生多方面的危害,其危害通常有以下共同特点:①强蓄积性,进入人体后排出缓慢,生物半衰期多较长。②可通过食物链的生物富集作用而在生物体及人体内达到很高的浓度,如鱼虾等水产品能感汞和镉等金属毒物,使其重金属含量可能高达环境浓度的数百倍甚至数千倍。③有毒有害金属污染食品对人体造成的危害常以慢性中毒和远期效应为主。

3.影响金属毒物作用强度的因素:①金属元素的存在形式。②机体的健康和营养状况以及食物中某些营养素的含量和平衡情况。③金属元素间或金属与非金属元素间的相互作用。

4.预防措施:①消除污染源。②制定各类食品中有毒有害金属的最高允许限量标准,并加强经常性的监督检测工作。③妥善保管有毒有害金属及其化合物,防止误食误用或人为污染食品。④对已污染的食品应根据污染物种类、来源、毒性大小、污染方式、程度和范围,受污染食品的种类和数量等不同情况作不同处理。

(三)N-亚硝基化合物污染及其预防

N-亚硝基化合物是对动物具有较强致癌作用的一类化学物质,已研究的有300多种亚硝基化合物,其中90%具有致癌性。

1.N-亚硝基化合物的前体物

(1)硝酸盐和亚硝酸盐

①硝酸盐和亚硝酸盐广泛地存在于人类环境中,是自然界中最普遍含氮化合物。一般蔬菜中的硝酸盐含量较高,而亚硝酸盐含量较低。但腌制不充分的蔬菜、不新鲜的蔬菜中、泡菜中含有较多的亚硝酸盐(其中的硝酸盐在细菌作用下,转变成亚硝酸盐)。

②硝酸盐和亚硝酸盐作为食品添加剂加入量过多。

(2)胺类物质

含氮的有机胺类化合物是N-亚硝基化合物的前体物,也广泛地存在于环境中,尤其是食物中。另外,胺类也是药物、化学农药和一些化工产品的原材料。

2.N-亚硝基化合物及亚硝胺的存在与合成

在自然界中,N-亚硝基化合物及亚硝胺含量比较高的天然食品有以下几种:海产品、肉制品、啤酒及不新鲜的蔬菜等。

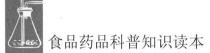

此外亚硝基化合物可在机体内合成。胃酸pH为1～4,适合合成亚硝基化合物,因此胃可能是合成亚硝胺的主要场所。口腔和感染的膀胱也可以合成一定的亚硝胺。

3.N-亚硝基化合物的致癌性

(1)N-亚硝基化合物可通过呼吸道吸入、消化道摄入、皮肤接触等,均可引起动物肿瘤。

(2)可使多种动物罹患肿瘤,到目前为止,还没有发现哪种动物对N-亚硝基化合物的致癌作用具有抵抗力。

(3)各种不同的亚硝胺对不同的器官有作用,如二甲基亚硝胺主要导致消化道肿瘤,可引起胃癌、食管癌、肝癌、肠癌、膀胱癌等。

(4)妊娠期的动物摄入一定量的N-亚硝基化合物可通过胎盘使子代动物致癌,甚至影响到第三代和第四代。有的实验显示N-亚硝基化合物还可以通过乳汁使子代发生肿瘤。

4.与人类肿瘤的关系

目前缺少N-亚硝基化合物对人类直接致癌的资料。但许多的流行病学资料显示其摄入量与人类某些肿瘤的发生呈正相关。

食物中的挥发性亚硝胺是人类暴露于亚硝胺的一个重要方面,许多的食物中都能检测出亚硝胺。此外,人类接触N-亚硝基化合物的途径还有化妆品、香烟烟雾、农药、化学药物以及餐具清洗液和表面清洁剂等。

人类许多的肿瘤可能都与亚硝基化合物有关,如胃癌、食管癌、结直肠癌、膀胱癌,以及肝癌。引起肝癌的环境因素,除黄曲霉毒素外,亚硝胺也是重要的环境因素。肝癌高发区的副食以腌菜为主,对肝癌高发区的腌菜测定显示,亚硝胺检出率为60%。

N-亚硝基化合物除致癌性外,还具有致畸作用和致突变作用。

5.预防措施

(1)减少其前体物的摄入量。如限制食品加工过程中的硝酸盐和亚硝酸盐的添加量,尽量食用新鲜蔬菜等。

(2)减少N-亚硝基化合物的摄入量。人体接触的N-亚硝基化合物有70%~90%是在体内自己合成的。多食用能阻断N-亚硝基化合物合成的成分和富含食品,如维生素C、维生素E及一些多酚类的物质。

(四)多芳族化合物污染及其预防

1.苯并芘

(1)致癌性和致突变性

苯并芘能对大鼠、小鼠、地鼠、豚鼠、蝾螈、兔、鸭及猴等动物诱发肿瘤,对小鼠可经胎盘使子代发生肿瘤,也可使大鼠胚胎死亡、仔鼠免疫功能下降。

(2)代谢

通过水和食物进入人体的苯并芘很快通过肠道吸收,吸收后很快分布于全身。多数脏器在摄入后几分钟至几小时就可检测出苯并芘及其代谢物,乳腺和脂肪组织中可蓄积。经口摄入的苯并芘可通过胎盘进入胎仔体,呈现出毒性和致癌性。

无论任何途径摄入,主要的排泄途径是经肝胆通过粪便排出。

(3)对食品的污染

食品中的多环芳烃主要有以下几个来源:①食品在烘烤或熏制时直接受到污染。②食品成分在烹调加工时经高温裂解或热聚形成,是食品中多环芳烃的主要来源。③植物性食物可吸收土壤、水中污染的多环芳烃,并可受大气飘尘直接污染。④食品加工过程中受机油污染或食品包装材料的污染,以及在柏油马路上晾晒粮食可使粮食受到污染。⑤污染的水体可使水产品受到污染。⑥植物和微生物体内可合成微量的多环芳烃。

2.杂环胺类化合物

(1)杂环胺类化合物的致癌性:可诱发小鼠肝脏、肺、前胃、造血系统和淋巴腺的肿瘤,大鼠可发生肝、肠道、乳腺等器官的肿瘤。雄性大鼠可发生肠道肿瘤,雌性大鼠可发生乳腺肿瘤。

(2)防止杂环胺类化合物危害的措施

①改进烹调方法,尽量不要采用油煎和油炸的烹调方法,避免过高温度,不要烧焦食物。

②增加蔬菜水果的摄入量。膳食纤维可以吸附杂环胺类化合

物,而蔬菜和水果中的一些活性成分又可抑制杂环胺类化合物的致突变作用。

③建立完善的杂环胺类化合物的检测方法,开展食物杂环胺类化合物含量检测,研究其生成条件和抑制条件,以及在体内的代谢情况、毒害作用的剂量等方面,尽早制定食品中的允许含量标准。

(五)食品添加剂的安全性

随着食品添加剂应用的日益广泛,其安全性已成为人们关注的热点。20世纪80年代,我国允许使用的食品添加剂只有几十种,80年代末达到600多种,目前已发展到21大类,1500多种。食品添加剂的应用十分广泛,如在富强粉中加入漂白剂过氧化苯甲酰以增加白度,生产面包使用面团改良剂——溴酸钾、碘酸钾,生产饼干加入膨松剂——亚硫酸及焦亚硫酸钠,在方便面中添加防腐剂和抗氧化剂。若食品添加剂使用不合理,就会危害健康。

食品添加剂是从动植物中提取的天然物质或化学合成物质。一般来说,合成添加剂易存在不安全因素。随着食品毒理学的发展,一些曾被认为无害的食品添加剂,已被发现存在慢性毒性或致癌、致畸作用,如色素——奶油黄、甜味剂——甘素等已被禁止使用。另外有些添加剂与一些化学物质或者食品中的正常成分可发生相互作用,形成致癌物,如亚硝酸盐。因此,各国都非常重视食品添加剂的食用安全性。我国对食品添加剂的卫生和质量也进行了严格管理,其原则是不滥用,不超量,必须符合质量标准;提倡采用天然制品,特别是在婴幼儿食品中不允许加入人工合成甜味剂、色素、香精等。

1.食品防腐剂及其安全性

食品防腐剂可防止食品腐败,延长食品货架期。食品防腐剂有杀菌剂和抑菌剂之分。

(1)化学防腐剂

在食品中使用的化学防腐剂主要有有机防腐剂和无机防腐剂两大类。有机类防腐剂包括苯甲酸、苯甲酸钠、山梨酸、山梨酸钾、对羟基苯甲酸酯类、脱氢醋酸、葡萄糖酸-6-内酯及各种有机酸如醋酸、柠檬酸和乳酸等。无机类防腐剂包括亚硫酸、亚硫酸钠、二氧化硫、硝酸盐、亚硝酸盐、次氯酸盐和磷酸盐等。有机防腐剂的抑菌作用受食品pH值影响,pH值越低,抑菌作用越强,被称为酸性防腐剂。某些无机类防腐剂除具有防腐作用外,在食品工业中还有其他用途。如硝酸盐及亚硝酸盐在肉制品生产中还具有发色、抗氧化和增加产品腌制风味的作用;磷酸盐可作为食品品质改良剂;各种有机酸起调味作用,亚硫酸、亚硫酸盐起漂白作用。我国食品添加剂的使用标准中把这些物质分别归入发色剂、品质改良剂、酸味剂和漂白剂类。

（2）天然食品防腐剂

在食品生产中使用化学合成物质不利于人体健康。为此,国内外都提倡使用天然食品防腐剂。天然食品防腐剂主要有以下8类:

①果胶分解物

果胶可从水果、蔬菜中提取。它的酶分解物在酸性环境中具有抗菌作用。目前以果胶分解物为主要成分,加入其他一些天然防腐剂,已应用于酸菜、咸鱼、牛肉饼等食品的防腐。

②辛香料提取物

大蒜、生姜、茴香、肉桂、肉豆蔻等辛香料具有强烈的抑菌作用。用乙醇萃取的提取物对多种细菌均有强烈抑制作用。在实际应用中,辛香料提取物一般与酒并用。

③琼脂低聚糖

从海藻中提取的琼脂的主要成分是琼脂糖,琼脂糖的酶分解物是琼脂低聚糖,它具有较好的抑菌和防止淀粉老化的作用。在浓度为1%时能有效地减少菌落产生,在挂面、面包、糕点及方便面食品的防腐中普遍应用。

④乳酸链球菌素

乳酸链球菌素系乳酸链球菌属微生物的代谢产物,可经乳酸链球菌发酵提取。它是一种类似蛋白质的物质,其优点是能在人

的消化道中被蛋白水解酶降解,是一种比较安全的防腐剂。乳酸链球菌素对肉毒梭状芽孢杆菌和其他厌氧芽孢菌的抑制作用很强,多用于鱼、肉类罐头的防腐。

⑤丙酸

丙酸对霉菌、需氧芽孢杆菌或革兰氏阴性杆菌有抑制作用,特别是对引起食品发黏的菌类,如枯草杆菌的抑菌效果较好。丙酸可作为食品的正常成分,是人体正常代谢的中间产物,基本无毒,多用于面包及糕点的防腐。

⑥壳聚糖

壳聚糖又叫甲壳素,是从蟹壳、虾壳中提取的一种多糖类物质。在浓度为0.4%时,对大肠杆菌、普通变形杆菌、枯草杆菌、金黄色葡萄球菌均有较强的抑制作用。壳聚糖不溶于水,而溶于醋酸、乳酸等,在做食品防腐剂时,通常将其溶解于食醋中。由于它与蛋白质可发生凝聚作用,所以通常适用于不含蛋白质的酸性食品,如酱菜、腌菜、瓜果之类。

⑦溶菌酶

一般蛋白质含溶菌酶0.3%左右。在pH值6～7,温度50℃条件下,溶菌酶对革兰氏阳性细菌、枯草杆菌、芽孢杆菌、好气性孢子形成菌有较强的溶菌作用。由于食品中的羟基会提高溶菌酶的活性,因此它一般与酒、植酸、甘氨酸等抗菌类物质配合使用。目前与甘氨酸配合使用的溶菌酶制剂多应用于面食及冰淇淋等食品的防腐。

⑧鱼精蛋白

鱼精蛋白是一种天然抗菌物质,属简单的球蛋白,常存在于鱼类精子中。它在中性和碱性介质中显示很强的抑菌能力,并有较高的热稳定性,在210℃条件下加热1.5h仍具有活性,抑菌范围和食品防腐范围广泛。在浓度为0.1%时,对枯草杆菌、芽孢杆菌、干酪乳杆菌、胚芽乳杆菌等均有较强的抑制作用。

《食品卫生法》中规定使用的食品防腐剂都是低毒、安全性较高的。现在有些食品生产厂家利用消费者心理,在自己的产品上标明绝对不含防腐剂,似乎不含防腐剂的食品绝对安全。实际上添加防腐剂的食品不一定不安全,而不含防腐剂的食品也不一定安全。因为食品安全性需从有害化学物质和病原微生物对食品污染两方面综合考虑。不添加防腐剂不等于食品不含有害化学物质,因某些被污染食品的病原微生物会在适宜条件下生长产毒,对人体也造成危害,适当添加防腐剂可在食品货架期内有效抑制病原微生物的生长,杜绝病原微生物对人体的危害。因此,在食品生产中严格按规定使用防腐剂对保障消费者的安全具有重要意义。

2.食品中的合成抗氧化剂

食品工业中广泛使用合成抗氧化剂,如丁基羟基茴香醚、2,6-二丁基对甲酚和没食子酸丙酯等。这类抗氧化剂的潜在危害较大,长期食用会对人体造成损害。因此,从食品安全角度看,应将目前使用的合成抗氧化剂逐渐淘汰。但由于合成抗氧化剂具有生产工艺简单、成本低、使用方便等特点,一时还不能取消它们的使用。《食品卫生法》对某种抗氧化剂的允许使用量和使用范围的规定是在经过大量调查,充分考虑抗氧化剂对人体可能造成的潜在危害的基础上严格规定的。抗氧化剂的抗氧化作用并不像有些人认为的那样,添加量越大,抗氧化作用越强。因为抗氧化剂只是阻碍氧化作用,延缓食品酸败,但不能改变已变质的食品。因此必须在食品氧化发生前使用。

3.食用香料及其安全性

食用香料分允许使用和暂时允许使用两类,根据来源不同又分为天然和人造香料两类。

(1)天然香料

天然香料一般以天然植物为原料,经过热榨或冷榨、蒸馏和有机溶剂浸出等方法制成。我国常用的天然香料有八角、茴香、花椒、姜、胡椒、薄荷、橙皮、丁香、茉莉、桂花、玫瑰、肉豆蔻和桂皮等。由于食品中食用香料的用量很少,所以食用含有香料的食物一般不会危害人体健康。

然而近年来一些研究者也提出了不同的观点。比如,有人通

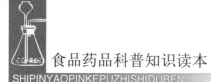

过化学分析研究发现,某类天然香料中含有一定量的黄樟素(又称黄樟脑),这是一种有强烈芳香气味的无色或淡黄色的液体。动物实验证实,黄樟素可引起肝脏病变。

（2）人造香料

人造香料多为各种香精单体和合成香料,大多用石油化工产品、煤焦油等原料合成。人造香料一般分为酯类、酸类、醇类、酮类、酚类、醚类、类脂类及其他。

人造香料的成分复杂,由于原料及配方比例不同,配制的人造香料具有不同的气味,如香蕉、橘子和杏仁味等。人工食用香精是由多种香精单体配制而成,而香精单体种类繁多,有的有毒,有的无毒,要保证人工食用香精的安全使用,必须从香精单体着手。

为此,国家标准将香精单体分为三类:①允许使用的香精单体。②暂时允许使用的香精单体。③禁止使用的香精单体。

4.亚硝酸盐

亚硝酸盐作为肉制品发色剂被用来腌肉已有数百年历史,在每克肉里加入 $150 \sim 200 \mu g$ 的亚硝酸盐,经过烹煮,肉就会呈现出鲜美的红色,有助于增进肉的风味。除此之外,亚硝酸盐还能大大延长肉制品的货架寿命,防止肉毒杆菌生长。

5.人工合成色素与天然色素

（1）儿童多动症与人工合成色素的关系

患多动症的儿童在美国高达10%。患多动症的儿童任性,自我控制能力差,总是在不停地动,感情易冲动,注意力不集中,学习成绩差。这些儿童大多智力发育正常,没有功能性障碍,有些经过心理治疗和教育,可以收到良好的效果,但大约1/3的孩子,无论用什么办法都没有作用。调查发现,其中有些是由于母亲妊娠期、分娩期或新生儿期各种原因造成的脑损伤所致,而另外相当一部分多动症儿童则与食用人工合成色素有关。

早在1973年,英国医学会和伦敦食品与健康讨论会就提出了食品添加剂与儿童多动症有关。报告指出某些人工合成色素和香精可引起多种过敏性疾患,诸如哮喘、喉头水肿、咳嗽、鼻炎、荨麻疹、皮肤瘙痒以及神经性头痛和行为紊乱等。一些患荨麻疹的儿童,用各种治疗都无效,但停止食用含人工色素的食品后即痊愈。有的儿童患多动症已有几年之久,但停食这些食品后,症状就明显改善;相反,一旦重新食用含人工合成色素的食品,症状就会很快出现。

国际上允许使用的人工合成色素总计有60多种。我国食品卫生标准对人工色素的使用规定十分严格,并强调婴幼儿代乳食品中不得添加任何人工合成色素。

（2）天然色素

我国有很多天然色素,它们不仅是着色剂,而且还具有独特的功效。如辣椒红,它既是红色素,又是β-胡萝卜素,还是维生素A的前体,是脂溶性的;高粱红具有良好的抗氧化作用。此外,还有天然色素红曲红等。

6.糖精的使用与过量的危害

糖精是一种人工合成的甜味剂,在食品工业生产中被广泛使用。

糖精是从煤焦油中提取的一种化学产品。它的甜度相当于白糖的300～500倍,但在食物中过多使用,不仅会出现苦味,而且对健康有害。

糖精的主要成分是糖精钠,另外还含有一些重金属、氨的化合物、砷以及邻甲苯磺酰胺等。糖精钠本身不被人体吸收,也不能长期存留在人体内,但糖精里的杂质,能不同程度地影响人体健康。糖精除有增味作用外,对人体没有营养意义。为了慎重起见,世界卫生组织（WHO）和联合国粮食与农业组织（FAO）规定,每人每天的用量不得超过每千克体重5mg,糖尿病人可用到每千克体重5～10mg。在短时间里摄入大量糖精,会引起血小板减少等不良反应,严重的可导致大出血。

美国国立癌症研究所对3000多名膀胱癌患者和近6000名健康人的饮食习惯进行了调查,结论是:大量食用糖精,患膀胱癌的可能性明显增加。建议吸烟者最好不食用糖精,也尽可能不要食

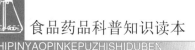

用含糖精的食品和饮料。

四、包装材料和容器对食品安全的影响

食品工业的发展与包装密不可分,新的包装工艺可以极大地改变食品工业的产品结构和发展进程。

(一)塑料包装制品与基本卫生问题

1.常用塑料包装

粮食类食物包装主要是塑料编织袋。在饮料市场上,塑料瓶,特别是PET瓶是最主要和最引人注目的包装。食用油的包装则基本采用塑料容器,塑料包装还用于酱油、醋、味精、胡椒粉、白酒、黄油、乳酪、冰淇淋等。发泡塑料箱则大量用于保温外包装。

2.不允许直接接触食品的塑料包装材料

塑料制品的原料主要为聚乙烯、聚氯乙烯、聚丙烯三种。常用的塑料薄膜,主要有聚乙烯、聚氯乙烯、聚丙烯以及聚酯、聚酰胺、聚偏二氯乙烯六类。

(1)聚氯乙烯(PVC):是以氯乙烯为单体聚合而成。聚氯乙烯塑料的相容性比很广泛,可以加入多种塑料添加剂。

聚氯乙烯制品单体氯乙烯含有毒物质。氯乙烯可在体内与DNA结合而引起毒性作用,主要作用于神经、骨髓系统和肝脏,也被证实是一种致癌物质,因而许多国家均定有聚氯乙烯及其制品中氯乙烯含量控制水平。制作聚氯乙烯所添加的增塑剂、稳定剂、润滑油以及着色剂,大部分含铅或其他毒性物质。因此以聚氯乙烯为原料的塑料制品不得用于食品包装。

(2)聚乙烯制品。由于它具有透气性、耐光力差、易老化等特点,在使用上受到局限。聚乙烯塑料桶不宜盛装酒类和芳香类食品;聚乙烯薄膜则不宜包装过热的食品以及糕点、食糖、奶粉、香料等食物。另外,聚乙烯接触脂肪会分解出有毒物质,因此不可用于油类食品的包装。

(3)聚丙烯(PP):聚丙烯透明度好,耐热,具有防潮性(其透气性差),常用于制成薄膜、编织袋和食品周转箱等。聚丙烯原料无毒、无味,化学和热稳定性均较好,因此是较为理想的食品盛器和包装材料。

3.保鲜膜

用保鲜膜保存食物,为食物料理带来了极大的方便。保鲜膜对保存食物的营养价值有一定作用。然而研究发现,有些塑料保鲜膜中含有干扰内分泌的物质,会扰乱体内的激素平衡,影响人体代谢、生长、发育等功能。过多使用时会破坏内分泌系统,引起妇女乳腺痛、新生儿先天缺陷、男性精子数减低,甚至精神疾病等。

市场上的保鲜膜分为两类:一类是普通保鲜膜,适用于冰箱保鲜;一类是微波炉保鲜膜。消费者在使用上要注意区别使用。没有注明适用微波炉的保鲜膜,不宜在微波炉内使用。不同品牌的保鲜膜所标注的耐热温度不同,需长时间加热时,要选择耐热性较高的保鲜膜。保鲜膜不宜用于高脂肪、高糖分的食物,因脂肪和糖分能产生高温,令保鲜膜融化。

(二)橡胶的食品卫生

橡胶也是高分子化合物,有天然和合成两种。天然橡胶在体内不被酶分解,也不被吸收,因此可被认为是无毒的。但因工艺需要,常加入各种添加剂。合成橡胶系高分子聚合物,因此可能存在着未聚合的单体及添加剂的卫生问题。

橡胶中的毒性物质主要来源有两个方面:①橡胶胶乳及其单体。②橡胶添加剂。

1.橡胶胶乳及其单体:合成橡胶单体因橡胶种类不同而异。丁橡胶和丁二橡胶的单体,有麻醉作用,但尚未发现有慢性毒性作用;苯乙烯丁二橡胶,蒸汽有刺激性,但小剂量也未发现有慢性毒性作用;丁腈(丁二烯丙烯腈)耐热性和耐油性较好,但其单体丙烯腈有较强毒性,也可引起流血并有致畸作用;氯丁二烯橡胶的单体1,3-二氯丁二烯,有报告可致肺癌和皮肤癌,但有争论;硅橡胶的毒性较小,可用于食品工业,也可作为人体内脏器使用。

2.橡胶添加剂:主要的添加剂有硫化促进剂、防老剂和填充剂。

(1)硫化促进剂:促进橡胶硫化作用,以提高其硬度、耐热度和耐浸泡性。

（2）防老化剂：为使橡胶对热稳定，提高耐热性、耐酸性、耐臭氧性以及耐曲折龟裂性等而使用。

（3）填充剂：主要有两种，即炭黑和氧化锌。

由于某些添加剂具有毒性，或对试验动物具有致癌作用，故部分添加剂不得在食品用橡胶制品中使用。

（三）陶瓷、搪瓷及其他包装材料的卫生问题

1.陶瓷或搪瓷：二者都是以釉药涂于素烧胎（陶瓷）或金属坯（搪瓷）上经800~900℃高温炉搪结而成。其卫生问题主要是由釉彩而引起，釉的彩色大多数为无机金属颜料，如硫镉、氧化铬、硝酸锰。上釉彩工艺有三种，其中釉上彩及彩粉中的有害金属易于移入食品中，而釉下彩则不宜移入。

搪瓷食具容器的卫生问题同样是釉料中铅、镉、锑等重金属移入食品中带来的危害。

但由于不同彩料中所含有的重金属不同，所以溶出的金属也不一定相同，应加以考虑。

2.铝制品：常见的有铝箔、易拉罐等。铝箔因易加工、易染色成五彩缤纷的靓丽包装而一直受到世界人民的青睐。大量的罐装啤酒和饮料也几乎都是用薄铝罐作为包装材料的，用于高温杀菌的纸复合容器，也是纸与塑料和铝箔等7层复合的产品。铝箔纸也用于黄油、乳酪等产品的包装。

铝制品包装材料的主要卫生问题在于回收的材料。由于其中含有的杂质种类较多，必须限制其溶出物的杂质金属量，常见为锌、镉和砷。因此凡是回收铝，不得用来制作食具，如必须使用时，应仅供制作铲、瓢、勺，同时，必须符合铝制食具容器卫生标准。

3.不锈钢：不锈钢食品接触容器是指以不锈钢材料为基础，通过拉伸、压制、焊接、打磨、抛光及其他后续处理工序，最终作为食品加工、料理、盛放容器。不锈钢食品接触容器因原材料成分和加工工艺存在诸多不确定因素，产品质量往往良莠不齐，故被国外通报的事件时有发生。

不锈钢食品接触容器外观漂亮，性价比高且经久耐用，具有耐

冲撞、耐腐蚀的特性,广受消费者青睐。但其材质的特殊性,容易导致出口受阻。一方面是原材料的复杂性,一些铅、铬、镍等重金属析出或迁移量偏高;另一方面,由于不锈钢食品接触容器的导热性,如果该类餐具定位于儿童使用,而无其他防护措施,极易发生烫伤事件。

生产餐具的不锈钢一般分为"奥氏体型"和"马氏体型"不锈钢两种。碗、盘等多采用前者,而刀、叉等则采用后者。不锈钢原料牌号众多,无论是用何种不锈钢材质,都应保证在正常使用、合理磨损和冷热酸碱物质接触时产品稳定性和安全性。

4.玻璃制品:玻璃食品包装材料,因其透明、化学稳定性好、对食物无污染,不仅可以高温加热,而且可以回收、再生利用,是较好的食品包装材料。尽管20世纪70年代以来受到了塑料和其他包装材料的挑战,但仍保持了持续的增长。

玻璃制品原料为二氧化硅,毒性小,但应注意原料的纯度,而高档玻璃器皿(如高脚酒杯)制作时,常加入铅化合物,其数量可达玻璃重量的30%,是较突出的卫生问题。

5.包装纸:纸和塑料是食品包装中使用最为广泛的两种材料。一般来说,纸质包装中用量最大的是纸袋,其次是纸杯和纸餐盒,然后是纸质外包装。复合纸包装使超高温杀菌奶的保质期极大地延长,为奶制品企业的规模化发展奠定了基础。在属于方便快餐食品中,纸包装较多,特别是纸餐盒和纸杯正大量使用。

包装纸的卫生问题有4个:①荧光增白剂。②废品纸的化学污染和微生物污染。③浸蜡包装纸中多环芳烃。④彩色或印刷图案中油墨的污染等,都必须加以严格控制管理。

我国规定:①食品包装用原纸不得采用社会回收废纸做原料,禁止添加荧光增白剂等有害助剂。②食品包装用原纸的印刷油墨、颜料应符合食品卫生要求,油墨、颜料不得印刷在接触食品面。③食品包装用石蜡应采用食品级石蜡,不得使用工业级石蜡。

(四)绿色包装和可食性包装

1.绿色包装

绿色包装是指用较少的能源、原材料生产的简单而又经济实惠的包装,在其生产过程中不产生废气、废水、废渣等污染物,包装产品可以食用、可自然降解或再生,不产生二次污染,不破坏生态平衡。绿色包装采用天然原材料,价格低廉,符合保护生态环境和回归自然的消费心理。

2.可食性包装

现代可食性包装材料选用植物蛋白质类、淀粉类和多糖类材料,经现代科学技术手段制成无毒、无污染、可食用的防腐保鲜包装膜、包装纸和包装容器,大致有以下几类:

(1)大豆可食性包装膜

用大豆制成包装膜包装食品,可保持食品原有风味和水分,可防止氧气进入而达到保鲜目的,此种包装膜可以食用,不污染环境。

(2)以豆腐渣、豆饼制作包装纸膜

豆腐渣、豆饼制作的包装纸膜营养与大豆相似,制成的快餐包装泡入水中即溶化,可以与食物一起食用,风味和营养也好。

(3)壳聚糖可食用包装膜

壳聚糖也叫甲壳素、壳多糖、壳蛋白等,广泛存在于植物细胞壁和甲壳类动物及昆虫的蛹壳中,在动植物机体中每年自然合成数十亿吨甲壳质。其结构与细胞壁的纤维素相似,是一种直链状多糖,纯甲壳质具有优良的成膜性、整合性、吸附性、生物相容性,无毒可生物降解。这种物质被广泛应用于食品领域。

(4)蛋白质可食用包装膜

用纸和玉米蛋白制成的包装膜,防油性能好,适用于包装含油脂食品,如肉制品、禽、鱼、蛋制品和快餐食品,可以同包装一起加工(蒸煮)食用,保持原有风味;用玉米蛋白制成的包装可适用于包装膨化食品;用蛋白质、脂肪酸和淀粉按不同比例制成的复合包装膜,可制作不同物理性能的可食性包装,缓阻水分流失,包装含水分较多的食品效果好;将蛋白质涂在纸上制成的蛋白涂层包装纸膜可承受一定温度,防止水分侵蚀,无毒且方便食品加工。

（5）生物胶涂层包装纸

生物胶包括虫胶、骨胶、皮胶等，均可食用。用它们当作涂料涂在纸的表面，配以一定量的添加剂，制成耐水耐油的包装纸，适用于热食品包装、水分含量大的食品包装及快餐食品包装。

五、厨房卫生与安全

厨房本该是家中最干净整洁的地方。但近日研究发现，平时用来切菜的砧板上细菌竟是马桶的两倍。可见，要保卫我们厨房的安全还有很多工作要做。

（一）厨房装修

厨房空间较小，通风透气性相对较差。环保专家称，橱柜体积一般会占据厨房的1/3左右，且橱柜的材质多是人造板材，其中包含大量黏合剂，因此会释放甲醛等污染物。所以，一定要选择通过国家质检的大品牌产品。安装时注意橱柜封边一定要严密。橱柜台面是厨房又一污染源。近年来，花岗岩、大理石等石材受到追捧。一般来讲，大理石的放射性要低于花岗岩，二者选择建议选前者。此外，有些家庭的烟道没密封好，在开抽油烟机时容易把别人家的油烟吸进来，装修时要注意使用防止油烟倒灌的出风止逆阀，还可在烟道口处加装下垂式密闭阀。此外，如果空间允许，最好在装修时就把厨房水池分成两个，便于保证生熟分开。

（二）厨房生产设备与用具卫生

厨房是加工菜品的地方，厨房环境的好坏、烹饪设备与用具等的卫生安全程度都会直接对菜品的卫生安全产生影响。因此，厨房的环境卫生、烹饪设备及各种用具的卫生就显得非常重要。

1.炉灶卫生

炉灶的清洁主要是清除油渍污迹，由于炉灶的种类各不相同，清洁方法也有区别。

（1）燃油、燃气炒灶：待炉灶晾凉后，用毛刷对燃油、燃气的灶头进行洗刷除污，使其保持通油、通气无阻，燃烧完全；清除燃火灶头周围的杂物；把灶台上的用具清理干净，用浸泡过清洁剂的抹布将灶台擦拭一遍，再用干净的湿抹布擦拭干净；用抹布把炉灶四周

的护板、支架(腿)等一一擦拭干净。

(2)蒸灶、蒸箱:蒸灶清洁时将笼屉取下,用清水冲洗笼屉内外,如果笼屉内有粘在上面的食品渣等,可用毛刷洗刷,再用清水冲洗干净,控干水分,然后将蒸锅和灶台洗刷干净放上笼屉。清洁蒸箱时,应先从蒸箱内部清洗,用毛刷将蒸箱内的隔层架、食品盒洗刷、除净杂物、食品渣,用水冲洗干净,放净箱内存水,用抹布擦拭干净,然后用抹布将蒸箱外表擦拭干净。

(3)电烤箱:断开电源,将晾凉的烤盘取出,铲除烤盘上的硬结食品渣、焦块等,然后洒上适量餐洗净溶液浸泡10~20min,用毛刷洗刷烤盘内外,用清水冲洗干净,再用干抹布擦拭干净,将烤箱内分层板上的杂物、食品渣清扫干净,将远红外管上的黏结物用干毛刷扫除干净,最后将烤箱外表擦抹干净。

(4)微波炉:微波炉是一种比较干净卫生的烹饪新炉灶,但长期使用也会沾染食品渣滓、油渍等,因此也应定期进行清洁处理,清洁的方法是先关闭电源,取出玻璃盘和支架,用清洁剂浸泡清洗,用清水冲洗干净,用干抹布擦抹干水分,然后用蘸过餐洗净溶液的抹布擦拭微波炉内胆及门,除净油渍杂物,再用干净的湿抹布擦拭干净,晾干后依次放入支架和玻璃盘,最后用湿抹布将外表擦拭干净,擦拭触摸式温控盘时,要注意动作轻些,以免损伤温控盘上的按键。

2.厨房用具卫生

厨房里的烹饪用具种类繁多,用途不一,主要有灶台用具、砧板用具以及划菜台和其他用具。灶台用具如调料盆罐、手勺、炊帚、锅铲、漏网、漏勺等,砧板使用的用具如木墩、各种刀具、配菜盘等,在每次使用结束后都要进行洗净与消毒处理。

(1)砧板卫生

①使用后应及时清洗、消毒:无论是木质的,还是合成的塑胶砧板,每次使用后都要充分加以清洗,然后进行消毒处理。

②砧板要侧立存放:消毒后的砧板应在专门的地方(无污染可能的环境)存放,存放时要侧立起来,以避免底部受潮或切配台台

面的污染,并在砧板上覆盖防蝇防尘罩之类的设备。

砧板清洁小窍门:很多人习惯用开水烫砧板,其实这样做并不保险。可先用洗洁精和清水把砧板洗净,再往上撒一勺盐,用洗碗海绵蘸一点点水后,反复擦拭表面大约30秒,然后用冷水冲洗干净。随后再将白醋和水以1:2的比例调好后倒喷在砧板上,不要冲洗,放到通风的地方自然风干即可,能起到很好的杀菌消毒作用。砧板至少每3年更换一次,一旦发现砧板上有较深的刀痕、颜色变深,就应该立即换掉。

(2)餐具、卫生用具卫生

所有餐具不仅要经过清洗冲刷,还必须经过严格的消毒处理,尤其是尚未使用洗碗机的厨房更要严格消毒。卫生用具是指厨房在整理打扫卫生所使用的各种工具,这些卫生工具如毛刷、拖把、笤帚、铁簸箕、洗涤剂等不能妥善处理,也会造成污染。因此,厨房所使用的各种卫生工具必须每次用完后清洗干净,消毒后晾干,在厨房以外的专门位置存放,不得放在厨房内。

专家提醒,吃完饭后要及时清洗碗筷,以防滋生细菌。碗筷清洗后,最好倒扣以便控干水分,这比消毒更重要,只要没水分,微生物就没法繁殖。筷子建议选择金属材质的,耐用又易清洗。洗碗布要每天清洗,且要保证专用,不能又洗碗又擦桌子,避免交叉污染,最好每周用高温烫煮等方式消毒一次,并定期更换。洗过碗之后,务必把水池和水池旁边的台面再刷干净。否则,水池会成为微生物交叉污染的场地。锅碗瓢盆这些器具看似"长寿",但也有使用年限。如果不按照使用年限定期更换,很可能带来健康隐患。当不粘锅的涂料一旦受损,加热后就会释放出有害气体,所以涂料一旦受损就应立刻换新的。塑料食品容器太旧或出现划痕,容易释放对人体有害的双酚A,也最好每年更换,发现有划痕应立即丢弃。油烟机的使用年限是7年,如果超期服役,机体内会沉积大量无法清洗的油污,被人吸收后,极易导致肺癌。人工燃气灶具的使用年限是6年,石油天然气灶具的使用年限是8年,过期最好报废,否则一旦出现零部件磨损、老化,将引发漏气、燃烧不完全、一氧化

碳超标等安全问题。应定期检查燃气灶是否漏气,零部件是否损坏,超过使用年限的应立刻更换。此外,最好给厨房配置一个灭火器,以备不时之需。

（三）厨房通风很重要

一项研究表明,在通风系统差、燃烧效能低的灶具上做饭,对健康造成的损害相当于每天吸两包烟。很多女性不吸烟,却高发肺癌的原因即在于此。因此,一定要做好厨房的通风工作。炒菜时,要打开油烟机或使用无油烟锅,而且油烟机要"早开晚关",同时把门窗都开个小缝,形成对流空气,利于污染物扩散。专家建议,烹调结束后,要开窗通风至少10min,尽量减少高浓度油烟在厨房停留的时间。如果厨房没有窗户,最好购买吸力相对更强的抽油烟机。

（四）厨房食物管理:生熟食物需分开

研究发现,导致厨房里危险重重的"罪魁祸首",是生肉、生蔬菜和家禽,超过60%的生鸡肉中包含弯曲杆菌(导致食物中毒的一种病菌)等细菌。厨房中的生熟一定要分开,不仅砧板、刀具、抹布要生熟分开,冰箱中储存食物也要独立分装,避免相互污染。蔬菜、水果、肉类、鱼类等速食食品,解冻后均需加热再食用。冷冻室和冷藏室一样,要定期清洁,建议每月清洁一次,要除霜。最后,勤洗手,要不停揉搓双手,并注意清洁指甲,保持流水冲洗20秒以上。

（五）废弃物处理

1.分类处理。液体废弃物与固体废弃物、有机废弃物与无机废弃物等分开放置。

2.垃圾桶加盖。垃圾桶一定要配备盖子,桶内置放塑料袋,定时把袋装的垃圾取走,并及时对垃圾桶进行清洗消毒处理。

3.清洗垃圾桶周围。废弃物清理后,垃圾桶周围也要进行清洗,用消毒液进行消毒处理,以保持清洁无菌。

第三节 食品的安全性

一、非热力杀菌食品的安全性

民以食为天,食以安为先。食品是人类赖以生存和发展的最基本物质条件,食品安全直接关系到国民的身体健康和生命安全。食品腐败变质的主要原因是某些微生物的存在致使食品品质改变,因此,食品杀菌就成为食品加工中的重要操作单元,即通过杀灭腐败菌和致病菌来延长产品的贮藏期,保证食品的安全。

1.食品杀菌

食品杀菌是以食品原料、加工品为对象,通过对引起食品变质的微生物等的杀菌及除菌,达到食品品质的稳定化,有效延长食品的保质期,并因此降低食品中有害细菌的存活数量,避免活菌的摄入引起人体感染或预先在食品中产生的细菌毒素导致人类中毒。

传统的杀菌都是采用高温干燥、烫漂、巴氏杀菌、冷冻及防腐剂等常规技术,但这些技术大都处理时间长,杀菌不彻底或不易实现自动化生产,同时影响食品原有的风味和营养成分。为了更大限度地保持食品天然的色、香、味和一些生理活性成分,满足现代人生活要求,近年来,国际食品领域涌现出一些高效、安全,能保持食品原有风味和营养的杀菌新技术。

(1)加热杀菌

主要杀菌方法,可杀死微生物、钝化酶类,同时也会破坏产品中的营养成分、结构、色泽和风味,特别是热敏性成分有很大的损失。

(2)非热力杀菌

又称为冷杀菌,不仅能保证食品在微生物方面的安全,而且能保持食品的固有营养成分、结构、色泽、风味和新鲜程度。

目前食品非热力杀菌方法有:超高压杀菌、辐照杀菌、高压脉冲电场杀菌、电磁场杀菌、超声波杀菌、微生物抑菌剂、等离子体杀菌、臭氧杀菌、二氧化氯杀菌。常用的非热力杀菌有超高压杀菌和

辐照杀菌。

(一)超高压食品的安全性

通常情况液体或气体压力在0.1～1.6MPa称为低压,1.6～10MPa称为中压,10～100MPa称为高压,100MPa以上称为超高压。

超高压灭菌是利用压媒(常是液体介质,水)使食品在极高的压力下产生酶失活、蛋白质变性、淀粉糊化和微生物灭活等物理化学及生物效应,从而达到灭菌和改性的物理过程。通常,将用超高压处理的食品称为超高压食品。

1.超高压灭菌与传统加热法杀菌的比较

加热法灭菌,加热使食品分子加剧运动,破坏弱键,使蛋白质、淀粉等生物高分子物质变性,同时也破坏共价键,使维生素、色素、香味物质等低分子物质发生变化;而超高压灭菌只影响高分子结构氢键、离子键等非共价键,操作安全,灭菌均匀,耗能低。

2.超高压灭菌与传统化学处理(防腐剂)食品的比较

优点:①不需向食品中加入化学物质,克服化学试剂对人体产生不良影响。②化学试剂使用频繁,会使菌体产生抗性,而超高压灭菌为一次性杀菌。③超高压条件易控制,对外界环境影响较小,而化学试剂杀菌易受水分、有机环境等影响,作用效果变化大。④超高压更好地保持食品自然风味,甚至改善食品高分子物质构象,如可提高肉制品嫩度和风味等。

3.超高压灭菌技术适用于:

(1)对热敏性食品:哈密瓜、西瓜、番茄、苹果、草莓。

(2)含活性成分:维生素、益生菌、类胡萝卜素。

(3)高附加值水产品:海参、龙虾、牡蛎、金枪鱼。

4.超高压处理对食品中成分的影响

高压使蛋白质变性,因为压力使蛋白质原始结构改变,导致蛋白质体积的改变。高压可使淀粉改性,淀粉糊化而呈不透明的糊状物,且吸水量也发生改变,因为分子结构变化。油脂类耐压程度低,常温加压到100～200MPa,基本上变成固体,解除压力后可复原。高压对食品中的风味物质、维生素、色素及各种小分子物质的天然结构几乎没有影响。

5.超高压处理对微生物的影响

超高压杀菌主要通过破坏细胞膜和蛋白质的结构并对DNA的转录和复制产生影响,进而杀死微生物。不同种属微生物对压力的敏感程度不同,但施压过程提高温度或常温条件下提高压力则这种差异会减小;超高压杀死细菌相对容易,但杀死细菌孢子比较困难。

6.超高压杀菌在食品中的应用

超高压杀菌技术在肉制品加工、乳制品加工、鱼制品加工、保健品加工等方面均有应用。

(二)辐照食品的安全性

食品辐照是指利用射线照射食品(包括原材料),延迟新鲜食物某些生理过程(发芽和成熟)的发展,或对食品进行杀虫、消毒、杀菌、防霉等处理,达到延长保藏时间,稳定、提高食品质量目的的操作过程。

1.食品辐照加工技术的优点

(1)可以在常温或低温下进行,有利于维持食品的质量。例如保持肉类食品原有的感官指标:8kGy的辐照剂量处理后,真空包装的卤鸭在5个月的保质期中各项感官指标正常。

(2)射线(γ射线)穿透力强,可在包装下和不解冻下辐照食品,杀灭食品内部的害虫、寄生虫和微生物。辐照过的食品不会留下任何残留物。

(3)和食品冷冻保藏等方法相比,辐照保藏方法能节约能源。

(4)彻底消灭微生物,防止病虫危害。例如肉禽类食品经辐照处理,可全部消灭霉菌、大肠杆菌等病菌。

(5)辐照杀菌还能延长食品和农产品的保存时间。例如辐照后的粮食3年内不会生虫、霉变;土豆和洋葱经过辐照后能延长保存期6～12个月。

2.食品辐照技术毒理安全性

10kGy处理过的辐射食品不产生任何毒理性危害;食品不直接

与放射源接触,因此不存在食品带有放射性的问题;不会增加微生物的危害;营养素损失少。

二、转基因食品的安全性

所谓转基因技术就是应用人工方法把某种生物的遗传物质分离出来,在体外进行切割、拼接和重组,将重组了的DNA通过各种途径导入并整合到某种宿主细胞或者个体的细胞核中,有目的地改变它们的遗传性状。

转基因食品是利用现代分子生物技术,将某些生物的基因转移到其他物种中去,从而改造生物的遗传物质,使其在形状、营养品质、消费品质等方面向着人们所需要的目标转变。我国《转基因食品卫生管理办法》将转基因食品定义为:利用基因工程技术改变基因组构成的动物、植物和微生物生产的食品和食品添加剂。

(一)转基因食品的不安全性问题

转基因食品的潜在问题包括:转基因食物的过敏性,转基因食品的毒性,营养品质改变问题,转基因生物的环境安全性以及转基因技术中存在的伦理道德问题。

转基因食品产生于实验室,来源于自然生物,同时又加入了人为的干预。转基因食品在引入基因编码的过程中,新的基因物质产生了直接影响,如营养促进或缺乏、毒性特征或过敏作用等,同时在引入新的基因编码过程中,也会导致原有基因物质水平的改变。

上述改变可能会对作物性状产生直接或间接的影响,最后还有可能导致基因突变。在讲究自然、生态、健康消费热潮的今天,对于转基因食品的安全性问题,公众的担忧不无道理,科学界的争论也一直相持不下。

持否定观点的科学家主要是觉得转基因作物的演变无法控制,破坏了生物发展的规律。从环境保护方面看,转基因作物的环境危害远大于食品本身的危害。原因是转基因作物释放到田间后,是否会将插入的基因漂移到野生植物或传统作物中,是否会破坏自然生态环境,打破生物种群的动态平衡等。有关转基因食品危害性的问题主要集中在以下几个方面：

1.食用安全潜在危害性

现在,科学家们认为,目前还无法从科学的角度证明转基因作物安全无害,因为某些副作用可能要在15～20年之后才显现出来。也就是说,以人类现有的科学水平,人类无法从科学的角度精确地预测转基因食物可能出现的所有表现性状和遗传变异效应,而且这种通过基因技术植入宿主的基因可以在不同的物种间转移,这种新的生物效应和基因转移对人类健康的影响是难以预测的。《中国环境报》载文指出,转基因食品对人类健康主要有以下四大隐患:毒性问题、过敏性反应问题、营养问题和对抗生素的抗性问题。

转基因食品中潜在的过敏原问题。食物过敏被定义为一种对食物中存在的抗原分子的不良介导反应。过敏反应广泛存在于日常生活中,消除这些潜在的过敏原,对于减少过敏反应具有重要意义。

转基因过程中,由于基因结构的改变可能会改变基因的表达,从而提高某些天然植物毒素的表达水平,使其产生对人体有危害的毒素或毒素含量增加,进而导致人体内毒素的富集,危害人体健康。

由于目前在基因工程中选用的载体大多为抗生素抗性标记,人们进食转基因食品,可能会产生抗生素抗性,从而降低抗生素在临床上的有效性。这对于人类医药的发展和人类抵御疾病的能力是一场严峻的考验,同时也可能导致新型病毒的产生,这对人类健康的发展是很不利的。

2.生态环境潜在危害性

转基因作物相对于非转基因作物具有一定的优势,缺乏天敌的存在及对外界环境的强适应性,可能短期内出现大量的个体,极大地破坏了原有的生态结构和生物链,使发展失衡,导致原有品种的非自然淘汰,进而影响物种的多样性。另外,其进化速度过快,影响生态平衡,可能会产生新的病毒或有害物种。加快生物的进

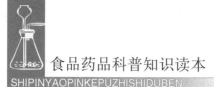
化速度在某些方面有其积极意义,但对于整个生态来讲,则破坏了生物的进化平衡,导致生态系统畸型或病态发展。

还可能造成"基因污染"。所谓"基因污染"是指外源基因扩散到其他物种,造成自然界基因库的混杂或污染。"基因污染"不同于环境污染、大气污染,是一种新型的污染源,具有不可见性和不可预测性,但其危害性绝不在其他污染之下,值得重点关注。

3.对经济贸易的潜在危害性

有些转基因作物种子公司垄断作物种子市场。一些种子公司或研究机构以保护知识产权为理由,对种子市场进行垄断,以谋求巨大的经济利益。其次,有关转基因食品的贸易争端风云迭起。各国政府出于自身利益的考虑,在相关农产品贸易中大打出手,农产品贸易战越演越烈。最后,对可能发生的转基因"生物侵略"不得不防。

(二)转基因食品谨慎选择

目前,世界各国对转基因食品大都非常谨慎,有许多国家反对转基因生物,尤其是欧盟,公众已经对转基因生物产生了怀疑,据悉,由于欧洲消费者对转基因食品的普遍反对,在欧洲30家主要零售商的店铺很难找到转基因产品。英国的许多大超市禁止使用转基因生物作为原料生产食品。即使是在对转基因食品持积极态度的美国也对转基因食品做了严格规定。据中国科学院植物研究人员讲,美国用巴西豆中的某一些氨基酸研制成了转基因大豆后发现,一些人食用后出现了过敏现象。为此,美国政府不仅没有批准这种大豆作为商品化生产,而且根本不允许上市。在我国,如食用油行业也规定,厂家在油品的标签上要明确标注成分、原料(转基因或非转基因)、工艺、产地等标识,让国人越来越多地享有知情权和选择权。

随着人们生活水平的不断提高,营养健康越来越受到人们的重视,对转基因与非转基因食品的区分意识也会逐渐提高。其趋势是,越来越多的人开始拒绝食用转基因食品。国际消费者协会也提倡食品商避免使用转基因原料,鼓励消费者选购非转基因食品。

对于转基因食品,中国农业大学的一位教授表示,市场上售卖的转基因食品,是经过国家相关质检部门检测的,但非转基因肯定更安全放心。吃不吃转基因食品都由市民自己拿主意,比方说食用油,如果市民担心,可改吃其他没有注明转基因成分的油,比如花生油、橄榄油、非转基因菜籽油等,安全性会更高一些。购买食品时,多注意看看产品包装上的相关内容。

三、食物中的天然有毒物质

动植物是人类最重要的食物资源。动植物天然有毒物质,是指有些动植物中存在的某种对人体健康有害的非营养性天然物质成分,或者因贮存方法不当,在一定条件下产生的某种有毒成分。动植物性毒素是人类食源性中毒的重要因素之一,对人类健康和生命有较大的危害。

(一)动物性食物中的天然有毒物质

1.河鲀毒素

(1)河鲀毒素:主要存在于硬骨鱼纲鲀形目的近百种河鲀和其他生物体内,是一种生物碱类天然毒素。河鲀毒素是毒性最大的神经毒素之一。

河鲀毒素含量的多少因鱼的种类、部位及季节等而有差异,一般在卵巢孕育阶段,即春夏季毒性最强。河鲀的有毒部位主要是卵巢和肝脏。各部位毒性:卵巢＞肝脏＞肾脏＞血液＞眼球＞腮＞皮＞精囊＞肌肉。

(2)中毒表现:首先是嘴唇和舌头麻痹,接着是运动神经麻痹,末梢血管扩张,血压下降,之后呼吸困难,接着是发绀和低血压,可出现惊厥和心律失常。随着意识的慢慢消失,呼吸中枢完全被麻痹而停止呼吸,直至死亡。通常发生在发病后4~6h以内死亡,最快的1.5h即死亡,最迟者不超过8h。由于河鲀毒素在体内解毒排泄较快,8h未死亡者,一般可恢复,但愈后常留下关节痛等症状。

(3)预防措施:由于河鲀毒素耐热,120℃加热60min才可破坏,一般家庭烹调方法难以去除毒素。所以,最有效的预防中毒措施

是将河鲀集中处理,禁止出售。

2.贝类毒素

(1)麻痹性贝类毒素:含有麻痹性贝类毒素最常见的生物是蛤和贻贝,偶尔也出现于布氏海菊蛤、扇贝和牡蛎。

中毒症状是从嘴唇周围发生轻微刺痛和麻木发展到全身麻痹,并由于呼吸障碍而死亡。轻度中毒:嘴唇周围有刺痛感和麻木感,逐步扩大到面部和颈部,手指尖和脚趾有针刺感觉,可有头痛、眩晕和恶心。中度中毒:语无伦次,刺痛感发展至手臂和腿,四肢强直,肢体失调,全身衰弱和眩晕,轻度呼吸困难,脉搏加快。重度中毒:肌肉麻痹,呼吸困难,有窒息感,在没有呼吸机护理的条件下可能死亡。

(2)腹泻性贝类毒素:贝类毒素与当地海洋污染、赤潮密切相关,被毒化的贝类主要有贻贝、文贝、扇贝、杂色蛤、赤贝、牡蛎等。

(3)神经性贝类毒素:与海洋赤潮带来的短裸甲藻有关。中毒表现短裸甲藻细胞在通过鱼鳃时释放毒素,引起鱼死亡,由食物链致海鸟大量死亡。人食用被短甲藻污染的贝壳类后30min~3h会引起中毒症状,如腹痛、恶心、呕吐、腹泻,并伴随嘴周围区域和四肢的麻木,还可伴随眩晕、乏力、肌肉骨骼疼痛等。中毒症状持续时间与毒贝食用量有关。赤潮区域游泳、冲浪的人,易得红眼病,皮肤生疥疮等。

(4)防止贝类毒素中毒的措施

①定期对海水进行监测,及时掌握藻类和贝类的活动情况。与赤潮相关,当海水中大量存在有毒的藻类时,应同时监测当时捕捞的贝类所含的毒素量。

②食用贝类食品时,要反复清洗、浸泡,并采取适当的烹饪方法,以清除或减少食品中的毒素。

③制定该类毒素在食品中的限量标准。

④发现中毒者,应及时采取措施,结合对症治疗,采取催吐、洗胃、导泻等措施,尽早排除体内毒素。

3.蓝藻毒素

海洋蓝藻毒素的中毒表现:在有蓝藻污染的海水中游泳,数分钟至几小时皮肤发痒,并有烧灼感,之后皮肤发红,出现水疱和脱皮,表皮下深层部分出现多形核白细胞浸润。

4.鲭鱼中毒(组胺)

在海产品中,鲭鱼亚目的鱼类(如青花色、金枪鱼、蓝鱼和飞鱼等)在捕获后易产生组胺。所以,海产品中毒常常与这些种群有关,并称为鲭鱼中毒。其他鱼类如沙丁鱼、凤尾鱼和鲱鱼中毒也与组胺有关。

鲭鱼中毒的症状主要是人体对组胺的过敏反应,中毒症状可在摄入污染鱼类之后2h出现,病程通常持续16h,一船没有后遗症,死亡也很少发生。组胺对人胃肠道和支气管的平滑肌有兴奋作用,从而导致人呼吸紧促、疼痛、恶心、呕吐和腹泻,这些症状经常伴随神经性和皮肤的症状,如头痛、刺痛、发红或荨麻疹等。

5.螺类毒素

螺类已知有8万多种,其中少数种类含有毒物质。有毒部位分别在螺的肝脏或鳃下腺、唾液腺、肉和卵内。人类误食或食用过量可引起中毒。这类毒素属于非蛋白类麻痹型神经毒素,易溶于水,耐热耐酸,且不被消化酶分解破坏。能兴奋颈动脉窦的受体,刺激呼吸和兴奋交感神经带,并阻碍神经与肌肉间的神经冲动传导作用。

6.肉毒鱼毒素

一些鲨鱼、梭鱼、鲈鱼、鲶鱼、八目鱼、龟和鳖,特别是红色的甲鱼等海产鱼可引起肉毒鱼中毒。鱼类的肉毒鱼毒素是由浮游生物中的有毒藻类产生,通过食物链间接摄入并蓄积于鱼体内,以脂溶性的类脂化合物存在于鱼的肝脏、生殖腺等内脏及肌肉中。

中毒症状:初期感觉口渴,唇舌和手指发麻,伴有恶心、呕吐、头疼、腹痛、肌肉痛和肌无力等症状,身体虚弱者发展到不能行走,几周后可恢复。在极少情况下发生心脏衰竭死亡。由于此毒素不能在日常烹调、蒸煮或日晒干燥中去除,故食用前必须确认无毒才可食用。

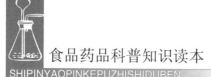

7.鱼卵和鱼胆中毒

我国能产生鱼卵毒素的鱼有十多种,其中包括淡水石斑鱼、鳇鱼和鲶鱼等。一般而言,耐热性强的鱼卵蛋白毒性强,其毒性反应包括恶心、呕吐、腹泻和肝脏损伤,严重者可见吞咽困难、全身抽搐甚至休克等现象。鱼胆毒素含于鱼的胆汁中,是一种细胞毒和神经毒,可引起胃肠道的剧烈反应、肝肾损伤及神经系统异常。一般人认为鱼的胆汁可清热、解毒、明目,其实恰恰相反,鱼胆毒素往往会引起中毒乃至死亡。胆汁中含有毒素的鱼类有草鱼、鲢鱼、鲤鱼、青鱼等我国主要的淡水经济鱼类。

8.甲状腺激素

食用未摘除甲状腺的家畜的血脖肉即可引起中毒,以猪(牛、羊)的甲状腺中毒较为常见。

(1)中毒症状:潜伏期为1~10天,一般为12~36h。主要临床症状:头晕、头疼、胸闷、烦躁、乏力,四肢肌肉和关节痛,伴有出汗、心悸等症状,同时发生恶心、呕吐、腹泻或便秘等胃肠道症状。

(2)预防措施:由于甲状腺激素的理化性质非常稳定,在600℃以上高温才可破坏,所以最有效的方法是注意检查并摘除净家畜的甲状腺。

9.肾上腺皮质激素

肾上腺俗称"小腰子",人们常因误食而引起中毒。

(1)中毒症状:潜伏期短,食后15~30min发病。主要表现是恶心、呕吐、头晕和头痛,心窝部位疼痛,血压急剧升高,四肢和口舌发麻,肌肉震颤。严重者面色苍白,血压高,心动过速。冠心病患者可诱发中风、心绞痛、心肌梗死等,危及生命。

(2)预防措施:加强兽医监督,屠宰家畜时将肾上腺除净,以防误食。

(二)植物性食物中的天然有毒物质

人类的生存离不开粮食、蔬菜、水果等多种植物。在众多的植物中有些含有有毒有害成分,即使在科学技术高速发展的今天,因误食有毒植物而引起中毒的现象仍时有发生,应引起食品安全学的足够重视。

植物毒素引起的食物中毒主要是因为误食有毒植物或有毒植物种子或因烹调加工方法不当,没有把有毒物质去掉而引起。

植物毒素毒性大小差别很大,临床表现各异,救治方法不同,愈后也不一样。除急性胃肠道症状外,神经系统症状较为常见和严重,抢救不及时会导致死亡。植物毒素引起的食物中毒以散发为主,集体爆发的案例相对较少。有时集体食堂、公共饮食场所也有爆发的可能。植物毒素引起的食物中毒具有一定的地域性和季节性。

1.生物碱

生物碱是一种含氮的有机化合物,主要分布于罂粟科、茄科、毛茛科、豆科、夹竹桃科等120多个属的植物中,已知的生物碱有2000种以上。存在于食用植物中的主要是龙葵碱、秋水仙碱及吡啶烷生物碱。

(1)龙葵碱(茄碱)

茄碱主要存在于发芽的马铃薯中,当人误食后会引起中毒。

一般进食毒素10min～10h内出现中毒症状。首先患者咽喉部瘙痒和有灼烧感,胃部灼痛,并有恶心、腹泻等胃肠炎症状。严重者有耳鸣、脱水、发烧、瞳孔散大、脉搏细弱、全身抽搐,最终因呼吸中枢麻痹而致死。

将马铃薯存放于阴凉通风、干燥处或辐照处理,以防止马铃薯发芽。发芽较多或皮肉变黑绿色者不能食用;发芽少者可剔除芽与芽基部,去皮后水浸30～60min,烹调时加少许醋煮透,以破坏残余的毒素。

目前,对发芽马铃薯中毒尚无特效解毒剂,若一旦发生发芽马铃薯中毒,立即采用吐根糖浆催吐,用4%鞣酸溶液、浓茶水或0.02%高锰酸钾溶液洗胃。停止食用并销毁剩余的中毒食品。对重症病人积极采取输液等对症治疗措施。

(2)秋水仙碱

秋水仙碱主要存在于鲜黄花菜等植物中,食用未经处理或处

理不当的黄花菜可引起中毒。

进食鲜黄花菜后,一般在4h内出现中毒症状。轻者口渴、喉干、心慌胸闷、头痛、呕吐、腹痛、腹泻;重者出现血便、血尿、尿闭和昏厥等。

不吃腐烂变质的鲜黄花菜,最好食用干制品,用水浸泡发胀后食用,可保证安全。食鲜黄花菜时需做烹调前的处理。即先去掉长柄,用沸水焯烫,再用清水浸泡2～3h(中间需换一次水)。制作鲜黄花菜必须加热至熟透再食用。烫泡过鲜黄花菜的水不能做汤,必须弃掉。烹调时与其他蔬菜或肉食搭配制作,且要控制摄入量,避免食入过多引起中毒。

一旦发生鲜黄花菜中毒,立即用4%鞣酸或浓茶水洗胃,口服蛋清、牛奶,并对症治疗。

2.苷类

(1)芥子苷

芥子苷是致甲状腺肿物质,主要存在于十字花科植物,如油菜、野油菜、中国甘蓝、芥菜、白芥、黑芥、萝卜等种子中,是引起菜籽饼中毒的主要有毒成分。如果食用处理不当,则经常发生中毒,可引起甲状腺肿大,导致生物代谢紊乱,阻抑机体生长发育,出现各种中毒症状。如精神萎靡食欲减退,呼吸先快后慢,心跳慢而弱,并有肠胃炎、粪恶臭、血尿等症状,严重者死亡。

(2)生氰糖苷

生氰糖苷:主要在木薯、杏仁、桃仁、枇杷仁及亚麻仁等中氰化物进入体内水解后产生生氰糖苷,从而具有较强的毒性。广泛存在于豆科、蔷薇科、稻亚科等1000余种植物中。

生氰糖苷物质可水解生成高毒性的氰氢酸,从而对人体造成危害。在植物氰苷中与食物中毒有关的化合物主要有苦杏仁苷和亚麻仁苦苷。苦杏仁苷主要存在于果仁中,而亚麻仁苦苷主要存在于木薯、亚麻籽及其幼苗、玉米、高粱、燕麦、水稻等农作物的幼苗中。含有生氰糖苷的食源性植物有苦杏仁、苦桃仁、木薯、枇杷和豆类等。玉米和高粱的幼苗中所含生氰糖苷的毒性也较大。

木薯中毒原因是生食或食入未煮熟透的木薯或喝煮木薯的汤所致。如果食用前未去毒或去毒效果不好,则有中毒的危险。一般食用150~300g生木薯即能引起严重中毒或死亡。早期症状为胃肠炎,严重者出现呼吸困难、躁动不安、瞳孔散大,甚至昏迷,最后可因抽搐、缺氧、休克或呼吸衰竭而死亡。

预防及控制木薯中毒的具体措施:

①选用产量高而含亚麻苦苷低的木薯品种,并改良种植方法。

②木薯必须加工去毒后方可食用。在加工木薯时应去皮(亚麻仁苦苷90%存在于皮内)。

③水浸薯肉,可溶解亚麻仁苦苷,再经加热煮熟时,将锅盖打开,使氰氢酸逸出,即可食用。

④木薯加工方法有切片水浸晒干法(鲜薯去皮、切片、水浸3~6天,沥干、晒干)与熟薯水浸法(去皮、切片、水浸48h,沥干、蒸熟),以及干片水浸法(干薯片水浸3天,沥干、蒸熟),去毒效果较好。

⑤除严禁生食木薯外,应注意勿喝煮木薯的汤,不空腹食木薯,一次也不宜多食,否则均有中毒的危险。

苦杏仁中毒原因是误生食水果核仁,特别是苦杏仁和苦桃仁。儿童吃6粒苦杏仁即可中毒。中毒症状:开始口中苦涩、流涎、头晕、头痛、恶心、呕吐、心悸、脉频及四肢乏力等,重症者胸闷、呼吸困难,严重者意识不清、昏迷、四肢冰冷,最后因呼吸麻痹或心跳停止而死亡。

3.甙类

皂甙:皂甙主要存在于菜豆和大豆中,是天然有毒物质,较易引发食物中毒,一年四季皆可发生。

中毒症状:主要是胃肠炎。潜伏期一般为2~4h,呕吐、腹泻、头痛、胸闷、四肢发麻,病程短,恢复快,愈后良好。

预防措施:使菜豆充分炒熟、煮透,最好是炖食。做凉菜时,必须煮10min以上,熟透后才可凉拌。煮生豆浆时防止"假沸"现象,"假沸"之后应继续加热到100℃,泡沫消失,然后再小火煮10min,以彻底破坏豆浆中有害成分。

4.毒蛋白

（1）外源凝集素：外源凝集素又称植物性血细胞凝集素，是植物合成的一类对红细胞有凝聚作用的糖蛋白，如血球凝集素、蓖麻凝集素。外源凝集素广泛存在于800多种植物（主要是豆科植物）的种子和荚果中。其中有多种是人类重要的食物原料，如大豆、菜豆、刀豆、豌豆、小扁豆、蚕豆和花生等。

外源凝集素比较耐热，80℃数小时不能使之失活，但100℃下1h可破坏其活性。因此，扁豆等豆类中毒常见于加热不彻底，如开水漂烫后做凉拌菜、冷面料等，而炖食一般不会发生中毒现象。

①症状：中毒的潜伏期在30min～5h之间，发病初期多数患者感到胃部不适，继而以恶心、呕吐、腹痛为主，部分病人可有头晕、头痛、出汗、畏寒、四肢麻木、胃部灼烧感、腹泻，一般不发热，病程为数小时或1～2天。血液检查可有白细胞总数和中性粒细胞增加，但体温正常。儿童对大豆血球凝集素较敏感，中毒后可出现呕吐、腹泻、头晕、头痛等症状，潜伏期为几十分钟至十几小时。

②预防措施：外源凝集素不耐热，受热很快失活。豆类食用前一定彻底加热，用大锅加工扁豆更要注意翻炒均匀、煮熟焖透，使扁豆失去原有的生绿色和豆腥味。吃凉拌豆角时要先切成丝，放在开水中浸泡10min，然后再食用。在烹调菜豆时应炒熟煮透，最好炖熟。豆浆应煮沸后继续加热数分钟才可食用，避免"假沸"现象。用蓖麻作动物饲料时，必须严格加热，以去除饲料中的蓖麻凝集素。

（2）消化酶抑制剂：许多植物的种子和荚果中存在动物消化酶的抑制剂，如胰蛋白酶抑制剂、胰凝乳蛋白酶抑制剂和α-淀粉酶抑制剂。

这类物质实质上是植物为繁衍后代，防止动物啃食的防御性物质，豆类和谷类是含有消化酶抑制剂最多的食物，其他如土豆、茄子、洋葱等也含有此类物质。

预防及控制措施：胰蛋白酶抑制剂对热稳定性较高，在80℃加热温度下仍残存80%以上的活性，延长保温时间并不能降低其活性。采用 100℃处理 20min 或 120℃处理 3min 的方法,可使胰蛋白酶抑制剂丧失 90% 的活性。此热处理失活条件,在大豆食品加工中是完全可以达到的。故食物中大豆胰蛋白酶抑制剂的活性应通过加工降低。

5.蔬菜中的硝酸盐、亚硝酸盐

在叶类蔬菜(菠菜、小白菜、甜菜叶、萝卜叶、韭菜等)中含有较多的硝酸盐,极少的亚硝酸盐。蔬菜中的硝酸盐高于粮食谷物类,尤以叶菜类蔬菜中含量最高。短时间内摄入大量含亚硝酸盐蔬菜而引起的植物中毒称为肠源性紫绀或肠源性青紫病。

亚硝酸盐是强氧化剂,进入血液后,迅速将血液中低铁血红蛋白氧化成高铁血红蛋白,形成高铁血红蛋白症,而使血红蛋白失去运输氧气的功能,导致机体组织缺氧,出现青紫症状而中毒。因中枢神经系统对缺氧最为敏感首先受到损害,引起呼吸困难、循环衰竭、昏迷等。

蔬菜中硝酸盐在硝酸盐还原菌(如大肠杆菌等)的作用下还原为亚硝酸盐,通常有以下几种情况:

(1)新鲜蔬菜中亚硝酸盐含量相对较少,在贮藏过程中一旦开始腐烂,亚硝酸盐含量就显著增高。蔬菜腐烂越严重,其亚硝酸盐含量就越高。

(2)新腌制的蔬菜,在腌制的 2~4 天亚硝酸盐含量增高,在 20 天后又降至较低水平。变质的腌制菜中亚硝酸盐含量更高。

(3)烹调后的蔬菜存放过久,在硝酸盐还原菌的作用下,熟菜中的硝酸盐被还原成亚硝酸盐。

6.酶

蕨类植物(蕨菜)的全株幼叶、鲜叶中含有硫胺素酶等多种有毒物质,毒素即使经蒸煮、腌渍、浸泡等也不能完全除去。长期大量食用幼苗、蕨叶可引起慢性中毒:发病 2~3 天后,体温突然升高,全身渗出性出血,腹痛便血,呼吸困难,心动加速,最终因呼吸衰竭而死亡。蕨类植物中的有毒物质既是一种毒素,也是致癌物质,有致人患食道癌的危险。

四、膳食结构中的不安全因素

首先发现膳食结构与疾病及健康关系密切是在二战时期。当时，食物严重匮乏，尤其是肉类、奶类与蛋类。人们普遍缺乏蛋白质与必需脂肪酸，因而免疫功能低下，发生的疾病多为慢性传染病，如肺结核与肝炎，而心、脑血管疾病和恶性肿瘤等的发病率则较低。在战后5～10年，由于经济复苏，人民生活水平逐步提高，食物供应日渐充裕。膳食中的蛋白质与脂肪大量增加，尤其是动物脂肪，因此肺结核和肝炎等传染病发病减少，而与摄取高脂肪、高饱和脂肪酸有关的心、脑血管疾病和恶性肿瘤的发病率则来势汹汹。由此，人民开始认识到膳食结构模式与健康及各种疾病的发病率、死亡率密切相关。

（一）膳食结构定义及分类

膳食结构是指居民消费的食物种类及其数量的相对构成。一个国家的膳食结构受社会经济发展状况、人口和农业资源、人民消费能力、人体营养需要和民族传统饮食习惯等多种因素制约。由于国情不同，膳食结构也不尽相同。

1.膳食结构的三种模式

（1）发达国家模式（富裕型模式），主要以动物性食物为主。动物性食物年人均消费量达270kg，而粮食的直接消费量不过60~70kg。

动物性食物消费量大，谷物消费量少。属高能量、高脂肪、高蛋白、低纤维，所谓"三高一低"膳食模式，以欧美发达国家膳食为代表。尽管膳食质量比较好，但营养过剩。大量研究显示，营养过剩是肥胖病、心血管病、糖尿病、恶性肿瘤等慢性病的共同危险因素。

（2）发展中国家模式（温饱模式），主要以植物性食物为主。一些经济不发达国家年人均消费谷类与薯类达200kg，肉蛋鱼不过5kg，奶类也不多。

以植物性食物为主，动物性食物较少，膳食质量不高，蛋白质、脂肪摄入量都低，以印度、巴基斯坦和印度尼西亚等发展中国家的膳食为代表。营养缺乏病仍然是这些国家的严重社会问题。

（3）日本模式（营养模式），主要特点是既有以粮食为主的东方膳食传统特点，也吸取了欧美国家膳食长处，加之经济发达，人均年摄取粮食110kg，动物性食品135kg左右。

动、植物性食物消费量比较均衡，能量、蛋白质、脂肪、碳水化合物摄入量基本符合营养要求，膳食结构比较合理，以日本的膳食为代表。

近年日本膳食模式的变化：粮食消费逐年下降，能量、蛋白质摄入变化不大，脂肪增加较快，膳食结构总体上仍是比较合理的。许多日本学者已开始呼吁防止饮食西化。

2.我国膳食结构现存问题

城镇居民一方面动物性食物消费量持续增加，致使患肥胖、糖尿病、心血管病等慢性病的危险性增加；另一方面，谷物来源的热能比下降，造成膳食纤维降低。农村居民谷物来源的热能比偏高，动物性食物比例偏低，优质蛋白质仍然偏少，营养不够平衡。中国人的膳食结构正向科学、合理的方向转变。

（二）人体正常膳食结构

1.人体合理营养、平衡饮食应遵循的原则

（1）合理的进餐制度：定时定量，合理安排餐次，合理安排各餐热比。

（2）合理选择食物：食物多样，主食适量，多吃蔬菜及粗粮，少吃油脂，清淡少盐。

（3）良好的进食习惯：细嚼慢咽，先喝汤、吃蔬菜，再吃主食，交替进行。

（4）合理的烹调方法：少用煎、炸、炒、烧烤等方法，多用生吃、拌（凉、温）、蒸、煮等烹调方法。减少用油量，避免高温烹调。

2.人体对营养素的正常需要量

人体对各种营养素的需求根据自身生理特点不同，需求量亦不同。各种营养素摄入一定要适量，不是越多越好，所以中国营养学会制定了各个人群的膳食营养素每日参考摄入量，以备参考。

3.我国的膳食指南

膳食指南是指依据营养学理论,结合社区人群实际情况制定的,是教育社区人群采用平衡膳食,摄取合理营养、促进健康的指导性意见。2016年修订的《中国居民膳食指南》内容如下:

(1)食物多样,谷类为主

每天的膳食应包括谷薯类、蔬菜水果类、畜禽鱼蛋奶类、大豆坚果类等食物,平均每天摄入12种以上食物,每周25种以上。每天摄入谷薯类食物250~400g,其中全谷物和杂豆类50~150g,薯类50~100g。食物多样、谷类为主是平衡膳食模式的重要特征。

(2)吃动平衡,健康体重

各年龄段人群都应天天运动,保持健康体重。应食不过量,控制总能量摄入,保持能量平衡。坚持日常身体活动,每周至少进行5天中等强度身体活动,累计150min以上;主动身体活动最好每天6000步。减少久坐时间,每小时起来动一动。

(3)多吃蔬果、奶类、大豆

蔬菜水果是平衡膳食的重要组成部分,奶类富含钙,大豆富含优质蛋白质。餐餐有蔬菜,保证每天摄入300~500g蔬菜,深色蔬菜应占1/2。天天吃水果,保证每天摄入200~350g新鲜水果,果汁不能代替鲜果。吃各种各样的奶制品,相当于每天液态奶300g。经常吃豆制品,适量吃坚果。

(4)适量吃鱼、禽、蛋、瘦肉

鱼、禽、蛋和瘦肉摄入要适量。每周吃鱼280~525g,畜禽肉280~525g,蛋类280~350g,平均每天摄入总量120~200g。优先选择鱼和禽。吃鸡蛋不弃蛋黄。少吃肥肉、烟熏和腌制肉制品。

(5)少盐少油,控糖限酒

培养清淡饮食习惯,少吃高盐和油炸食品。成人每天食盐不超过6g,每天烹调油25~30g。控制添加糖的摄入量,每天摄入不超过50g,最好控制在25g以下。每日反式脂肪酸摄入量不超过 2g。足量饮水,成年人每天 7～8 杯(1500～1700ml),提倡饮用白开水和茶水,不喝或少喝含糖饮料。儿童少年、孕妇、乳母不应饮酒。成人如饮酒,男性一天饮用酒的酒精量不超过 25g,女性不超过 15g。

(6)杜绝浪费,兴新食尚

珍惜食物,按需备餐,提倡分餐不浪费。选择新鲜卫生的食物和适宜的烹调方式。食物制备生熟分开、熟食二次加热要热透。学会阅读食品标签,合理选择食品。多回家吃饭,享受食物和亲情。传承优良文化,兴饮食文明新风。

第四节　食品安全监督管理

一、食品安全的监管体系

随着经济全球化的发展、社会文明程度的提高,人们越来越关注食品的安全问题。顾客的期望、社会的责任,使食品生产、操作和供应的组织逐渐认识到,应当有标准来指导操作,保障、评价食品安全管理,这种对标准的呼唤,促使食品安全管理体系要求标准的产生。

(一)食品安全管理体系建立的必要性

随着社会物质财富的日益丰富,科学技术的不断进步,生活水平的逐步提高,消费者对食品的生产、加工、贮运、销售整个过程表现出了空前的兴趣,不断要求政府和食品制造商在食品质量、食品安全、消费者保护方面承担更多的责任。在当前全球食品贸易量日益剧增的形势下,无论是进口国还是出口国,都有责任强化本国的食品管理体系,履行基于风险分析的食品管理策略。多数国家的政治家和科学家认为有效的食品管理体系是确保本国消费者健康和安全的基础。

进入新世纪以来,食品安全问题引发的社会、政治和贸易问题时有发生,世界各国的食品安全管理法规、机构、监管、信息、教育正在急剧变化,及时了解和掌握各国在食品安全管理方面的动向

及相关研究成果,选择适合中国国情的食品安全管理体系,体现以人为本,实现经济和社会全面协调发展的科学发展观,是中国食品安全管理面临的主要挑战。

(二)食品安全管理体系构成

国家食品管理体系的目标是:①减少食源性疾病,保护公众健康。②防范不卫生的、有害健康的、误导的或假冒的食品,以保护消费者权益。③通过建立一个完全依照规则的国际或国内食品贸易体系,保持消费者对食品管理体系的信心,从而促进经济发展。食品管理体系应覆盖一个国家所有食品的生产、加工和销售过程,也包括进口食品。食品管理体系必须建立在法律基础之上,还必须强制执行。

大多数国家食品管理体系由5个单元构成:①食品法规。②食品管理。③食品监管。④实验室检测。⑤信息、教育、交流和培训。

1.食品法规

制定食品法律是现代食品法规体系的基本单元。食品法规在传统上包含关于不安全食品的界定,强制不安全食品的召回,以及对负有责任团体和人员的惩处。现代食品法规在很大程度上不仅是为了保证食品安全有法律效力,而且还要允许食品安全管理权威当局依法建立一种预防性的保障体系。

2.食品管理

有效的食品管理体系需要在国家层面上有效地协调,并出台适宜的政策。其职责包括建立食品安全管理领导机构或部门,明确这些机构或部门在以下行动中的职责:发展执行国家统一的食品管理战略,运作国家食品管理项目,获得资金并分配资源,设立标准和规则,参与国际食品安全管理的联合行动,制订食品安全紧急事件反应程序,进行风险分析等。其核心职责可以概括为建立规范的措施,保障监督体系的运行,持续改进硬件条件,提供政策指南。

3.食品监管

食品法规的监管和运行需要诚实、有效的调查工作为基础。作为调查工作关键要素的调查人员应当是高素质的、训练有素的、诚实的,他们要日复一日地与食品工业、食品贸易以及社会打交道。食品管理体系的声誉和公正性在很大程度上是建立在调查人员诚信和专业水平上的。因此,对调查人员进行适当的培训是建立有效的食品管理体系的前提。国家应通过持续的人力资源政策,保证调查人员不断得到培训和提高,逐步形成调查专家队伍。

4.实验室建设

实验室是食品管理体系的一个基本构成要素。实验室的数量和位置取决于体系的目标和工作量的大小,同时应考虑装备一个中央参照实验室,以完成一些复杂的试验和比对试验。食品管理部门的职责是按照标准监督这些实验室,并管理其运行过程。食品安全实验室的分析结果常常会在法庭上作为合法和有效的证据,这就需要在实验分析过程中高度认真,以确保实验的可信度和有效性。

5.信息教育交流

信息发布、食品安全教育等工作在食品安全管理体系中扮演着越来越重要的角色。比如,给消费者提供全面真实的信息,对信息进行系统化,推出面向食品行业行政管理人员和工作人员的教育项目,执行"培训培训者"项目,向农业和卫生部门的广大员工提供参考文献等。

二、消费者的维权渠道

民以食为天,食品安全在消费领域中显得尤为重要。假冒品牌、食品质量不合格、以次充好、消费者对食品包装上的标签认识不足等都是食品安全所面对的问题。在食品消费时如何看懂食品标签,在食品消费时有哪些误区,遭遇食品安全问题时怎样向相关部门投诉举报,遭遇食品问题侵害时怎么维权,消费者对食品安全消费的这种知识似乎还摸不着头脑。

消费者要明确,在食品包装上印有不含防腐剂字样的不表示

其不含有其他食品添加剂,不代表这个食品是绝对安全。当消费者发现购买的食品存在安全隐患时,可以根据消费者权益保护法及食品安全法的相关规定拨打12315电话或者向有关部门进行举报投诉。同时,消费者在发现问题后应该收集保存好证据,以便于相关部门调查取证。

(一)遭遇问题食品的维权途径

1.消费者买到问题食品后的维权途径

(1)在第一时间拿着食品和票据与商家协商解决。

(2)解决不成可打12315请求调解。

(3)如果问题严重,要及时到医院检查身体,并保留相关检验资料。

(4)对调解不成的严重侵权行为,可考虑起诉。

2.相关法律规定

《中华人民共和国消费者权益保护法》第十一条规定,消费者因购买、使用商品或者接受服务受到人身、财产损害的,享有依法获得赔偿的权利。

《中华人民共和国食品安全法》第一百四十七条规定,违反本法规定,造成人身、财产或者其他损害的,依法承担赔偿责任。生产经营者财产不足以同时承担民事赔偿责任和缴纳罚款、罚金时,先承担民事赔偿责任。

生产不符合食品安全标准的食品或者销售明知是不符合食品安全标准的食品,消费者除要求赔偿损失外,还可以向生产者或者销售者要求支付价款十倍的赔偿金。

3.购买食品的"六要""五不要"原则

为防止买到问题食品,最好在购买时就能发现,提高消费者购买食品时的辨别能力,确保食品消费安全,消费者协会提醒广大消费者在购买食品时要掌握"六要""五不要"原则。

(1)"六要"原则

一要看证照。看食品经销商是否具备营业执照、卫生许可证及所售食品检验合格证明等相关证件。

二要看包装。看包装有无破损或外漏；密闭性金属包装是否有受胀起鼓现象；包装装潢的文字、图案印刷是否工整清晰，是否有仿冒知名品牌包装装潢问题；进口食品是否有中文标识、检验检疫证明等。

三要看厂名。看包装和标签上生产企业的名称、地址、邮编、电话等是否齐备、详细。

四要看日期。看食品是否标注了生产日期和保质期，是否有提前标注生产日期或涂改、伪造生产、保质期限等问题。

五要看文号。看食品是否注有卫生批准文号、生产批准文号、食品标签认可编号等资质批准文号。

六要看标志。看食品是否有产品执行标准（"GB"开头是国家标准、"DB"开头是地方标准、"Q/"开头是企业标准）、成分配料、质量等级、净含量、进口食品的"CIQ"等标注。"QS"标志为食品质量安全市场准入标志。

（2）"五不要"原则

一不要购买添加剂超标的食品。谨防"甜味剂""着色剂""防腐剂"等添加剂超标，如外表有潮润、发黏、发霉以及过白、过红、变绿、变黑等非正常颜色的食品不要购买。

二不要购买杂质污染食品。注意食品中是否掺入表面类似物质或低档物质冒充正常食品，是否混入沙粒、发丝等杂物。不要购买散装销售的没有防蝇、防尘设施的熟肉制品、凉拌菜等食品，以及售货员未按卫生要求佩戴手套、口罩等销售的食品，这些食品极易受细菌污染，应慎重购买。

三不要购买分量不足的食品。防止称重的食品缺斤少两、掺入水分或以包装物等其他成分充重。定型包装的食品应验证标注重量与实际重量是否一致。

四不要购买价格偏低的食品。购买食品要尽量选择合法正规、信誉较好的经销商和信誉较好的食品品牌。同品牌、同规格、同重量价格明显偏低的要慎重购买。

五不要忘记索要购物凭证。购买食品尤其是直接入口的熟

食品,一定要索取并保留好发票或收据,以备发生消费纠纷时举证。

(二)食品消费维权注意事项

1.消费者遭遇消费侵权时要注意保留证据

消费者在索赔时,需举证证明其与商家之间存在买卖合同关系以及商品包装标识不实的事实。大家在日常生活中,应当具有保存证据的意识,购物时注意索取、保存销售小票、发票以及产品包装、剩余产品等,以免因证据不足影响维权。

2.消费者维权要搜集的证据应当满足两个证明目的

(1)存在不安全食品。

要证明存在不安全食品,应该保存没有食用完的食品连同包装、发现虫子的菜肴,发现含有超量添加剂或者含有未被许可使用的添加剂的食品包装等。

(2)不安全食品的提供者,包括生产厂家、销售商家、餐饮服务企业。

按食品外包装上印制的厂家名称、商家提供的购物小票、发票(附明细)、悬挂在经营场所的营业执照等就可以证明不安全食品的提供者。

3.把不安全食品和不安全食品提供者衔接起来的方式

不安全食品是否由特定的厂家或商家提供,需要有证据把这两者衔接起来。在司法实践中把不安全食品和不安全食品提供者衔接起来有两种方式:

一是办理现场公证。但是因为现场公证的费用较高,而且办理公证要约公证员到现场办理,路途遥远、程序复杂,可能要花费较长的时间,因此,实践中较少采用。

二是投诉。投诉一定要及时,比如在食品生产环节,可以向质量监督部门投诉;在食品销售环节,可以向工商部门投诉;在餐饮企业就餐时,可以向食品药品监督管理局投诉。

4.消费者遭遇侵权时维权的步骤

第一步,查看对比相关产品质量标准,咨询相关专业人员,一旦确定产品有问题,就立即收集保存相关证据,比如商场购物小票,给产品现状拍照,易腐化产品可对现状先进行公证确认等。

第二步,与商家交涉,也可以向消费者权益保护协会或者工商行政部门投诉,三方共同协商处理争议。

第三步,带齐证据到人民法院起诉商家。

(三)买到变质或者超过保质期食品的维权

1.买到变质或者超过保质期食品维权的相关规定

《中华人民共和国消费者权益保护法》第十一条规定,消费者因购买、使用商品或者接受服务受到人身、财产损害的,享有依法获得赔偿的权利。

《中华人民共和国食品安全法》第一百四十七条规定,违反本法规定,造成人身、财产或者其他损害的,依法承担赔偿责任。生产经营者财产不足以同时承担民事赔偿责任和缴纳罚款、罚金时,先承担民事赔偿责任。

生产不符合食品安全标准的食品或者销售明知是不符合食品安全标准的食品,消费者除要求赔偿损失外,还可以向生产者或者销售者要求支付价款十倍的赔偿金。

2.禁止生产经营的食品

根据《中华人民共和国食品安全法》规定,下列食品禁止生产经营:

(1)用非食品原料生产的食品或者添加食品添加剂以外的化学物质和其他可能危害人体健康物质的食品,或者用回收食品作为原料生产的食品。

(2)致病性微生物、农药残留、兽药残留、重金属、污染物质以及其他危害人体健康的物质含量超过食品安全标准限量的食品。

(3)营养成分不符合食品安全标准的专供婴幼儿和其他特定人群的主辅食品。

(4)油脂酸败、霉变生虫、污秽不洁、混有异物、掺假掺杂或者感官性状异常的食品。

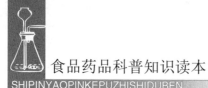
（5）病死、毒死或者死因不明的禽、畜、兽、水产动物肉类及其制品。

（6）未经动物卫生监督机构检疫或者检疫不合格的肉类，或者未经检验或者检验不合格的肉类制品。

（7）被包装材料、容器、运输工具等污染的食品。

（8）无标签的预包装食品。

（9）国家为防病等特殊需要明令禁止生产经营的食品。

（10）其他不符合食品安全标准或者要求的食品。

（四）食品药品投诉举报电话：12331

第三章　食品的贮藏与保鲜

第一节　概述

一、食品的品质基础

食品的品质基础包括感官品质和内在品质。

(一)食品的感官品质

食品的感官品质包括食品的色泽、香气、滋味、质地。

1.食品的色泽

食品的色泽主要由其所含的色素决定,在食品贮藏加工中,常遇到色泽变化的情况,控制色变在食品贮藏中是重要的。食品色变现象大多数为食品色素的化学变化所致,因此,认识不同食品色素的稳定性、变化及变化条件对于控制食品色泽具有重要意义。

食品中的色素物质按照来源可以分为三类:

(1)天然色素,包括动植物色素,如叶绿素、花青素、血红素等;微生物色素,如红曲色素。

(2)人工色素,如胭脂红、柠檬黄、日落黄等。

(3)食品加工和保藏过程中因化学变化产生的色素,如酚类物质氧化产生的褐色物质、美拉德反应产生的色素物质。

2.食品的香气

大多数食品的风味和香味处在一个连续变化的状态中,在处理、加工和贮存过程中一般会逐渐变差。但也有例外,如香蕉等水果后熟、干酪成熟、葡萄酒陈化时风味得到改善。

食品中的气味物质繁多,但含量极微。挥发性物质的种类和

数量的不同,使得各种农产品具有各自特定的香气。

3.食品的滋味

从生理角度出发,甜、酸、咸、苦四味在舌头上都有与之对应的、专一性较强的味感受器,所以把甜、酸、咸、苦四味称为生理基本味。

(1)甜味:甜味物质的种类很多,按种类可分甜味剂、非糖天然甜味剂、天然衍生物甜味剂、人工合成甜味剂等。

(2)酸味:酸味是刺激性大的味感,其变化快、感受灵敏高。酸味物质一般都是小分子水溶性成分,并且它促进唾液的分泌,所以酸味感的形成和消失都很快,能够带来味感在短时间内发生巨大起伏,不容易被人体适应。当然,酸味的这种刺激,有助于消化液的分泌,从而有助于食物消化。

(3)咸味:烹饪中把咸味作为调味的主味。我国咸味剂主要采用的是强化了碘的食盐。

(4)苦味:苦味是四种基本味感中味感阈值最小的一种,是最敏感的一种味觉。食物中的苦味物质有生物碱类(如茶碱、咖啡碱)、糖苷类(如苦杏仁苷、柚皮苷)、萜类(如蛇麻酮)等。

(5)涩味:涩味是由于使舌黏膜蛋白质凝固、麻痹味觉神经而引起收敛作用的一种味感。主要来源是单宁类物质。

(6)辣味:辣味是口腔中味觉、触觉、痛觉、温度觉等感觉和鼻腔的嗅觉共同综合的一种感觉现象,它不但刺激舌和口腔的神经,同时也会机械刺激鼻腔,有时甚至对皮肤也产生灼烧感。

4.食品的质地

食品质地是除温度感觉和痛觉以外的食品物性感觉。它是与以下三方面感觉有关的物理性质:

(1)用手或手指对食品的触摸感。

(2)目视的外观感觉。

(3)口腔摄入时的综合感觉,包括咀嚼时感到的软硬、黏稠、酥脆、滑爽等。

(二)食品的内在品质

食品的内在品质包括碳水化合物、脂肪、蛋白质、维生素和矿物质等营养成分的质和量。

二、食品贮藏与保鲜的意义

食品贮藏与保鲜技术是食品工业不可或缺的基础。食品贮藏保鲜不再仅仅是从技术上防止食品腐败变质的问题,而是从理论上已发展成为食品科学的重要研究内容,构成食品工艺学和新产品开发的重要基础和依据。同时,因食品贮藏保鲜需要所建立的相互独立的各个食品行业也已成为目前食品工业的重要组成部分。

由于食品贮藏保鲜方法不当,每年都会有大量的粮食果蔬、加工食品因腐烂变质而损失。据国际制冷学会调查,全世界每年因各种原因所造成腐烂变质的食品占食品年总产量的45%。一些食品在运输中因无法长期保鲜而被丢弃。食品贮藏与保鲜技术是解决食品生产与消费时空矛盾的主要手段,延长食品消费时间,扩大食品消费地域,促进食品原料的可持续发展,避免出现"旺季烂,淡季断""旺季向外调,淡季伸手要"等食品供给时间不均衡、空间不均衡的被动局面。同时,由于食品贮藏保鲜方法不当,还会导致食品不能保持原有的色香味型和营养价值,甚至可能发生食物中毒,严重危害食品安全;导致加工食品没有足够的货架保质期,降低商品价值或失去商品价值;导致食品工厂所需原辅料不能持续供应而影响工业生产,继而影响企业生产和效益。有效的食品贮藏与保鲜方法可以增加效益,减少损失,促进流通,提高质量和商品档次,出口创汇。

第二节　食品贮藏与保鲜的方法

食品贮藏保鲜方法包括简易贮藏、机械冷藏、气调贮藏、减压贮藏及其他贮藏技术。

简易贮藏是为调节果蔬供应期而采用的一类较小规模的贮藏方式,主要包括堆藏、沟藏、窖藏、冻藏等;机械冷藏是指借助机械

冷凝系统的作用,将温度降低并保持一定相对湿度的贮藏方式,是当今世界上应用最广泛的新鲜果蔬贮藏方式;气调贮藏是调节气体成分贮藏的简称,通常是增加CO_2浓度,降低O_2浓度以及根据需求调节其气体成分浓度来贮藏产品的一种方法,被认为是当今储存水果效果最好的贮藏方式;减压贮藏指的是在冷藏基础上将密闭环境中的气体压力由正常的大气状态降低至负压,造成一定的真空度来贮藏新鲜园艺产品的一种贮藏方法;其他贮藏方式包括辐射处理、臭氧处理、化学保鲜等。

一、生鲜食品贮藏保鲜

(一)果蔬贮藏保鲜

1.果蔬保鲜技术

(1)新型塑料保鲜膜

它是由两层透水性极好的尼龙半透明膜组成,两层之间装有渗透压高的砂糖糖浆。利用这种塑料膜来包装果蔬,能缓慢地吸收从果蔬表面渗出的水分,从而达到保鲜目的。

(2)可食用的保鲜剂

可食用的水果保鲜剂是由蔗糖、淀粉、脂肪酸和聚脂物调配成的半透明乳液,可用喷雾、涂刷或浸渍的方法覆盖于柑橘、苹果、西瓜、香蕉和西红柿等果菜的表面,保鲜期可达200天以上。由于这种保鲜剂在水果表面形成了一层密封薄膜,故能阻止O_2进入水果内部,从而延长了水果熟化过程,起到保鲜作用。这种保鲜剂可同水果一起食用。

(3)电子保鲜机

电子保鲜机是利用高压负静电场所产生的负氧离子和臭氧来达到保鲜目的。负氧离子可使果蔬进行代谢过程的酶纯化,从而降低果蔬的呼吸程度,减少果实催熟剂乙烯的生成;臭氧则是一种强氧化剂,又是一种良好的消毒剂和杀菌剂,能杀灭和消除果蔬上的微生物及其分泌的毒素,抑制并延缓有机物的分解,从而延长果蔬贮藏期。将这种机器放在果蔬贮藏室,可使里面存放的水果和蔬菜75天鲜嫩如初摘,好果率达95%以上。

（4）高温处理保鲜法

英国发明了一种鳞茎类蔬菜高温贮藏技术。该技术利用高温对鳞茎类蔬菜发芽的抑制作用,把贮藏室温度控制在23℃,相对湿度维持在75%,这样就可达到长期贮藏保鲜的目的。据报道,洋葱在这样的条件下可贮藏8个月。

（5）减压处理保鲜法

这种保鲜法的原理,主要是应用减低气压,配合低温和高温,并利用低压空气进行循环等措施,为果蔬创造一个有利的贮藏环境。贮藏室的低气压是靠真空泵抽去室内空气而产生的,低气压控制在100mmHg以下,最低为8mmHg。空气中的相对湿度是通过设在室内的增湿器控制的,一般在90%以上。这种方法在抽气时减少了室内氧气含量,使果蔬的呼吸维持在最低程度的水平上,同时还排除了室内一部分二氧化碳和乙烯等气体,因而,有利于果蔬长期贮藏。

（6）果蔬气调贮藏保鲜

果蔬贮藏保鲜技术发展很快,其中采用降温、降氧、控制二氧化碳及乙烯含量的气调保鲜是世界上果蔬贮藏的最先进方法。这样的贮藏方法能保持果蔬在采摘时的新鲜度,减少损失,且保鲜期长,无污染。与冷藏相比,气调贮藏保鲜技术更趋完善。目前常用的气调方法有四种:塑料薄膜帐气调、硅窗气调、催化燃烧降氧气调和充氮气降氧气调。

2.几种常见果品的贮藏保鲜

（1）草莓的贮藏保鲜

①草莓的药物保鲜

A.酸——糖保鲜:草莓果实用亚硫酸钠（Na_2SO_3）溶液浸渍后,晾干。在一容器底部放入由9份砂糖1份柠檬组成的混合物,再将草莓放在其上保存,可显著延长贮藏寿命。

B.二氧化硫处理:把草莓放入塑料盒中,分别放入1～2袋二氧化硫慢性释放剂,用封条将塑料盒密封。慢性二氧化硫释放剂应该与果实保持一定距离。因为该药剂有还原、褪色作用,与果实接

触会使果实漂白、变软,失去食用价值和商品价值,但果实并不长霉。

C.赤霉素和二氧化碳保鲜:脱落酸和乙烯是草莓衰老变质的主要内在因子,赤霉素和二氧化碳对上述物质有显著的抑制效应而具有保鲜作用。因此研制出了草莓保鲜剂洗果、薄膜包装、充二氧化碳等并在低温下贮藏的技术,贮藏3～9周,好果率达80%以上,外观正常。

D.过氧乙酸熏蒸处理:按每立方米库容用0.2g过氧乙酸的量熏蒸30min。

E.山梨酸浸果:0.05%山梨酸浸果2～3min。

F.植酸:植酸是优良的食品抗氧化剂,本身的防腐效果不明显,要求与其他防腐剂配合应用,具体浓度为0.1%～0.15%植酸溶液、0.05%～0.1%山梨酸和0.1%过氧乙酸。

②草莓的冷藏

降低温度能有效地延长草莓贮藏时间。将待贮草莓带筐装入大塑料袋中,扎紧袋口,防止失水、干缩变色,然后在0～3℃的冷库中贮藏,切忌贮藏温度忽高忽低。

③草莓的气调贮藏

一般认为草莓的气调条件为:$O_2$3%,$CO_2$6%,$N_2$91%～94%,温度0～1℃,相对湿度85%～95%,在此条件下可保鲜两个月以上。

少量贮藏草莓,可把刚采摘下来的草莓浆果轻轻放入坛缸之类的容器中,用塑料薄膜封口,置于通风冷凉的空屋子里,或埋于背阴凉爽的地方,能适当延长保鲜时间。

(2)苹果的贮藏保鲜

苹果品种间耐藏性差异很大,早熟品种不耐贮藏,中晚熟品种比较耐贮藏,晚熟品种耐藏性好。不同品种的苹果在贮藏期间容易发生的问题不同。大部分苹果适宜的贮藏温度为-1～0℃,相对湿度为90%左右。气调贮藏的温度一般比冷藏的高0.5～1℃,气体成分一般O_2为2%～5%,CO_2为3%～5%。不同品种,不同年份和地区栽培的苹果树对环境条件的要求有所差异。

①冷藏:苹果采后要立即预冷,入库前,库房和包装容器要消毒,先将库温降到0℃。苹果垛的箱间、垛间以及垛周围要留间隙,以利通风。贮藏期间定时检测库内的温度和湿度并及时调控,适当通风,排除不良气体。及时冲霜,维持库温的恒定,湿度过低时可以人工加湿。苹果出库前要逐步升温,否则苹果上会有凝结水,加速腐烂。

②气调冷藏:严格挑选无病虫害,无机械损伤的苹果,气调前先预冷到适温。气调贮藏在气调库内进行,也可在冷库中用塑料大帐或塑料薄膜袋进行。

③果面涂料:涂蜡可降低果实蒸发量,防止果实干皱。在溶蜡中加入适当的防腐保鲜剂,可保持果实的新鲜状态。涂布用的材料有虫胶涂料、中国果蜡、京2B膜剂等。

④保鲜纸的应用:保鲜纸是一种在造纸过程中加入防腐剂,或在纸上涂布防腐剂、杀菌剂制成。保鲜纸包裹后,由于纸张表面的药物与果品直接接触,可以有效地杀灭果表的各种病原菌。在后期,则主要依靠纸张纤维内部的药物和纸张纤维间的药物,由于药物的缓慢挥发和溶解而消灭病原菌,控制病菌的感染。同时,包裹纸在某种程度上隔离了果与果的接触,烂果不易蔓延。

(3)桃的贮藏保鲜

桃果外观鲜艳,肉质细腻,营养丰富,深受消费者青睐。但是桃柔软多汁,贮运中容易受机械损伤,低温贮藏时容易产生褐心,高温下又容易腐烂,因此,桃不能进行长期贮藏。

①冷藏:桃在低温贮藏中易遭受冷害,在-1℃就有受冻的危险。因此,桃的贮藏适温为0℃,适宜相对湿度为90%~95%。在这种储藏条件下,桃可贮藏3~4周或更长时间。然而桃在低温下长期贮藏,风味会逐渐变淡,不适低温下冷藏还会使桃子产生冷害,果肉褐变,特别是桃移到高温环境中后熟时,果肉会变干、发绵、变软,果核周围的果肉明显褐变,冷害严重时,桃的果皮色泽暗淡无

光。在冷库内采用塑料薄膜小包装可延长贮藏期。

②气调贮藏：目前商业上一般推荐的气调冷藏条件为0℃及1%O$_2$+5%CO$_2$或2%O$_2$+5%CO$_2$。在此条件下贮藏可比普通冷藏延长贮藏期1倍。

③变温贮藏：试验表明，波动温度对减缓桃低温下贮藏发生的冷害、保持果实风味及果肉质地均有良好的效果。波动温度指标以3℃以下较好，超过4℃会引起果实褐变及腐烂。

④热激处理：据报道，热激处理后果实的呼吸作用下降，可延迟跃变型果实呼吸高峰的到来，抑制乙烯的产生，从而能有效地控制果实的软化、成熟腐烂及某些生理病害。桃采收后迅速预热至40℃左右处理效果最为理想，处理后，在一定程度上可以保持果实的硬度，降低酸度，减少腐烂，使桃这种易腐果品的商业化长途运输能够在非冷链条件下安全进行。

⑤化学药剂贮藏：许多研究表明，钙（Ca）处理可推迟桃成熟，提高果实硬度和贮藏寿命，浓度为1.5%～2%的Ca处理效果较好。此外，开花后21天及24天对桃喷施赤霉素及乙烯利可抑制果实在贮藏中的褐变，增多果实中酚类化合物的数量和种类，并降低多酚氧化酶的活性。

⑥减压贮藏：将贮藏气压控制在13332.2Pa以下，并配置低温和高湿，再利用低压空气进行循环，一般每小时通风4次，就能够使果实长期处于最佳休眠状态，不仅使果实中的水分得到保存，而且使维生素、有机酸和叶绿素等营养物质也减少了消耗，同时贮藏期比一般冷库延长3倍，产品保鲜指数大大提高，出库后货架期也明显延长。

（二）畜禽产品贮藏保鲜

1.干燥法

干燥法主要是使肉内的水分减少，阻碍微生物的生长发育，达到贮藏目的。猪肉的水分含量一般在70%以上，应采取适当方法，使含水量降低为20%以下或降低水分活性，可延长贮藏期。干燥方法包括自然风干、脱水干燥法、添加溶质法。

2.盐腌法

盐腌法的贮藏作用主要是通过食盐提高肉品的渗透压,脱去部分水分,并使肉品中的含氧量减少,造成不利于细菌生长繁殖的环境条件。

3.低温贮藏法

低温贮藏法即肉的冷藏,在冷库或冰箱中进行,是肉和肉制品贮藏中最为实用的一种方法。在低温条件下,尤其是当温度降到-10℃时,肉中的水分就结成冰,造成细菌不能生长发育的环境。

（1）冷却肉。主要用于短时间存放的肉品。通常使肉中心温度降为0℃~1℃。具体要求是肉在放入冷库前,先将库温降到-4℃;肉入库后,保持-1℃~0℃。猪肉冷却时间为24h,可保存5~7天。

（2）冷冻肉。将肉品进行快速、深度冷冻,使肉中大部分水冻结成冰,这种肉称为冷冻肉。肉的冷冻,一般采用-23℃以下的温度,并在-18℃左右贮藏。为使冷冻肉在解冻后恢复原有的滋味和营养价值,目前多数采用速冻法,即将肉放入-40℃的速冻间,使肉温很快降低到-18℃,然后移入冷藏库。在-18℃条件下,猪肉可保存4个月;在-30℃条件下,可保存10个月以上。

4.照射贮藏法

用放射线照射食品,可以杀死表面和内部的细菌,达到长期贮藏的目的。

由于辐射贮藏是在温度不升高的情况下进行杀菌,所以有利于保持肉品的新鲜程度,而且免除冻结和解冻过程,是最先进的食品贮藏方法。我国目前研究应用的辐射源,主要是同位素60钴和137铯放射出来的γ射线。照射法贮藏,需在专门设备和条件下进行。

5.减压保鲜技术

减压保鲜技术是在真空和气调技术发展的基础上,将常压贮藏替换为真空环境下的气体置换贮存方式,是通过降低大气压力的方式来保鲜产品。通过把贮藏场所气压降至1/10大气压甚至更

低,起到与气调贮藏相同的作用。

6.高压脉冲电场的应用

高压脉冲电场技术是新涌现的一项高效食品保鲜技术。它具有对食品体系瞬间起作用、处理时间短、可连续处理且对介质热作用小等优点。它是利用电场脉冲的介电阻断原理对微生物产生抑制作用,使温度不超过50℃,电容放电时间有几微秒,可避免加热引起的蛋白质变性和维生素破坏。

杀菌用的高压脉冲电场一般强度为5~100Kv/cm,脉冲频率为1~100Hz,放电频率为1~20Hz。一般是在常温下进行,杀菌时间短,能耗远小于热处理,处理后的食品与新鲜食品在物理性质和营养成分上改变很小,风味和滋味也无明显差异,杀菌效果明显,达到商业无菌的要求,特别适用于热敏性高的食品,是一项值得发展的技术。

(三)水产品贮藏保鲜

1.冰藏保鲜

冰藏保鲜的对象最好是刚捕获的或者鲜度较好的水产品,一层冰一层水产品一直铺,铺得厚一些,这样可被冷却到0～1℃,一般在7～10天之内鲜度能够保持得很好。

2.微冻保鲜

在微冻状态下,鱼体内部分水分发生冻结,微生物体内的部分水分也发生了冻结,这样就改变了微生物细胞的生理生化反应,某些细菌就开始死亡,于是就能使鱼体在较长的时间内保持鲜度而不发生腐败变质。与冰藏法相比,能使保鲜期延长1.5～2倍,即20～27天。

3.冻结保鲜

冻结保鲜就是将鱼体的温度降低到其冰点以下,温度越低,可贮藏的时间就越长。在-18℃时可贮藏2～3个月,在-25～-30℃可贮藏1年。贮藏时间的长短还与原料的新鲜度、冻结方式、冻结速度、冻藏条件等有关。

4.超冷保鲜

超冷保鲜技术是将捕获后的鱼立即用-10℃的盐水作吊水处理,根据鱼体大小的不同,可在10～30min内使鱼体表面冻结而急速冷却,这样缓慢致死后的鱼处于冷水中,其体表解冻时要吸收热量,从而使鱼体内部初步冷却,然后再根据不同贮藏目的及用途确定贮藏温度。

5.气调保鲜

鱼贝类中的高度不饱和脂肪酸二十二碳六烯酸(DHA)和二十碳五烯酸(EPA)的功能性,已经广泛引起人们的关注,它可以降血脂、降血压、提高记忆力等,但是在鱼贝类的贮藏保鲜过程中,这些脂肪酸特别容易被氧化,由此而产生的低级脂肪酸、羰基化合物具有令人生厌的酸臭味和哈喇味。这种不良的氧化作用可以用隔阻空气的气调包装来避免。水产品气调包装采用的气体是CO_2、N_2或真空包装。用气调包装来保鲜水产品能够保持好的颜色,防止脂肪氧化,抑制微生物,延长保鲜时间。

(四)粮食贮藏

1.稻谷贮藏

(1)适时通风:新稻谷由于呼吸旺盛、粮温和水分较高,应适时通风,降温降水。特别一到秋凉,粮堆内外温差大,这时更应加强通风,结合深翻粮面,散发粮堆湿热,以防结露。有条件可以采用机械通风。

(2)低温密闭:充分利用冬季寒冷干燥的天气,进行通风,使粮温降低到10℃以下,水分降低到安全标准以内,在春季气温上升前进行压盖密闭,以便安全度夏。

2.小麦贮藏

(1)严格控制水分:由于小麦吸湿性能力强,小麦储藏应注意降水、防潮。

(2)低温密闭储藏:小麦还可以处于冷冻的条件下,保持良好的品质。如干燥的小麦在-5℃的低温条件下储藏,有利于生命力的增强。因此,利用冬季严寒低温,进行翻仓、除杂、冷冻,将麦温降到0℃左右,而后趁冷密闭。低温密闭可以长期储藏,但要严防

与湿热气流接触，以免造成麦堆表层结露。

二、加工食品贮藏

（一）粮油初加工品贮藏

1.大米贮藏

大米为稻谷的加工品。大米储藏，一般是在市场需要的情况下，边加工、边调运、边销售，从加工到销售之间的短暂停留。

大米的储藏特性：大米易不规则龟裂、易吸湿，储藏稳定性差，易陈化。

（1）常规储藏：是指大米在常温常湿条件下，适时进行通风或密闭的方法。常温储藏必须采取防潮、隔热的技术措施，这也是其他储藏技术的基础措施。

（2）低温储藏：采用低温储藏是大米保鲜的有效途径。霉菌在20℃以下大为减少；10℃以下可以完全抑制害虫繁殖，霉菌停止活动，大米呼吸及酶的活性均极微弱，可以保持大米的新鲜程度。

（3）气调储藏：大米气调储藏目前常用的有自然缺氧、充氮、充二氧化碳等几种。

（4）化学储藏：大米化学储藏使用的化学药剂主要为磷化铝。氯化苦和环氧乙烷等药剂也用过。化学储藏，是应用化学药剂抑制大米本身和微生物的生命活动，防止大米发热的措施，进仓或储藏中的大米发热，采取化学储藏可达到降温作用，使大米在一定时间内处于相对的稳定。

要保持大米品质，低温储藏最好，其次为充二氧化碳、充氮储藏、自然缺氧储藏、常规储藏。低温储藏是方向，充氮、充二氧化碳要增加设备，成本也高。化学储藏目前仅作为发热大米的一种应急处理措施，以保持一段时间的相对稳定。家庭储藏一般采取常规储藏。

2.小麦粉贮藏

小麦粉的保管要求做到清洁、干燥、无虫、无异味。

（1）通风良好。面粉有呼吸作用，所以必须使空气流通。

（2）保持干爽。面粉会按环境的温度及湿度而改变自身的含水量,湿度愈大,面粉含水量增加,容易结块。湿度愈小,面粉含水量也减小。理想的环境湿度约60%~70%之间。

(3)合适温度。储藏的温度会影响面粉的熟成时间,温度愈高,熟成愈快,同样也会缩短面粉的保质期。面粉储存理想温度为18~24℃。

(4)环境洁净。环境洁净可减少害虫的滋生、微生物的繁殖,进而减少面粉受污染的机会。

(5)没有异味。面粉会在空气中吸收及储藏气味,所以储存面粉的周围环境不能有异味。

(6)离墙离地离天花板。为了有良好的通风,减少受潮、虫鼠的污染,在存放面粉时要做到离墙离地离天花板。垛码板应选用塑胶制品,如用木制品时,应小心木刺,易造成污染。

(二)干制品贮藏

干制品,运用适当的加工方法,将新鲜的食品原料脱水、干燥,制成干制品。干制品具有干、硬、老、韧的特点,一般不能直接作为菜肴的原料,必须先进行涨发加工。常见的干制品有蹄筋、鱿鱼、牛百叶、猪小肠、海参等。

干制品在贮藏过程中应注意以下几个方面:

(1)温度:降低温度能较好地保持果干与菜干的色泽、风味和芳香物质。如温度达不到0℃,最好将干制品保存在5℃左右的凉爽房间里。

(2)相对湿度:为了防止贮藏期间干制品含水量因吸湿而增加,必须保藏在干燥和密闭的场所。果干贮藏一般要求空气的相对湿度在65%以下。

(3)阳光和空气:光线能促进色素的分解,氧气能引起干制品变色和破坏维生素C,还能氧化亚硫酸为硫酸盐,降低二氧化硫的保藏效果。因此,贮藏室应遮蔽阳光的照射和减少空气的供给。

(三)腌制食品贮藏

腌制食品贮藏包括利用渗透压、有机酸、防腐剂、加热灭菌和低温处理等方式。

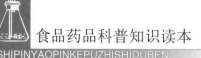

1.盐渍蔬菜贮藏

（1）小包装保鲜贮藏：小包装包括小型瓶装、小型马口铁罐和小型袋装。小包装腌制品保藏期长，一般在5～12个月。

（2）低温贮藏：低温贮藏是食品原辅料及食品保鲜贮藏中最有效、最安全的物理保鲜贮藏技术。

（3）添加保鲜剂：一定量的防腐保鲜剂可以有效地抑制霉菌、酵母、细菌的生长和繁殖。

2.腌制禽畜产品的贮藏：如咸肉、腊肉、酱肉等腌腊制品和火腿制品，均为传统的生肉制品。

（1）民间贮藏法：−15~0℃的冷库中贮藏、通风干燥库中常温贮藏、腌熏等方法。

（2）充气包装：充入非活性气体，大多是采用N_2和CO_2（6:4或7:3），充气包装的作用是防止氧化和变色，抑制好气性微生物的繁殖。

（3）加脱氧剂包装：脱氧剂成本低，它的作用是把包装袋内的O_2随时吸附起来，维持袋内低O_2浓度，这样就能防止氧化，抑制细菌繁殖。

3.腌制水产品贮藏：包括应用抗氧化剂、抗生素保鲜、酒石酸和蒜酸腌制法、酒精和脂肪酸法、漂白剂预处理、麦芽糖糊精法等。

（四）冷冻食品贮藏

冷冻食品易保藏，广泛用于肉、禽、水产、乳、蛋、蔬菜和水果等易腐食品的生产、运输和贮藏。

1.家庭冷冻食物的储存

（1）存放在冰箱里的食品要新鲜、干净，因为质量好的食品，其微生物甚少，从而可减少繁殖后的微生物总数，且不易污染储存在冰箱中的其他食品。另外，在冰箱里存放食品不要过满，要留有空隙，有利于箱内空气对流，减少机组启动时间可省电。

（2）食品存放冰箱的时间不可太长，一般需冷冻的鱼肉类食品存放最长不超过一年；需冷藏的食品（包括熟食），例如：牛奶、酸奶2~3天，面包3~5天，鱼肉肠类1~3天，绿叶菜（如菠菜）3~5天，茎秆类(萝卜、芹菜)1~2周,苹果1~3周为合适。

（3）因为冷冻室的温度是下面低上面高,所以把冻肉、冻鱼放在冷冻室的下层,冷饮等直接入口的食品放在冷冻室的上层,这样一来是冷冻的效果好,二来也防交叉污染。而与之相反,冷藏室的温度是上面低下面高。因此,需要冷藏的鱼、肉等动物性食品放在上层,水果、蔬菜等放在下层为好,鸡蛋和饮料则放在门框上,让它们各自在适宜的温度环境中"生存"。

（4）放在冰箱里的食品最好都有一定的包装,散放的食品也用保鲜膜包起来再存入冰箱,特别是冷冻室里存放食物,要放在器皿里。这样是为了防止食品冷冻干燥、串味、相互污染,还可以减小冰箱的内壁结霜的程度,从而减少化霜次数。

（5）需冷冻的鱼、肉,最好分成小包装,这样使用的时候拿取很方便,并防止大块食品多次解冻而影响其营养价值及鲜味,同时使得冰箱为保存冷冻食品启动的时间缩短,也可以省电。

（6）食物在需要冷藏的时候,如果是热的食物一定要在自然室温中放置凉了后再入冰箱。

（7）从卫生角度来看,吃剩的饭菜最好待冷却后再放到冰箱里冷藏,如冷藏时间超过24h,要回锅烧透后再吃。

2.不适宜放在冰箱里的食物

（1）水果类:热带水果由于害怕低温,不适宜放在冰箱里,如果冷藏,反而会"冻伤"水果,令其表皮凹陷,出现黑褐色的斑点,不仅损失营养,还容易变质。未熟的水果,也不能放进冰箱,否则很难正常地成熟起来。正确的方法是避光、阴凉通风处贮藏。如香蕉(若把香蕉放在12℃以下的地方贮存,会使香蕉发黑腐烂)、鲜荔枝(荔枝在0℃的环境中放置一天,即会表皮变黑,果肉变味)。

（2）蔬菜类:黄瓜、青椒在冰箱中久存,会出现"冻伤"——变黑、变软、变味,黄瓜还会长毛发黏。因为冰箱里存放的温度一般为4~6℃左右,而黄瓜贮存适宜温度为10~12℃,青椒为7~8℃,因此不宜久存。白菜、芹菜、洋葱、胡萝卜等的适宜存放温度为0℃左右,南瓜适宜在10℃以上存放。

（3）食物类

火腿：若将火腿放入冰箱冷冻贮存，其中的水分就会结冰，脂肪析出，火腿肉结块或松散，肉质变味，极易腐败。

鱼：冰箱中的鱼不宜存放太久，家用电冰箱的冷藏温度一般为-15℃，最佳冰箱也只能达到-20℃，而水产品，尤其是鱼类，在贮藏温度未达到-30℃以下时，鱼体组织就会发生脱水或其他变化。如鲫鱼长时间冷藏，就容易出现鱼体酸败，肉质发生变化，不可食用。因此，冰箱中存放的鱼，时间不宜太久。

第四章　食品添加剂

第一节　食品添加剂概述

为改善食品品质,开发食品新类资源,延长食品保质期,便于食品加工和增加食品营养成分,使食品的色、香、味、形、营养价值完善而添加的一类化学合成或天然物质,称为食品添加剂。

食品添加剂的安全使用是非常重要的。理想的食品添加剂最好是有益无害的物质。食品添加剂,特别是化学合成的食品添加剂大都有一定的毒性,所以,使用时要严格控制使用量。食品添加剂的毒性是指其对机体造成损害的能力。毒性除与物质本身的化学结构和理化性质有关外,还与其有效浓度、作用时间、接触途径和部位、物质的相互作用与机体的机能状态等条件有关。因此,不论食品添加剂的毒性强弱、剂量大小,对人体均有一个剂量与效应关系的问题,即物质只有达到一定浓度或剂量水平,才显现毒害作用。

一、食品添加剂在食品加工中的意义与作用

食品添加剂是为改善食品品质,以及为防腐和加工工艺的需要而加入食品中的化合物质或者天然物质。目前我国食品添加剂有23个类别,2000多个品种,包括酸度调节剂、抗结剂、消泡剂、抗氧化剂、漂白剂、膨松剂、着色剂、护色剂、酶制剂、增味剂、营养强化剂、防腐剂、甜味剂、增稠剂、香料等。

食品添加剂大大促进了食品工业的发展,并被誉为现代食品工业的灵魂,这主要是它给食品工业带来许多好处。

（一）食品添加剂的特征

一是食品添加剂为加入到食品中的物质，因此，它一般不单独作为食品来食用；二是既包括人工合成的物质，也包括天然物质；三是加入食品中的目的是为改善食品品质和色、香、味以及为防腐、保鲜和加工工艺的需要。

（二）食品添加剂≠违法添加物

公众谈食品添加剂色变，更多的原因是混淆了非法添加物和食品添加剂的概念，把一些非法添加物的罪名扣到食品添加剂的头上显然是不公平的。《国务院办公厅关于严厉打击食品非法添加行为切实加强食品添加剂监管的通知》中要求规范食品添加剂生产使用：严禁使用非食用物质生产复配食品添加剂；不得购入标识不规范、来源不明的食品添加剂；严肃查处超范围、超限量等滥用食品添加剂的行为。

广大市民对食品添加剂无需过度恐慌，随着国家相关标准的陆续出台，食品添加剂的生产和使用必将更加规范。当然，应该加强自我保护意识，多了解食品安全相关知识，尤其不要购买颜色过艳、味道过浓、口感异常的食品。食品添加剂大大促进了食品工业的发展，并被誉为现代食品工业的灵魂，这主要是它给食品工业带来许多好处。其主要作用大致如下：

1.防止变质

例如，防腐剂可以防止由微生物引起的食品腐败变质，延长食品的保存期，同时还具有防止由微生物污染引起的食物中毒作用。又如，抗氧化剂可阻止或推迟食品的氧化变质，以增强食品的稳定性和耐藏性，同时也可防止可能有害的油脂自动氧化物质的形成。此外，还可用来防止食品，特别是水果、蔬菜的酶促褐变与非酶褐变。这些对食品的保藏都具有一定的意义。

2.改善食品感官性状

食品的色、香、味、形态和质地等是衡量食品质量的重要指标。适当使用着色剂、护色剂、漂白剂、食用香料以及乳化剂、增稠剂等食品添加剂，可以明显提高食品的感官质量，满足人们的不同需要。

3.保持或提高食品的营养价值

在食品加工时适当地添加某些属于天然营养范围的食品营养强化剂,可以大大提高食品的营养价值,这对防止营养不良和营养缺乏、促进营养平衡、提高人们健康水平具有重要意义。

4.方便供应,增加品种和方便性

现在市场上已拥有多达20000种以上的食品可供消费者选择,尽管这些食品的生产大多通过一定包装及不同加工方法处理,但在生产过程中,一些色、香、味俱全的产品,大都不同程度地添加了着色、增香、调味乃至其他食品添加剂。正是这些众多的食品,尤其是方便食品的供应,给人们的生活和工作带来极大的方便。

5.方便食品加工

在食品加工中使用消泡剂、助滤剂、稳定和凝固剂等,可有利于食品的加工操作。例如,当使用葡萄糖酸δ内酯作为豆腐凝固剂时,可有利于豆腐生产的机械化和自动化。

6.满足其他特殊需要

食品应尽可能满足人们的不同需求。例如,糖尿病人不能吃糖,则可用无营养甜味剂或低热能甜味剂,如三氯蔗糖或天门冬酰苯丙氨酸甲酯制成无糖食品供应。

二、食品添加剂的分类

1.食品添加剂按来源分:天然添加剂、化学合成添加剂。

2.食品添加剂按功能分:抗氧化剂、着色剂。

3.天然食品添加剂:利用动、植物组织或分泌物及以微生物的代谢产物为原料,经过提取、加工所得到的物质。如维生素C、淀粉糖浆、植物色素等。

4.化学合成添加剂:通过一系列化学手段所得到的有机或无机物质。

第二节 各类食品添加剂介绍

一、食品防腐剂

是指能抑制食品中微生物的繁殖,防止食品腐败变质,延长食品保存期的物质。防腐剂一般分为酸型防腐剂、酯型防腐剂和生物防腐剂。

(一)酸型防腐剂

常用的有苯甲酸、山梨酸和丙酸(及其盐类)。这类防腐剂的抑菌效果主要取决于它们未解离的酸分子,其效力随pH而定,酸性越大,效果越好,在碱性环境中几乎无效。

1.苯甲酸及其钠盐:苯甲酸又名安息香酸。由于其在水中溶解度低,故多使用其钠盐,成本低廉。

苯甲酸进入机体后,大部分在9~15h内与甘氨酸化合成马尿酸而从尿中排出,剩余部分与葡萄糖醛酸结合而解毒。但由于苯甲酸钠有一定的毒性,目前已逐步被山梨酸钠替代。

2.山梨酸及其盐类:又名花楸酸。由于在水中的溶解度有限,故常使用其钾盐。山梨酸是一种不饱和脂肪酸,可参与机体的正常代谢过程,并被同化产生二氧化碳和水,故山梨酸可看成是食品的成分,按照目前的资料可以认为对人体是无害的。

3.丙酸及其盐类:抑菌作用较弱,使用量较高。常用于面包糕点类,价格也较低廉。丙酸及其盐类毒性低,可认为是食品的正常成分,也是人体内代谢的正常中间产物。

4.脱氢醋酸及其钠盐:为广谱防腐剂,特别是对霉菌和酵母的抑菌能力较强,为苯甲酸钠的2~10倍。该品能迅速被人体吸收,并分布于血液和许多组织中。但有抑制体内多种氧化酶的作用,其安全性受到怀疑,故已逐步被山梨酸所取代。

(二)酯型防腐剂

包括对羟基苯甲酸酯类(有甲、乙、丙、异丙、丁、异丁、庚等),成本较高,对霉菌、酵母与细菌有广泛的抗菌作用。其中对霉菌和酵母的作用较强,但对细菌特别是革兰氏阴性杆菌及乳酸菌的作用较差。酯型防腐剂在胃肠道内能迅速完全吸收,并水解成对羟基苯甲酸而从尿中排出,不在体内蓄积。中国目前仅限于应用丙酯和乙酯。

(三)生物防腐剂

主要是乳酸链球菌素,它是乳酸链球菌属微生物的代谢产物,可用乳酸链球菌发酵提取而得。乳酸链球菌素的优点是在人体的消化道内可为蛋白水解酶所降解,因含食品添加剂的糖果不以原有的形式被人体吸收,是一种比较安全的防腐剂。它不会像抗生素那样改变肠道正常菌群,以及引起常用其他抗生素的耐药性,更不会与其他抗生素出现交叉抗性。

(四)其他防腐剂

1.双乙酸钠,既是一种防腐剂,也是一种螯合剂。对谷类和豆制品有防止霉菌繁殖的作用。

2.仲丁胺,该品不应添加于加工食品中,只在水果、蔬菜储存期防腐使用。市售的保鲜剂如克霉灵、保果灵等均是以仲丁胺为有效成分的制剂。

3.二氧化碳,二氧化碳分压的增高,影响需氧微生物对氧的利用,能终止各种微生物呼吸代谢。但二氧化碳只能抑制微生物生长,而不能杀死微生物。

二、食品着色剂、发色剂与漂白剂

(一)着色剂

又称色素,是使食品着色后提高其感官性状的一类物质。食用色素按其性质和来源,可分为食用合成色素和食用天然色素两大类。

1.食用合成色素

属于人工合成色素。食用合成色素色彩鲜艳、性质稳定、着色力强、牢固度大,可取得任意色彩,且成本低廉,使用方便。但合成色素大多数对人体有害。合成色素的毒性有的为本身的化学性能对人体有直接毒性,有的或在代谢过程中产生有害物质,在生产过

程还可能被砷、铅或其他有害化合物污染。

食用合成色素同其他食品添加剂一样,为达到安全使用的目的,需进行严格的毒理学评价。主要包括:化学结构、理化性质、纯度、在食品中的存在形式以及降解过程和降解产物;随同食品被机体吸收后,在组织器官内的潴留分布、代谢转变及排泄状况;本身及其代谢产物在机体内引起的生物学变化,以及对机体可能造成的毒害及其机理。

在中国目前允许使用的合成色素有苋菜红、胭脂红、赤鲜红(樱桃红)、新红、诱惑红、柠檬黄、日落黄、亮蓝、靛蓝和它们各自的铝色淀。

2.食用天然色素

食用天然色素主要是由动植物组织中提取的色素。然而天然色素成分较为复杂,经过纯化后的天然色素,其作用也有可能和原来的不同,而且在精制的过程中,其化学结构也可能发生变化。此外在加工的过程中,还有被污染的可能,故不能认为天然色素就一定是纯净无害的。

(二)发色剂

发色剂又称护色剂。在食品的加工过程中,为了改善或保护食品的色泽,除了使用色素直接对食品进行着色外,有时还需要添加适量的护色剂,使制品呈现良好的色泽。

1.发色剂的其他作用

(1)护色作用:为使肉制品呈鲜艳的红色,在加工过程中多添加硝酸盐(钠或钾)或亚硝酸盐。硝酸盐在细菌硝酸盐还原酶的作用下,还原成亚硝酸盐。亚硝酸盐在酸性条件下会生成亚硝酸,在常温下,也可分解产生亚硝基;此时生成的亚硝基会很快地与肌红蛋白反应生成稳定的、鲜艳的、亮红色的亚硝化肌红蛋白,故使肉可保持稳定的鲜艳。

(2)抑菌作用:亚硝酸盐在肉制品中,对抑制微生物的增殖有一定的作用。

2.发色剂的应用

在肉制品中使用的发色剂是硝酸盐和亚硝酸盐,发色助剂是抗坏血酸和异抗坏血酸。

亚硝酸盐是添加剂中急性毒性较强的物质之一,是一种剧毒物质,可使正常的血红蛋白变成高铁血红蛋白,失去携带氧的能力,导致组织缺氧。其次亚硝酸盐为亚硝基化合物的前体物,其致癌性引起了国际性的注意。因此各方面要求把硝酸盐和亚硝酸盐的添加量,在保证护色含食品添加剂的饮料的情况下,限制在最低水平。

抗坏血酸与亚硝酸盐有高度亲和力,在体内能防止亚硝化作用,从而几乎能完全抑制亚硝基化合物的生成。所以在肉类腌制时添加适量的抗坏血酸,有可能防止生成致癌物质。

虽然硝酸盐和亚硝酸盐的使用受到了很大限制,但至今国内外仍在继续使用。其原因是亚硝酸盐对保持腌制肉制品的色、香、味有特殊作用,迄今未发现理想的替代物质。更重要的原因是亚硝酸盐对肉毒梭状芽孢杆菌的抑制作用。但对使用的食品及其使用量和残留量有严格要求。

（三）漂白剂

漂白剂是指能够破坏或者抑制食品色泽形成因素,使其色泽褪去或者避免食品褐变的一类添加剂。如果脯的生产、淀粉糖浆等制品的漂白处理等。漂白剂除可改善食品色泽外,还具有抑菌防腐、抗氧化等多种作用,在食品加工中应用广泛。

这类物质均能产生二氧化硫(SO_2),二氧化硫遇水则形成亚硫酸(H_2SO_3),除具有漂白作用外,还具有防腐作用。此外,由于亚硫酸的强还原性,能消耗果蔬组织中的氧,抑制氧化酶的活性,可防止果蔬中的维生素C的氧化破坏。亚硫酸盐在人体内可被代谢成为硫酸盐,通过解毒过程从尿中排出。亚硫酸盐这类化合物不适用于动物性食品,以免产生不愉快的气味。亚硫酸盐对维生素B_1有破坏作用,故维生素B_1含量较多的食品如肉类、谷物、乳制品及坚果类食品也不适合。

三、食品调味剂

食品调味剂是赋予食品某种味感、产生某种鲜味或为适当地调整食品味道而添加的食品添加剂。

（一）酸度调节剂（酸味剂）

主要有柠檬酸、富马酸、磷酸、乳酸、己二酸、酒石酸、马来酸、苹果酸等,其中产量最大的是柠檬酸和磷酸,乳酸、醋酸次之。

此外,苹果酸、酒石酸在食品中的应用也在扩大。苹果酸味强且久,口感好,可与其他酸味剂复配使用。

（二）甜味剂

除传统的食糖类甜味料外,合成甜味剂发展较快,市场较好。低热量、非营养、高甜度、口感好的合成甜味剂为未来甜味剂的主导。

1.糖醇类产品

糖醇是目前国际上公认的无蔗糖食品的理想甜味剂,在食品中的应用快速升温,用糖醇类产品替代食糖生产糖果,在欧美等发达国家很盛行。糖醇类产品主要有麦芽糖醇、山梨醇、甘露醇、木糖醇、乳糖醇等。糖醇口味好,化学性质稳定,不易引起龋齿,可调理肠胃,是世界上广泛采用的甜味剂之一。在人体中或不被消化吸收,或不需胰岛素,有的还能促进胰脏分泌胰岛素（如木糖醇）,故糖醇是糖尿病人理想的代糖品。

近年国外推出的赤鲜糖醇和异麦芽酮糖醇,除具有一般糖醇的优点外,还具有不吸潮,促进吸收,代谢少,不易致泻的功能,是极具潜力的功能性食品添加剂,国内宜迅速开发生产。

2.高倍甜味剂

主要品种有糖精、甜蜜素、阿斯巴甜、安塞蜜等。我国是糖精和甜蜜素的生产和消费大国。

（1）糖精:食用糖精过量会引起中毒状况,大量服糖精（5g以上）后,约2h可出现恶心、呕吐清水、脐周围持续性疼痛,并有阵发性绞痛、腹胀、头晕、口渴、尿少、血压下降。尿检查有红细胞,也有的出现肌肉抽搐和疼痛,轻度惊厥、谵妄、幻听等。重度中毒病人,可造成死亡或遗留下严重的末梢神经炎（多是一次食用超量以及连续多次食用所致)。

（2）甜蜜素：甜蜜素是一种常用甜味剂，其甜度是蔗糖的30～40倍。消费者如果经常食用甜蜜素含量超标的饮料或其他食品，就会因摄入过量对人体的肝脏和神经系统造成危害，特别是对代谢排毒能力较弱的老人、孕妇、小孩危害更明显。

（3）安塞蜜：具有强烈甜味，甜度约为蔗糖的130倍，呈味性质与糖精相似，易溶于水，有增加食品甜味，没有营养，口感好，无热量，对热和酸稳定性好的特点，是当前世界上第四代合成甜味剂。安塞蜜为人工合成甜味剂，经常食用合成甜味剂超标的食品会对人体的肝脏和神经系统造成危害，特别是对老人、孕妇、小孩危害更为严重。如果短时间内大量食用，会引起血小板减少导致急性大出血。

（4）阿斯巴甜：其甜度为蔗糖的100～200倍，味感接近于蔗糖。是一种二肽衍生物，食用后在体内分解成相应的氨基酸。中国规定可用于罐头食品外的其他食品，其用量按生产需要适量使用。

此外也发现了许多含有天门冬氨酸的二肽衍生物，如阿力甜，即属于含氨食品添加剂的糖果基酸甜味剂，属于天然原料合成，甜度高。

（三）增味剂

指为补充、增强、改进食品中的原有口味或滋味的物质。有的称为鲜味剂或品味剂。中国目前允许使用的增味剂有谷氨酸钠（味精的主要成分）、5'-鸟苷酸二钠、5'-肌苷酸二钠、琥珀酸二钠等。

谷氨酸钠对光稳定，在碱性条件下、pH为5以下的酸性条件下加热时均味力降低，在中性条件下加热则很少发生变化。

谷氨酸属于低毒物质，在一般用量条件下不存在毒性问题。而核苷酸系列的增味剂均广泛地存在于各种食品中，不需要特殊规定。

近年来，又开发了许多肉类提取物、酵母抽提物、水解动物蛋白和水解植物蛋白等。

四、食用香料与香精

食用香料和香精,是以改善、增加和模仿食品的香气和香味为主要目的的食品添加剂,又称香味剂。

食品的香气不仅增加人们的快感、引起人们的食欲,而且可以刺激消化液的分泌,促进人体对营养成分的消化吸收。人们选择食品,主要是根据食品的色、香、味,尤其香味是诱使人们继续选用他们所喜爱食品的重要因素。食品中香味成分的含量一般较低,例如面包含有约十万分之二的香味成分,却影响着面包的质量。因此,食品工业的发展是和香料、香精的发展密切相关的。

1.食用香料

食品香料是指能够增加食品香气和香味的食品添加剂。

（1）天然香料

此类香料是从动植物体内物质分离出的呈香材料。如从植物果实中得到的香辛原料及其成分分离提取物(精油、酊剂、浸膏、油树脂)。天然香料不是单一的物质,而是多种成分的混合物。

天然香料又分为动物性香料和植物性香料。食品中所用的香料主要是植物性香料。天然香料依制取方法不同,形态多样,如精油、浸膏、压榨油、香脂、净油、单离香料、酊剂、香膏、粉状等。

（2）天然等同香料

此类香料是与天然香料中产生香气的组分(呈香物质)或主体成分分子相似的物质。包括用合成的方法模拟呈香物质制作的合成品和单离成分(天然物中分离的纯品)。天然等同香料基本为单一物质,合成品的纯度一般高于单离成分物质。

（3）人造香料

此类香料是在自然界中不存在,完全由人工合成制造的物质。人造香料有些是研究人员研制的成品,另外有些人造香料是对天然香料中某种成分经过结构改型处理后的物质。

2.食用香精

在食品加工制造中,除少数几种香料如橘子油、香兰素等外,多数香料由于它们的香气比较单调而不单独使用,通常是将数种乃至数十种香料调和起来,以适应食品生产的需要。这种经配制而成的香料(调和香料)称为香精。

食用香精以大自然中的含香食物作为模仿对象,用各种安全性高的食用香料和许可使用的附加剂调和而成,并用于食品增香的食品添加剂。食用香精的调配主要是模仿天然瓜果的香气、食品的香和味,注重于香气和味觉的像真性。

食用香精基的主要组成部分为主香体、辅助剂、定香剂。

(1)主香体:是构成香精主体香味的基本香料,它决定着香精的香型,在香精中所占比例不一定最高,但是它是必不可少的。

(2)辅助剂:在香精中起调节香气和香味的作用,可以延长主香体香气,使主香连续饱满、清新幽雅。

(3)定香剂:是一种高浓度、挥发性大的物质,不适合生产使用,因此为了使香精能成为均匀一体的产品,同时也为了达到适合生产要求的浓度,就要添加合适剂量的稀释剂与载体。

五、食品增稠剂

食品增稠剂通常指能溶解于水中,并在一定条件下充分水化形成黏稠、滑腻溶液的大分子物质,又称食品胶。它是在食品工业中有广泛用途的一类重要的食品添加剂,被用于充当胶凝剂、增稠剂、乳化剂、成膜剂、泡沫稳定剂、润滑剂等。增稠剂在食品中添加量通常为千分之几,但却能有效地改善食品的品质和性能。其化学成分除明胶、酪朊酸钠等为蛋白质外,其他大多是天然多糖及其衍生物,广泛分布于自然界。

迄今世界上用于食品工业的食品增稠剂已有40余种,根据其来源,可分为五大类。

1.由海藻制取的增稠剂。海藻胶,是从海藻中提取的一类食品胶。海藻品种多达15000多种,分为红藻、褐藻、蓝藻和绿藻四大类。重要的商品海藻胶主要来自褐藻。不同的海藻品种所含的亲水胶体其结构、成分各不相同,功能、性质及用途也不尽相同。

海藻胶在糖果、蜜饯、糕点、糖霜、明胶、布丁、果汁等食品加工中有用。

2.由植物种子、植物溶出液制取的增稠剂。这样的增稠剂都是多糖酸盐,其分子结构复杂,常用的这类增稠剂有瓜尔胶,卡拉胶等。

3.由微生物代谢生成的增稠剂。是由真菌或细菌与淀粉类物质作用产生的另一类用途广泛的食品增稠剂,如黄原胶等。这是将淀粉全部分解成单糖,单糖又发生缩聚反应再缩合成新的分子。

4.由动物性原料制取的增稠剂。这类增稠剂是从动物的皮、骨、筋、乳等提取的,其主要成分是蛋白质,品种有明胶、酪蛋白等。

5.以纤维素、淀粉等天然物质制成的糖类衍生物。这类增稠剂以纤维素、淀粉等为原料,在酸、碱、盐等化学原料作用下经过水解、缩合、化学修饰等工艺制得。其代表的品种有羧甲基纤维素钠、变性淀粉、藻酸丙二醇酯等。

六、其他食品添加剂

(一)抗氧化剂

1.抗氧化剂的作用机理

抗氧化剂的作用机理是比较复杂的,存在着多种可能性。如有的抗氧化剂是由于本身极易被氧化,首先与氧反应,从而保护了食品,如维生素E;有的抗氧化剂可以放出氢离子将油脂在自动氧化过程中所产生的过氧化物分解破坏,使其不能形成醛或酮的产物,如硫代二丙酸二月桂酯等;有些抗氧化剂可能与其所产生的过氧化物结合,形成氢过氧化物,使油脂氧化过程中断,从而阻止氧化过程的进行,而本身则形成抗氧化剂自由基,但抗氧化剂自由基可形成稳定的二聚体,或与过氧化自由基ROO-结合形成稳定的化合物。

2.几种常用的脂溶性抗氧化剂

(1)丁基羟基茴香醚

因为加热后效果保持性好,在保存食品上有效,它是目前国际上广泛使用的抗氧化剂之一,也是中国常用的抗氧化剂之一。和其他抗氧化剂有协同作用,并与增效剂如柠檬酸等使用,其抗氧化效果更为显著。一般认为丁基羟基茴香醚毒性很小,较为安全。

（2）二丁基羟基甲苯

与其他抗氧化剂相比,稳定性较高,耐热性好,在普通烹调温度下影响不大,抗氧化效果也好,用于长期保存的食品与焙烤食品很有效,是目前国际上特别是在水产加工方面广泛应用的廉价抗氧化剂。

（3）没食子酸丙酯。对热比较稳定。没食子酸丙酯对猪油的抗氧化作用较丁基羟基茴香醚和二丁基羟基甲苯强些,毒性较低。

（4）特丁基对苯二酚

是较新的一类酚类抗氧化剂,其抗氧化效果较好。

（二）酶制剂

酶制剂指从生物（包括动物、植物、微生物）中提取具有生物催化能力酶特性的物质。主要用于加速食品加工过程和提高食品产品质量。

中国允许使用的酶制剂有:木瓜蛋白酶——从未成熟的木瓜的胶乳中提取,蛋白酶——由米曲霉、枯草芽孢杆菌等所制得的,α-淀粉酶——多来自枯草杆菌,糖化型淀粉酶——中国用于生产本酶制剂的菌种有黑曲霉、根酶、红曲酶、拟内孢酶,果胶酶——由黑曲霉、米曲霉、黄曲霉等生产的。

第五章 食品选购知识

国家食品药品监督管理局联合八大部委实施的食品药品放心工程,推出了"食品安全十二条守则",是广大消费者日常饮食安全的指导原则。

(1)尽量选择到正规的商店、超市和管理规范的农贸市场购买食品。

(2)尽量选择有品牌、有信誉、取得相关认证的食品企业的产品。

(3)不买腐败霉烂变质或过保质期的食品,慎重购买接近保质期的食品。

(4)不买比正常价格过于便宜的食品,以防上当受害。

(5)不买、不吃有毒有害的食品,如河豚、毒蘑菇、果子狸等。

(6)不买来历不明的死动物。

(7)不买畸形的、与正常食品有明显色彩差异的鱼、蛋、瓜、果、禽、畜等。

(8)不买来源可疑的反季节水果、蔬菜等。

(9)不宜多吃以下食物:松花蛋、臭豆腐、味精、方便面、葵花籽、猪肝、烤牛羊肉、腌菜、油条等。

(10)购买时查看食品的包装、标签和认证标识,查看有无注册和条形码,查看生产日期和保质期。对怀疑有问题的食品,宁可不买不吃。购买后索要发票。

(11)买回的食品应按要求进行严格的清洗、制作和保存。

(12)厨房以及厨房内的设施、用具要按要求进行清洁管理。

常见食品的选购,还应注意以下几方面:

1.感官检查最重要

选购非包装食品的关键是通过看、闻、摸、尝等方法,检查所选购的食品的色、香、味、形,判断食品的新鲜度和是否有掺假伪造。正常的蔬菜、水果、肉、禽、鱼、蛋、奶等食品都有其特有的形态、颜色、气味、质地,在选购时尽量选购新鲜和感官检查为正常的食品。

2.采购的地点很重要

由于非包装食品的经营人员复杂,尤其是一些集贸市场和个体摊贩经营的食品,其来源和所进行的加工地点难以追溯,因此,从管理的角度讲很难有人为其经营的食品卫生安全性负责。而到国营商场、超市以及信誉和管理较好的集贸市场选购食品能得到更好的保证。这些场所经营时间长、经验多,管理和进货人员接受过食品卫生培训,尤其是这些经营场所相对固定,他们重视自己的信誉,并且一旦出了问题,也会有人负责。

切勿贪图便宜和方便购买腐败、变味、变色、颜色和手感不正常的食品,更不能捡拾来源不明的食品。

3.选购包装食品检查包装和标签很重要

包装食品常常是不能够像非包装食品一样能直接感觉到食品的色、香、味、形等正常食品特征,而且往往包装的食品大多是直接入口的熟食品,是不能够直接用手触摸的,但食品的标签和包装为消费者选购食品提供了很好的条件。食品包装的作用一是更好地保护食品,二是通过包装上的标签指导消费者购买自己所中意的食品。

对食品包装而言,良好的包装能起到保护食品不受外界污染和防止腐败变质的作用。一个好的食品产品,其包装应当是非常坚固、完整、美观、不易损坏的。例如,可以储存多年的铁皮罐头、软包装罐头、真空包装食品等其卫生安全性一般都能值得信任。临时的包装、随意和不完整的包装,以及那些通过包装可以显示出产品质量不高的产品,相对来说就不是出自于良好的加工设备和

工艺条件好的生产企业。

第一节　植物性食品选购知识

一、粮谷类食品选购知识

粮谷类通过加工,去除杂质和谷皮,改善其感观性状,有利于消化吸收。加工精度与谷类的营养素的保留程度有着密切的关系,加工精度越高,营养素损失越大,尤其是 B 族维生素。我国制造的标准米和标准粉比精白米、面保留了较多的 B 族维生素、纤维素和无机盐。所以,提倡选择标准米和标准粉或粗粮细粮混食等方法来克服营养的缺陷。

如何购买米面类食品?

优质粮粒应充分干燥,大小均匀,坚实丰满,色泽纯洁,透明,有光泽,表面光滑整齐,有香味,无霉味、酸味、苦味与异味,无仓储害虫,无霉变粮粒。杂质(包括稗粒、杂草、泥沙)的最低量为麦子、玉米 1%,大米 0.5%。

优质面粉和米粉应呈粉末状,不含杂质。手指捏之无粗粒感,无虫和结块。用手紧压后放开不成团,颜色白色,均匀一致没有杂色,气味和滋味正常,无霉味、酸味、苦味及异味。在面粉中不应有各类淀粉、马铃薯粉,如有结块、酸味表明面粉已腐败变质,不能食用。

(一)大米的质量鉴别

1.大米的质量鉴别

(1)检验硬度

大米的硬度主要是由蛋白质含量决定的,硬度越强,蛋白质含量越高,透明度越高。反之,蛋白质含量较低的米含水量高,或是用不成熟的稻制的米,透明度差,米的腹部不透明,白斑(腹白)较大。

(2)看其面色

正常的米应是洁白透明,腹白色泽正常(紫、黑米除外)。米最易变为黄色,其主要原因是某些营养成分发生了化学变化。发黄的米,其香味、口感、黏性、营养价值都较差。

（3）检查有无爆痕断裂现象

由于加工条件的不同,米粒在干燥过程中出现冷热不匀,因而内外收缩失去平衡会产生爆痕甚至断裂,导致其营养价值降低。

（4）注意新陈

时久的米,色泽暗淡,香味寡淡,表面有白道间纹甚至出现灰粉状,灰粉越多,时间越长。当然,有霉味的或是有蛀虫的更可能是陈米了。

2.大米分为三类:

籼米:包括早籼米、晚籼米。

粳米:包括早粳米、晚粳米。

糯米:包括籼糯米、粳糯米。

表5-1　不同种类大米品质对比

	形状	透明度	烹调			烹调后		
			吸水性	胀性	出饭率	黏性	口感	消化吸收
籼米	长椭圆或细长	较差	强	大	高	低	粗硬	容易
粳米	椭圆	高、光亮	差	小	低	中	柔软、有香味	不易
糯米	短椭圆	不透或半透	小	小	低	大	油腻	难

表5-2　不同等级大米品质对比

	米粒表皮的皮层	粗纤维和灰分含量	胀性	出饭率	食用品质
特等米	去皮 > 85%	低	大	高	好
标准一等	> 80%去除4/5以上	一般	中	中	中
标准二等	> 75%去除2/3以上	中	一般	一般	一般
标准三等	> 70%去除2/3以上	高	低	低	差

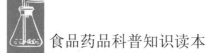
3.大米的挑选

①颜色形状：白、光泽、整齐，大小均匀。

②干燥程度：手感干燥。

③有无霉变。

④其他：未成熟米、损伤米、生霉米粒（表面生霉，但未霉变，可吃）、杂质、黄变米（含有霉菌毒素，不可吃）。

（1）什么是好大米？

从外观上看，硬度高、水分低的大米，蛋白质含量高，是可以放心购买的好大米。一般情况下，新米比陈米硬，晚米比早米硬。此外，选购大米时还必须注意观察黄粒米，米粒发黄主要是由于大米中某些营养成分或是微生物在一定条件下发生的化学反应，受此影响，大米的香味、食味和口感都很差。

（2）什么是陈米？

认真观察米粒的颜色：米粒表面呈灰色，外观质量差、色暗，黄变米较多，或有白道沟纹，这样的米一定是陈米。米粒的硬度低，并伴有异味，则基本可以判定是霉变的大米。

（3）发水大米的鉴别方法：米粒大，有光泽，牙嗑容易碎，手摸有潮湿感。

（4）什么是糙米？为什么说糙米营养价值比精制大米高？

①稻谷由谷壳、果皮、种皮、外胚乳、糊粉层、胚乳和胚等部分构成。糙米是指脱去谷壳，保留其他各部分的制品；精制大米（即通常所说的大米）是指仅保留胚乳，而将其余部分全部脱去的制品。

②由于稻谷中除碳水化合物以外的营养成分（如蛋白质、脂肪、纤维素、矿物质和维生素）大部分都集中在果皮、种皮、外胚乳、糊粉层和胚（即通常所说的糖层）中，因此糙米的营养价值明显优于精制大米。

（5）如何识别新陈大米？

①观察米粒腹部的基部保留着的胚芽（俗称"米眼睛"）。新米胚芽（其颜色呈乳白色或淡黄色）在米粒腹部的基部多数还是保留着。当然胚芽数保留多少与碾米时机械强度和碾米时间长短有

关,所以也不能一概而论。新米胚芽总能保留部分或大部分,肉眼看得非常清楚;陈米胚芽(呈咖啡色)则基本不存在,胚芽脱落处则留下一个白色缺口。

②新米应该晶莹洁白,有股浓浓清香味,这股清香味沁人心脾,是新米的"防伪商标";陈谷新加工的大米少清香味,一年以上陈米,只有米糠味,没有清香味;陈米如果黄粒多、有霉味、生虫子、结团块,说明已变质,不宜购买食用。

③把手插进米中,新米会有白色的淀粉沾在手上,而陈米不会出现这种情况。

④到超市、农贸市场或向深入社区叫卖大米的米贩子买袋装米时,要留心包装袋上是否标有企业标识、生产日期和产地等信息。

(6)如何识别以次充好的大米?

①大米中掺白石。这种作假手法的目的是为了增加大米的重量。识别方法:看大米中的沙砾,原有的沙砾没有棱角、比较圆润,而新掺入的沙砾则棱角分明。

②好稻米中掺籼米。经过加工的籼米是碎小的米粒,比较容易辨别。识别方法:抓一把米在手里摊开,如发现其中有碎、小的米粒,则可以判定是掺假的米。

③粳米冒充好稻米。作假手法通常是:将绿、白两种颜色混合后拌入粳米中,使粳米颜色发青,并且表面光洁,形似稻米。识别方法:没有上色的粳米颜色发白,用手摸会沾上米糠面;上过色的粳米用手摸会有光滑感,不会粘上米糠面。

(二)小米的质量鉴别

表5-3　小米品质鉴别

	新鲜小米	染色小米
色泽	均匀、金黄、有光泽	较均一、深黄、无光泽
气味	正常	有色素的气味
水洗	水色不黄	水色显黄

(三)面粉的质量鉴别

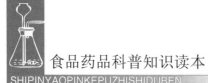
用小麦经加工制成的小麦粉,分为特制粉(或精制粉、富强粉)、标准粉、普通粉。

表5-4　不同加工工艺面粉质量比较

	精制粉	标准粉
加工	精细	略粗
灰粉含量	少	较高
性状	细白	色泽差
口感	好	较差
吸收性	高	较低
维生素含量	丢失严重	保留较多

表5-5　面粉鉴别

	良质	次质	劣质
色泽	白或微黄,不发暗	暗淡	灰白或深黄色,发暗
状态	细粉末状,捏紧后放松不结团	有粗粒感,生虫或有杂质	结团,易生虫、霉变
气味	无异味	微有异味	有霉味、酸味
滋味	可口、淡而微甜	淡而乏味,咀嚼有砂声	苦味、酸味、甜味,刺喉感

(四)如何选购速冻面米制品

速冻面米制品是指以小麦粉、大米、杂粮等粮食为主要原料或同时配以单一或由多种配料组成的肉、蛋、蔬菜、果料、糖、油、调味品为馅料,经成型,熟制或生制,包装,并经速冻而成的食品。一般市场上常见的速冻小包装食品如速冻饺子、馄饨、包子、烧卖等都属于此类食品,它按馅料的原料组成可分为四大类:一是肉类,如速冻鲜肉水饺、小笼包等;二是含肉类,如菜肉水饺、菜肉馄饨等;三是无肉类,如豆沙包、奶黄包等;四是无馅类,如刀切馒头,麻饼等。

消费者在选购速冻面米制品时应注意以下几点:

第一,注意销售场所的贮藏条件。速冻面米制品一般要求在-18℃以下的冷藏库内贮藏。若销售商贮存条件达不到要求，即使某些产品还在保质期内，但是因为温度的影响，内部质量是无法保证的，消费者购买回家食用后可能会引起意想不到的麻烦。

第二,看产品外包装。首先要选择包装材料好,包装完整,印刷清晰的产品;其次外包装应标明:产品名称、配料表、净含量、制造商名称和地址、生产日期、保质期、贮藏条件、食用方法、产品标准号、生制或熟制、馅料含量占净含量的配比等。如是上海企业生产的速冻面米制品,其外包装上必须标明准产证号(外地生产厂不受此限制)。如果外包装上无准产证号,则不能销售,消费者应尽量避免购买。另外,产品的保质期也是很重要,在购买时要尽量挑选新鲜的、生产日期近一点的产品,不要买超保质期的速冻面米制品。

第三,看产品外观。消费者购买时可以取一包用手轻按产品,看该产品是否具有应有的外观形态、色泽等。如果发现产品变形、破损、软塌、变色、表面发黏甚至黏为一团,包装内有不应有的杂质等都不应购买。消费者应购买外观一切正常、包装完好的速冻面米制品,不要一时贪图便宜,而影响自己的身体健康。

最后,提醒大家,速冻面米制品在买回家后,也一定要严格按照包装上标明的贮存条件来保存,注意保质期。速冻面米制品因为生产工艺关系,风味、口味一定会受到一定程度的破坏及损失,消费者在购买回家后,短期内应尽快食用,不要贮存过久。

(五)怎样识别饼干质量的优劣

饼干的品种很多,它的质量主要从饼干的色泽、形状、内部组织和口感四个方面来鉴别。

1.优质饼干的特征

(1)色泽:饼干的表面有光泽,有光洁的糊化层油光。一般的饼干颜色为深金黄色,发酵的标准饼干颜色呈浅黄色或金黄色,高档甜饼干颜色为金黄色,发酵富强粉饼干为白色或略带浅黄色。

(2)形状:各种饼干的形状端正,大小、厚薄一致,花纹清晰,没有

缺角、弯曲、起泡现象,表面不粘面粉、不粘杂质,不干缩,表面光滑。

(3)内部组织:把饼干折断,饼干起发均匀,内部孔隙细密,呈匀细的孔粒状和匀层状。

(4)口感:松脆耐嚼或疏松易化,除具有该品种应有的香甜味外,还应具有不粘牙、不僵硬、不糊口、无异味的特点。

2.劣质饼干的特征

(1)色泽:表面暗淡,没有光泽及油光,颜色或过深或过浅,或深浅不均一。

(2)形状:形状不规则、不端正,大小不一,薄厚不均,有缺角、弯曲、起泡等现象,表面粘有淀粉、杂质,干缩。

(3)内部组织:把饼干折断,起发不均匀,内部孔隙大小不均匀。

(六)米粉的质量鉴别

以特等米或精度高的米为原料,经过洗米、浸泡、搅拌、蒸粉、压条、干燥等一系列工序加工制成的米制品。

表5-6 米粉质量鉴别

	质量好	质量差
色泽	洁白如玉,有光亮和透明度	浅白,无光泽
状态	质地干燥、均匀、平直、松散、无结疤和并条	潮湿、结疤、并条、弯曲
气味	无霉味、酸味、异味	有异味
加热	煮熟后不糊、黏条、断条,有清香味	与前者相反

(七)粉丝、粉条的质量鉴别

粉丝和粉条是以豆类、薯类和杂粮为原料加工制成的丝状或条状干燥淀粉制品,其中粉条按形状又可分成圆粉条和宽粉条两种。

1.粉丝、粉条选购注意事项

消费者在购买粉丝、粉条时应首先选择正规商场和较大的超市。购买时可从感官上进行观察,注意是否有霉变。注意观察包装是否结实,整齐美观,包装上应标明厂名、厂址、产品名称、生产日期、保质期、配料等内容。

2.粉丝、粉条鉴别常识

（1）色泽鉴别

进行粉丝、粉条色泽的感官鉴别时，将产品在亮光下直接观察。良好粉丝、粉条色泽洁白，带有光泽；较差粉丝、粉条色泽稍暗或微泛淡褐色，微有光泽；劣质粉丝、粉条色泽灰暗，无光泽。

（2）组织状态鉴别

进行粉丝、粉条组织状态的感官鉴别时，先进行直接观察，然后用手弯、折，以感知其韧性和弹性。良好粉丝、粉条粗细均匀（宽粉条厚薄均匀），无并条，无碎条，手感柔韧，有弹性，无杂质；较差粉丝、粉条粗细不匀，有并条及碎条，柔韧性及弹性均差，有少量一般性杂质；劣质粉丝、粉条有大量的并条和碎条，有霉斑，有大量杂质或有恶性杂质。

（3）气味与滋味鉴别

进行粉丝、粉条气味与滋味的感官鉴别时，可取样品直接嗅闻，然后将粉丝或粉条用热水浸泡片刻再嗅其气味，将泡软的粉丝或粉条放在口中细细咀嚼，品尝其滋味。良好粉丝、粉条气味和滋味均正常，无任何异味；较差粉丝、粉条平淡无味或微有异味；劣质粉丝、粉条有霉味、酸味、苦涩味及其他外来滋味，口感有砂土存在。

表5-7 粉丝、粉条质量鉴别

	良质	次质	劣质
色泽	洁白，带有光泽	稍暗或微泛淡褐色，微有光泽	灰暗，无光泽
组织状态	粗细均匀，无并条，无碎条，手感柔韧，有弹性，无杂质	粗细不均，有并条及碎条，柔韧及弹性差，有少量一般性杂质	有大量的并条及碎条，有霉斑，有大量杂质
气味滋味	均正常，无任何异味	平淡无味或微有异味	有霉味、酸味、苦涩味及其他外来滋味，口感有砂土存在

3.掺假粉条

使用一些非食物性原料，将塑料熔化后掺入，会严重损害消费者的身体健康。

掺假粉条的检验方法如下：

（1）煮沸法：取少量粉条放在锅中，加入适量的水，煮沸30min，进行检验。如果粉条较软，用筷子夹起来易断，则是真粉条；如果粉条透明度好，富有弹性，入口有咬劲，不易咬断的则是掺入塑料的粉条。

（2）燃烧法：将粉条点燃，观察火焰及燃烧后的残渣。掺假粉条易点燃，燃烧时底部火焰呈蓝色，上部呈黄色，有轻微的塑料味，残渣呈黑长条状；真粉条燃烧时呈黄色，残渣易呈卷筒状。

二、豆类食品选购知识

如何选购豆制品？

（1）选购豆制品最好到有冷藏保鲜设备的副食商场、超级市场。

（2）真空袋装豆制品原则上要比散装的豆制品卫生，保质期长，携带方便。选购时要查看袋装豆制品是否标签齐全，选购生产日期与购买日期接近的产品。

（3）选购真空抽得彻底的完整包装。

（4）豆制品要少量购买，及时食用，最好放在冰箱里保存。如发现豆制品表面发黏时，不要食用。

（一）豆制品的选购——豆芽

表5-8　豆芽的质量鉴别

	良质	次质	劣质
色泽	洁白，头部黄色，根部白色或淡褐色，有光泽	灰白不鲜艳	暗而无光泽，根部棕褐色或黑色
外观	芽身直，长短合适，组织脆嫩	粗细不均，长短不一，枯萎蔫软	枯萎、霉烂
气味	鲜嫩味	味淡，稍有异味	腐烂、酸味等
滋味	具有豆芽固有的滋味	平淡，稍有异味	苦、涩、酸等味

怎样鉴别"化肥豆芽"？

用化肥或除草剂催发的豆芽生长快、长得好，它不但没有清香脆嫩的口味，而且残存的化肥等在微生物的作用下可生成亚硝酸氨,有诱发食道癌和胃癌的危险,尤其是有些除草剂含有致癌、致畸变物质。在选购豆芽时,先要抓一把闻闻有没有氨味,再看看有没有须根,如果发现有氨味和无须根的,就不要购买和食用。

（二）豆制品的选购——豆浆

表5-9　豆浆的质量鉴别

	良质	次质	劣质
色泽	均一的乳白色或淡黄色,有光泽	白色微有光泽	灰白而无光泽
状态	均一的混悬液型浆液,细腻,稍有沉淀	沉淀及杂物较多	浆液分层,结块,大量沉淀
气味	豆浆的香气	香气平淡,稍有焦煳或豆腥味	浓重的焦煳、酸败、豆腥等味
滋味	具有豆浆固有的滋味,滑爽感	平淡,稍有异味	苦、涩、酸等味,颗粒粗糙

（三）豆制品的选购——豆腐

南方豆腐鲜嫩、细腻、味鲜美,北方豆腐有弹性、较粗糙、有少量杂质,由于豆腐在制作过程中含有较多水分,故易变质。

表5-10　豆腐的质量鉴别

	良质	次质	劣质
色泽	均一的乳白色或淡黄色,稍有光泽	变深色直至浅红	深灰色、黄色或红褐色
状态	形状完整,软硬适度,有弹性,细嫩,均匀	基本完整,切面粗糙,不细嫩,弹性差,有黄色液体渗出,发黏	不完整,粗糙而松散,无弹性,有杂质,冲洗前后均发黏
气味	豆腐的香气	香气平淡	豆腥、馊味
滋味	细腻鲜嫩,清香感	平淡,粗糙	苦、涩、酸等味

（四）豆制品的选购——豆腐干

表5-11　豆腐干的质量鉴别

	良质	次质	劣质
色泽	乳白色或淡黄色,稍有光泽	变深	深黄色或略红或绿色,无光泽
状态	形状整齐,有弹性、细嫩,挤压后无液体渗出	不整齐,粗糙,弹性差,切口处可挤压出水	粗糙,无弹性,表面发黏,切口处有水流出
气味	清香	香气平淡	馊味、腐臭味
滋味	纯正,咸淡适中	平淡,或咸或淡	苦、涩、酸等味

（五）豆制品的选购——豆腐片

表5-12　豆腐片的质量鉴别

	良质	次质	劣质
色泽	均一的白色或淡黄色,有光泽	深黄或暗淡发青,无光泽	灰暗而无光泽
状态	厚薄均一,紧密细腻,有韧性,软硬适度	厚薄不均,粗糙,韧性差	结构杂乱,无韧性,表面起糊发黏
气味	清香	香气平淡,有异味	酸臭、馊味
滋味	固有的滋味,微咸	平淡,稍有异味	苦、涩、酸等味

（六）豆制品的选购——腐竹

表5-13　腐竹的质量鉴别

	良质	次质	劣质
色泽	淡黄色,有光泽	较暗,呈白色,无光泽	灰黄、暗黄,无光泽
外观	枝条或片叶状,质脆易折,内见空心	枝条或片叶状,有碎块,实心条	有霉斑、虫蛀、杂质
气味	固有的香气	香气平淡	霉味、酸臭味
滋味	固有的鲜香味	平淡	苦、涩、酸味

（七）豆制品的选购——腐乳

表5-14　腐乳的质量鉴别

	良质	次质	劣质
色泽	红:红色或枣红,内部为杏黄色,有光泽;糟:乳黄色;青:豆青色	较暗,不鲜艳	灰暗,无光泽,有黑、绿色斑点
外观	完整,均匀,细腻	不完整,不细腻	或松软或变硬,有蛆虫、霉变
气味	固有的香气	香气平淡	腐臭、酸臭味
滋味	鲜美,咸淡适中	平淡	苦、涩、酸味

（八）豆制品的选购——面筋

表5-15　面筋的质量鉴别

	良质	次质	劣质
色泽	白色,油炸的为金黄	变深	灰暗,油炸的呈深黄、棕黄色
外观	圆球形,大小均一,有弹性,质地呈蜂窝状	弹性差,大小不等	无弹性,粘手,有杂质
气味	固有的气味	平淡,稍有异味	臭味等异味
滋味	固有的味道	平淡,稍有异味	苦、酸味

（九）豆制品的选购——湿粉皮、凉粉

表5-16　湿粉皮、凉粉的质量鉴别

	良质	次质	劣质
色泽	白色或蛋青色,有光泽	变深	灰暗,无光泽
外观	薄而均匀,完整,有弹性	厚薄不一,不完整,弹性差	易碎,无弹性,粘手,有杂质
气味	固有的气味	稍有异味	霉味、发酵味
滋味	固有的味道	平淡,稍有异味	苦、涩、酸味

三、蔬菜食品选购知识

蔬菜收获后,由于组织仍继续进行呼吸作用,使某些物质尤其是维生素C发生氧化分解而损失。故长时间存放在室温中,某些

营养素就被破坏。择菜是保存营养素的关键之一，丢弃外层叶片或削皮过厚会造成营养素损失，因为蔬菜外部绿色叶片的营养价值高于中心的黄白色叶片。圆白菜外层绿叶中的胡萝卜素的浓度比白色的芯部高20多倍，矿物质和维生素C含量高数倍。

1.蔬菜质量感官鉴别方法及鉴别后的食用原则

（1）质量感官鉴别方法

蔬菜有种植和野生两大类，其品种繁多而且形态各异，很难确切地由感官鉴别其质量。目前我国主要蔬菜种类有80多种，按照蔬菜食用部分的器官形态，可以将其分成根菜类、茎菜类、叶菜类、花菜类、果菜类和食用菌类六大类型。

从蔬菜色泽看，各种蔬菜都应具有本品种固有的颜色，大多数有发亮的光泽，显示出蔬菜的成熟度及鲜嫩程度。除杂交品种外，别的品种都不能有其他因素造成的异常色泽及色泽改变。

从蔬菜气味看，多数蔬菜具有清香、甘辛香、甜酸香等气味，可以凭嗅觉鉴别不同品种的质量，不允许有腐烂变质的亚硝酸盐味和其他异常气味。

从蔬菜滋味看，多数蔬菜滋味甘淡、甜酸、清爽鲜美，少数具有辛酸、苦涩等特殊风味以刺激食欲。如失去本品种原有的滋味即为异常，但改良品种应该除外。例如大蒜的新品种就没有"蒜臭"气味或该气味极淡。

就蔬菜的形态而言，本内容不叙述各品种的植物学形态，只是描述由于客观因素而造成的各种蔬菜的非正常、不新鲜状态。例如蔫萎、枯塌、损伤、病变、虫害侵蚀等引起的形态异常，并以此作为鉴别蔬菜品质优劣的依据之一。

（2）质量感官鉴别后的食用原则

良质蔬菜可供食用和销售，不受限制。次质蔬菜可以在挑出或剔除不可食用部分之后，仍供给食用或者限期售完。劣质的蔬菜不可供给食用并禁止销售。另外，像发青出芽的马铃薯，发苦的葫芦、四季菜豆、刀豆以及鲜黄花菜等，均含有有毒物质，应在加工烹调时严格把关，防止因加工方法不当而引起中毒。应特别注意食用菌类的查验与选拣,很多毒蘑含有剧毒,一旦混杂误食,会造成严重后果。

2.怎样挑选蔬菜

(1)不买颜色异常的蔬菜。新鲜蔬菜不是颜色越鲜艳越好。如购买樱桃萝卜时要检查萝卜是否掉色,发现干豆角的绿色比其他的鲜艳时要慎选。

(2)不买形状异常的蔬菜。不新鲜蔬菜有萎蔫、干枯、损伤、病变、虫害侵蚀等异常形态。有的蔬菜由于人工使用了激素类物质,会长成畸形。

(3)不买气味异常的蔬菜。为了使有些蔬菜更好看,不法商贩用化学药剂进行浸泡,如硫、硝等。这些物质有异味,而且不容易被冲洗掉。

3.生活中容易引起中毒的蔬菜

(1)被农药污染的蔬菜:菜农为了蔬菜长得快、长得好,使用高浓度农药喷洒蔬菜,而且提早上市。

(2)没有煮熟、外表呈青色的菜豆和四季豆:其含有皂甙和胰蛋白酶抑制物,可导致人体中毒。

(3)发芽的马铃薯和青色番茄:均含有龙葵碱毒性物质,食后会发生头晕、呕吐、流涎等中毒症状。

(4)用化肥促生长的豆芽:因化肥都是含氨类化合物,在细菌作用下,可转变为一种致癌物叫亚硝胺,长期食入可使人患胃癌、食道癌、肝癌等疾病。

(5)鲜黄花菜(也叫金针菜):含有秋水仙碱,当进食大量未经煮泡或急炒加热不彻底的鲜黄花菜后,会出现急性胃肠炎。

(6)蚕豆:有的人吃蚕豆后会得溶血性黄疸、贫血,称为蚕豆病(又称胡豆黄)。

4.如何给蔬菜去毒

要防止蔬菜中毒,首先要加强对农药的监督管理。严禁对蔬菜使用高毒性的农药,同时要健全蔬菜农药残留量监测,对不符合卫生要求的蔬菜及时处理。其次,对蔬菜要注意选购和贮藏保鲜,

蔬菜食用前一定要做到"一洗、二浸、三烫、四炒熟"以保证安全。

（1）鲜芸豆：又名四季豆、刀豆。鲜芸豆中含皂甙和血球凝集素，前者存于豆荚表皮，后者存于豆中。食生或半生不熟都易中毒。芸豆中的有毒物质易溶于水中且不耐高温，熟透无毒。

（2）秋扁豆：特别是经过霜打的鲜扁豆，含有大量的皂甙和血球凝集素。食前应加处理，沸水焯透或热油煸，直至变色熟透，方可食用。

（3）鲜木耳：鲜木耳含有一种啉类光感物质。人食后，这种物质会随血液分布到人体表皮细胞中，受太阳照射后，可引发日光性皮炎，暴露皮肤易出现疼痒、水肿、疼痛，甚至发生局部坏死。这种物质还易被咽喉黏膜吸收，导致咽喉水肿。多食严重者，还会引起呼吸困难，甚至危及生命。而晒干后的木耳无毒。

（4）鲜黄花菜：鲜黄花菜中含有一种叫秋水仙碱的有毒物质，食入后被胃酸氧化成二氧秋水仙碱。成人一次吃50～100g未经处理的鲜黄花菜便可中毒。但秋水仙碱易溶于水，遇热易分解，所以食前沸水焯过，清水中浸泡1～2h，方可解毒。晒干的黄花菜无毒，可放心食用。

（5）未腌透的咸菜：萝卜、雪里蕻、白菜等蔬菜中含有一定数量的无毒硝酸盐，腌菜时由于温度渐高，放盐不足10%，腌制时间又不到8天，造成细菌大量繁殖，使无毒的硝酸盐还原成有毒亚硝酸盐。但咸菜腌制9天后，亚硝酸盐开始下降，15天以后则安全无毒。

（6）久存南瓜：南瓜瓤含糖量较高，经久贮，瓜瓤自然进行无氧酵解，产生酒精，人食用经过化学变化了的南瓜会引起中毒。食用久贮南瓜时，要细心检查，散发有酒精味或已腐烂的切勿食用。

（一）大白菜的选购

挑选大白菜时不要将菜帮去净，因为菜帮的维生素C、胡萝卜素、蛋白质和钙质的含量都比菜心高，而且菜帮有保护菜心的作用。也不要买烂白菜，一则烂白菜中营养素含量下降了许多，二则腐烂的白菜亚硝酸盐含量剧增，吃了容易引起头晕、呕吐等中毒症状。

表5-17　大白菜的质量鉴别

	早熟	中熟	晚熟
叶球颜色	淡绿色、黄绿色或白色	淡绿色	青帮、叶绿或深绿
叶肉	薄,质细嫩,粗纤维含量少	厚实	厚,组织紧密,韧性大
滋味	淡	介于早、晚熟品种之间	细嫩、甜
储存	不耐储存	介于早、晚熟品种之间	耐储存

(二)萝卜——根据用途选购

1.生食选择含糖分高、味甜、肉质致密而脆嫩多汁的品种。

2.熟食选择含糖分低、味淡、肉质细、水分少、肉发硬、肉质不脆的品种。

3.腌制选择肉质坚实而致密、硬脆、含水分少,腌制后质脆嫩,并具有香味的品种。

要求:大小均匀,无糠心、黑心和抽薹现象,新鲜,脆嫩,无苦味。

糠心是由于水分失调,使肉质的心部细胞缺乏水分,呈现干糠而造成的,一般偏轻。抽薹是在储藏过程中发芽和生长所致。黑心主要是由于土壤肥料中的黑腐病菌侵害造成的。

(三)黄瓜的选购

表5-18　不同品种黄瓜的比较

	刺黄瓜	鞭黄瓜	短黄瓜	小黄瓜
形状	棒状、有纵棱	棒状,纵棱不明显	棒状	卵圆形,小
瘤刺	黑瘤、带刺	光滑,无瘤刺	瘤刺稀少	黑瘤,带刺
肉,瓤	肉质脆嫩,瓜瓤小	肉薄,瓤大	肉薄,瓤大	肉薄,瓤大
品质	佳	欠佳	较差	差
用途	生熟食	生熟食	生食	腌制

1.鲜瓜:带刺、挂白霜。

2.嫩瓜:鲜绿、有纵棱。

3.肉质好的瓜:条直、粗细均匀。

139

4.畸形瓜：瓜条肚大、尖头、细脖。

5.老瓜：黄色或近黄色的瓜。

（四）茄子的选购

茄子的品质与采摘时间、生长部位的关系很大。茄眼睛（萼片处）呈白色或淡紫色的带状环居中而且较宽时，说明果实正在生长，肉质细嫩；带状环不太明显时，说明果实已生长缓慢，此时采收最好。在植株上生长在最下面的，果形较小，肉质鲜嫩；生长在两个分枝的，果形大，品质最佳；越往上数量越多，品质越差。

鉴别老嫩的方法：嫩茄子颜色乌黑，皮薄肉松，重量小，籽嫩味甜，籽肉不易分离，花萼下面有一片绿白色的皮；老茄子颜色光亮光滑，皮厚而紧，肉籽容易分离，重量大。

茄子的皮层覆有一层脂质，使茄子发亮并具有保护作用，如暂时不食用，不要清洗。

表5-19　不同品种茄子的比较

	园茄	长茄	短茄
形状	扁圆、圆形或长圆形	细长	较小
皮色	黑紫色、紫红色、淡绿色、白色	紫色、青绿色、白色	紫红色、绿色、白色
肉质	紧密，皮薄	松软，皮薄	皮厚
品质	佳	甚佳	较次
用途	以烧茄子吃最好，熬煮凉拌次之		凉拌食较好

（五）番茄的选购

表5-20　不同品种番茄的比较

	红色西红柿	粉红番茄	黄色番茄
形状	微扁圆球，脐小	近圆球形，脐小	大，圆球形
皮色	火红色	粉红色	橘黄色
肉质	厚	平滑	厚，肉质面沙
滋味	甜，汁多爽口	甜酸适度	味淡
用途	生食、熟食	生食、熟食	宜熟食

（六）甜椒（柿子椒）和辣椒的选购

1.甜椒

大甜椒：圆筒型、钝圆锥形，果肩大，果肉厚，味甜美。

大柿子椒：扁圆形纵沟较多，果实厚，味甜而微辣。

小圆椒：小扁圆形，深绿，有光泽，肉厚而微辣。

2.辣椒

长辣椒：弯曲的长角形，辣味强烈。

簇生椒：小，呈圆锥形，辣味强。

樱桃椒：小，呈樱桃形，朝天生长。

宜挑选鲜辣椒，大小均匀，果皮坚实，肉厚质细，脆嫩新鲜，不裂口，无虫咬、斑点等。

（七）马铃薯的选购

马铃薯含有一种叫龙葵素的毒素，龙葵素能引起溶血反应，具有抗胆碱酯酶抑制作用和神经症状，影响运动、呼吸、中枢神经系统。

当马铃薯长芽、变绿、溃烂时，龙葵素含量增加。龙葵素>20mg/100g时，食后可出现发热、抽搐、中毒。嫩芽里的龙葵素含量可高达500mg/100g，外皮达30mg/100g～64mg/100g，全块茎（去皮、去芽）约7.5mg/100g～10mg/100g。

1.去除或避免龙葵素的方法

（1）把龙葵素集中的部位，即芽的芽根眼、变绿的皮层、溃烂部分削掉，就不会引起中毒。

（2）龙葵素还能溶于水，在吃以前将削好的马铃薯在清水里泡2h，也能预防中毒。

（3）龙葵素是一种强碱性生物碱，遇醋酸后极易分解破坏，所以用醋调味有去毒作用。

（4）彻底地煮熟煮透也能去除龙葵素的毒性。

（5）采用科学的贮藏方法，以防止马铃薯的发芽、变绿等。可以采取药物、低温等方法防止发芽。

（6）贮存马铃薯时应尽量避免日光照射，日光能使其皮层变

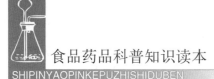
绿,使龙葵素含量剧增。

2.挑选马铃薯时应注意以下几点:

(1)个大、形正、整齐、均匀。

(2)皮面光滑而不过厚,芽眼较浅而便于削皮。

(3)无机械损伤,不带毛根,无病虫害、粗皮、腐烂、热伤、冻伤、变黑,无发芽、变绿和萎蔫现象。

(八)黄花菜的选购

1.优质:菜色黄亮,身长粗壮,紧握手感柔软有弹性,松开后很快散开,有清香味,无花蒂未开花。

2.劣质:黄褐无光泽,短瘦弯曲,长短不匀,紧握质地坚硬易折断,松开后不能很快散开,若有黏手感表明已霉烂,有霉味或烟味。

(九)大料的选购

1.优质:色泽棕红,鲜艳有光,朵大均匀、呈八角形,骨朵饱满干裂、香气浓郁,破碎和脱壳籽不超过10%。

2.劣质:呈黑褐色,骨朵瘦瘪,边缝开裂不足,朵形不完整,碎粒多,握在手中感觉阴凉,香气淡薄。

3.假大料:主要是形似大料的莽草籽冒充,其特征是红色或红棕色,果皮薄,骨朵果较多的为10～13枚聚合果,香气有松脂味,舌有麻感,口尝味淡,有毒。其次,野八角骨朵果为10～14枚,灰棕色或灰棕褐色,果皮薄,口尝味淡,舌有麻感。

四、水果类食品选购知识

(一)选购原则

尽量购买当令水果,不合时令的水果须多喷洒大量药剂才能提前或延后采收上市。

选购时不用刻意挑选外观鲜美、亮丽而无病斑、虫孔的水果。外表稍有瑕的水果无损其营养及品质,且价格较便宜。此外,外表完美好看的水果有时反而残留更多药剂。

表皮光滑的水果农药残留较少,而外表不平或有细毛者,则较易附着农药。另外,有套袋保护的水果,药剂附着较少。

若水果外表留有药斑或不正常的化学药剂气味,应避免选购。

长期贮存或进口的水果,常以药剂来延长其贮存时间,宜减少购买。

水果食用前应以大量清水冲洗即可,若以盐水或清洁剂清洗不见得效果好。削皮或剥皮食用的种类宜先清洗后再削皮或剥皮。

(二)不同种类水果的选购

水果分为仁果类、核果类、浆果类、坚果类、热带及亚热带水果类、瓜果类六大类。

1.仁果类:由果皮、果肉、种室三部分组成。常见的有苹果、梨、山楂、沙果、海棠等。

(1)成熟度要适中,不要选择过生(滋味差)和过熟(难存放)的果实。

(2)外形完整,色泽鲜艳,无虫蛀、破皮、疤斑和溃烂现象。

(3)口味酸甜适中,香味浓郁。

2.核果类:由果皮、果肉和果核组成。常见的品种有桃、杏、李、樱桃、枣等。

(1)成熟度要稍欠,八九成的最好。

(2)果形完整,外表鲜艳、光亮,无干瘪、虫蛀、硬伤、腐烂等。

(3)口感好,味道香甜,肉细软,汁多稍酸,凡酸涩者不能买。

(4)皮薄肉多,肉核容易分离(离核),粘核者质量差。

3.浆果类:由皮、果浆肉和种子三部分组成。常见的有葡萄、草莓等。

(1)果粒均匀,颗粒饱满,色泽鲜艳,葡萄表面有粉霜。

(2)皮薄肉厚,汁多,酸甜适中,甜中带酸,果味香甜浓郁,各具风味。

(3)颜色鲜艳,果皮完整,无干瘪、萎缩、虫蛀、溃烂。

(4)口感滋味甜美,不酸不涩。

4.坚果类:有坚硬的外壳,可食部分是核肉。它是由壳、肉组成的。常见的有核桃、松子、榛子等。

(1)果皮新鲜,果肉肥大饱满,果粒大、均匀。

（2）手掂垂手，不生虫，不干瘪，不空壳，无坏粒。

（3）壳易碎，仁衣易脱落，不泛油（无哈喇味）。

（4）口感好，生吃甜，熟食香，不硬不软，无异味。

5.热带、亚热带水果类：有柑橘、柚子、香蕉、菠萝、荔枝、桂圆、椰子、芒果等。

（1）成熟度：不易过生或过熟。

（2）皮色：各自都应有各自的特色，果皮要完整，不得有霉点、烂眼、虫蛀、黑斑、腐烂等现象。

（3）风味：各类水果都应有具备各自的色、香、味。

（4）果肉：色泽应正常，应富有弹性，果肉丰满。

（5）口感香甜，硬软适中，不酸，不涩。

6.瓜果类：有西瓜、香瓜、甜瓜、哈密瓜等。

（1）按瓜皮有顶手感，看瓜蒂瓜脐有凹陷，以手拍击有震颤感。用手掂，不飘不坠；用刀割、用手掰，瓜发脆。

（2）成熟瓜汁液丰富，气味清香。

五、食用菌类食品选购知识

（一）黑木耳

黑术耳是一种寄生于桑、槐、柳、榆等树上的食用真菌，淡褐色，又名黑菜。优质木耳应该是乌黑而有光泽、体轻、朵大、质嫩、肉厚，无杂质碎屑，无霉烂。

目前市场上有些不法分子用红糖、硫酸镁、食盐、明矾等掺拌木耳，以增加重量。

表5-21　黑木耳质量鉴别

	正常木耳	假木耳
皮色	暗褐色或黑色	棕色，有白色附着物
质地	平滑、松散、干燥	质地发酥，潮湿，黏性
纹理	清晰	不清
滋味	无甜、苦、涩味	甜、苦、咸、涩味
吸水量	大，5g吸水50g以上	小，5g吸水30~35g

1.优质：朵面乌黑、有光泽，朵背呈灰白色或暗灰色，朵形大而

均匀,耳瓣舒展,体轻,呈半透明状,有弹性,清香气,1kg可发5kg左右(5倍)。

2.劣质:浅黑色或灰褐色,朵形小而不均,耳瓣卷曲,体重,无弹性,手感柔软。假黑木耳为棕褐色,有白色附着物,质地发酥,易潮、带黏性,组织纹理不清,有甜、苦、咸异味。

(二)银耳

表5-22　银耳质量鉴别

	野生银耳	种植银耳	变质银耳
色泽	洁白有光泽,半透明状	发灰	无光泽,变黑,甚至发黄、黑、红、绿
质地	柔软、肉厚	质硬	无弹性,发黏
形状	朵瓣大,根底带头小	朵瓣大,体重,根大	不成形
胀性	水发后胀性大	水发后胀性小	水发后胀性小

(三)蘑菇

一般北方叫蘑,南方叫菇,寄生在木本和草本植物的枯木、枯枝烂叶上。结构:呈伞状,上有菌盖,也叫蘑菇面,下有菌柄,也叫蘑菇腿,菌盖的盘面叫菌褶,也叫蘑菇里,菌褶中生有袍子。不同部位营养物质的含量不同,菌盖比菌柄营养更丰富。最适于食用的是新鲜的较幼嫩的蘑菇子实体。

1.蘑菇

(1)优质:伞面呈白色,洁净无泥沙粘嵌痕迹。菌褶呈淡黄色,紧密均匀,肉质厚,大小基本一致。盖面突起,菌伞完整内卷,菌柄短而粗壮。手感硬实,嗅之清香味浓郁。

(2)劣质:伞面呈灰白色,纹丝较稀。菌褶灰褐色。若伞面为灰褐色或黑褐色,质地最差,肉质薄,手感软,口味差,香气不纯,有杂草气味。

2.香菇

(1)优质:黄褐色或黑褐色,伞面有微霜,个儿大均匀,菇身圆整,菇柄短粗,菇褶紧密细白,肉厚,干燥,香味浓郁,无焦味,少碎

145

屑。

（2）劣质：呈黑色或火黄色，菇身薄，发潮，松软，有白色霉化，香味差。

第二节　动物性食品选购知识

一、畜禽肉类食品选购知识

一看包装。包装产品要密封、无破损，不要购买来历不明的散装肉制品。

二看标签。规范企业生产的产品包装上应标明品名、厂名、厂址、生产日期、保质期、执行的产品标准、配料表、净含量等。

三看生产日期。尽量挑选近期生产的产品。

四看企业。选择大型企业或通过认证的企业，选择储存、冷藏条件好的商场。

五看外观。不要挑选色泽太艳的产品，过分漂亮的颜色很可能是人为加入的合成色素或发色剂亚硝酸盐。

1.畜禽肉的鉴别要点

（1）外观：色泽，特别是表面和切口处的颜色与光泽，有无色泽灰暗，是否存在瘀血、水肿、囊肿和污染等情况。

（2）气味：肉表面的气味、切开时和试煮后的气味，有无腥臭味。

（3）弹性：触摸以感知其弹性和黏度。

（4）脂肪：色泽是否正常。

2.肉类食品的选购和鉴别方法

（1）看是否有动物检疫合格证明和是否有红色或蓝色滚花印章。

（2）看禽类和牛羊肉类是否有塑封标志和动物检疫合格证明。

（3）购买预包装熟肉制品，要仔细查看标签。

表5-23　鲜畜肉的感官质量标准

	新鲜肉	次鲜肉	变质肉
色泽	肌肉有光泽,红色均匀,脂肪洁白	肌肉色稍暗,脂肪缺乏光泽	肌肉无光泽,脂肪灰绿色
黏度	外表微干或微湿润,不粘手	外表略湿润,稍粘手	外表湿润,粘手
弹性	压后凹陷立即恢复	指压后凹陷恢复慢,且不能全恢复	指压后凹陷不能恢复,有明显痕迹
气味	具有鲜肉的正常气味	略有氨味或略带酸味	有臭味
肉汤	透明澄清,脂肪团聚于面	稍有浑浊,脂肪滴浮于表面,无鲜味	浑浊,有絮状物,并有臭味

贮存猪肉、牛肉、羊肉的方法,是将整块肉洗净后切成所需的大小,装入积少许清水的保鲜袋中扎紧袋口,放进冰箱的冷冻格中,可贮存两个月左右。

(一)猪肉及其内脏的选购

良质猪肉:肌肉呈淡红色、均匀,外表干燥或微湿润,不沾手,肌肉切面有光泽,肉汁透明,肌肉指压后凹陷处立即恢复。脂肪洁白,烧熟后的肉汤透明,具有香味,滋味鲜美,汤表面浮有大量油滴。

次质猪肉:肌肉呈暗灰色,无光泽,外表有一层风干或潮湿,切面发黏,肉汁混浊,肌肉指压后凹陷恢复慢,且不能完全恢复。脂肪无光泽发黏,稍有酸败味。烧熟后肉汤混浊,无香味,略有油脂酸败味,汤表面油滴少。

劣质猪肉:肌肉颜色变深,呈淡绿色,无光泽,切面发黏,肉汁严重混浊。指压后凹陷不能复原,留有明显痕迹。肉汤混浊有臭味,有黄色絮状物漂浮,汤表面几乎无油滴。

1.鲜猪肉

新鲜猪肉表面有一层微干或微湿的外膜,呈暗灰色,有光泽,切断面稍温、不粘手,肉汁透明。不新鲜的猪肉表面有一层风干或潮湿的外膜,切断面的色泽比新鲜的肉暗,有黏性,肉汁混浊,而且肉质比新鲜的肉柔软、弹性小,用指头按压凹陷后不能完全复原。

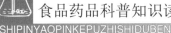

表5-24　鲜猪肉的感官质量标准

	新鲜	次鲜	变质
外观	外膜微干或微湿,暗灰色,有光泽,切面略湿,不粘手,肉汁透明	外膜风干或潮湿,暗灰色,无光泽,切面色泽暗,有黏性,肉汁浑浊	外膜极度干燥或粘手,灰或绿色,有霉变,切面暗灰或淡绿,黏,肉汁严重浑浊
气味	正常气味	轻微氨味、酸味或酸霉味,深层无此味	表层、深层均有腐臭味
弹性	紧质,富有弹性	柔软,弹性小	失去弹性
脂肪	白色,有光泽,有时呈肌肉红色,柔软有弹性	灰色,无光泽,容易粘手,略带油脂酸败和哈喇味	表面污秽,有黏液,霉变呈淡绿色,脂肪组织很软,具有油脂酸败气味
肉汤	透明、芳香,汤表面大量油滴,味鲜美	混浊,汤表面油滴较少,无鲜味,略有油脂酸败味	极混浊,无油滴,浓厚的油脂酸败或腐败臭味

2.冻猪肉

表5-25　冻猪肉的感官质量标准

	良质	次质	变质
色泽	色红,均匀,有光泽,脂肪洁白,无霉点	红色稍暗,缺乏光泽,脂肪微黄,少量霉点	暗红,无光泽,脂肪污黄色或灰绿色,有霉点
外观	肉质紧密,坚实感	软化或松弛	松弛
黏度	切面微湿润,不粘手	湿润,微粘手,切面有渗出液不粘手	湿润,粘手,切面渗出液也粘手
气味	无臭味,无异味	稍有氨味或酸味	氨味、酸味或臭味

3.母猪肉的鉴别

（1）如猪肉未剥皮,母猪肉皮厚而硬,毛孔粗而深,有黑色斑点,皮肤与脂肪之间没有界限。

（2）如猪肉已剥了皮,瘦肉部分呈深红色,肌肉纤维组织粗糙、纹路粗,手摸无黏液,用手按肥肉,沾在指上的油脂较少,无弹性,看上去非常松弛,同时骨头呈浅黄色。

4.病猪肉的鉴别

除有各种病的特殊病变外,大多有以下一种或多种征象:皮肤大片或全身紫红或有红色斑块或多处红点,淋巴结肿大,出血,脂肪黄染,或外观显著异常。

(1)看。病死猪的放血刀线平滑,无血液浸润区;健康猪放血刀口粗糙,刀面外翻,刀口周围有深达0.5~1cm左右的血液浸润。病死猪的脂肪呈粉红色,健康猪呈白色或浅白色。病死猪肉切面暗紫色,平切面有淡黄色或粉红色液体;健康猪肉切面有光泽,棕色或粉红色,无任何液体流出。病死猪淋巴结肿大或萎缩,呈灰紫色;健康猪淋巴结呈粉红色。病死猪因放血不全,血管外残留血呈紫红色,可有气泡;健康猪放血良好,血管中残留极少。

(2)嗅。病死猪有血腥味,屎臊味,腐败味及异香味;健康猪肉无异味。

(3)触。病死猪肉无弹性,健康猪肉有弹性。

5.问题猪肉——黄膘肉

原因一:猪饲料中长期掺入鱼肝油下脚料、胡萝卜、黄玉米、棉籽饼等,黄色进入机体,沉于猪脂肪之中,脂肪发黄。轻微变黄,去异味可食用;如深黄色,高温加工后方可食用。

原因二:猪患黄疸病而引起的黄腰肉,有鱼腥味。此种肉不能食用。

6.问题猪肉——红膘肉

原因一:因病引起的猪膘变,不能食用。

原因二:因管理和屠宰不当,放血不净,出现淡红和深红色的猪膘,高温加工后方可食用。

7.问题猪肉——米猪肉

(1)原因:患有囊虫病的猪肉,不能食用。

(2)鉴别方法:切开瘦肉(肌肉)的横断面,看是否有囊虫包存在。囊虫包为白色、半透明。猪的腰肌是囊虫包寄生最多的地方,囊虫包呈石榴粒状,多寄生于肌纤维中。用刀子在肌肉上切剖,一般厚度间隔为1cm,连切四五刀后,在切面上仔细观察,如发现肌肉中附有石榴籽(或米拉)大小的水泡状物,即为囊虫包,可断定这种肉就是米猪肉。

8.问题猪肉——猪的三腺

猪的三腺指甲状腺、肾上腺和病变淋巴腺。

(1)甲状腺:菱形小肉块,俗称"栗子肉""肉枣",颜色暗红,因其毒性成分十分耐热,普通的烹调不能除去毒性,不能食用。

(2)肾上腺:呈三角形,外包脂肪,颜色深浅分明。在屠宰分离肾脏时,就应将其摘除,不能出售食用。食用后,急性中毒表现为头晕、恶心、心窝痛、呕吐、腹泻等,严重者面色苍白,瞳孔散大,须及时治疗。

(3)淋巴结:近似圆形或橄榄形,颜色和硬度似脂肪组织,呈灰白色和淡黄色,俗称"花子肉"。淋巴结分布在牲畜的全身,在屠宰时应摘除病变淋巴结。病变淋巴结不能食用。

9.问题猪肉——注水猪肉

表5-26　注水猪肉的感官质量标准

	正常	注水后
观察	光泽,红色均匀,脂肪洁白,表面微干	缺乏光泽,表面有水淋淋的亮光
手触	有弹性,有粘手感	弹性差,亦无黏性
刀切	切面无水流出,肌肉间无冰块残留	水顺刀流出,或肌肉间有冰块残留
纸试	纸不易揭下	容易揭下

10.问题猪肉——水猪肉(白肌肉、"水煮样"肉或"热霉肉")

猪肉苍白、柔软、多汁;后腿肌肉和腰肌肉里淡红色或灰白色,脂肪缺乏光泽;肉质松软,缺乏弹性,手触不易恢复原状;肉的切面上有浆液流出;将肉煮熟后食之,感到肉质粗糙,适口性差。

11.问题猪肉——硼砂猪肉

硼砂被国家禁止作为食品添加剂。肉类食品中加入硼砂后，色泽增亮，质地更软滑，韧度高，但进入人体后，经胃酸作用转变为硼酸，在体内蓄积，排泄慢，产生中毒症状(恶心、呕吐、血痢和腹痛，婴幼儿更易受硼砂毒性影响，严重的甚至会致癌)。

硼砂猪肉的鉴别：失去原有的光泽，颜色要深暗一些；用手摸起来有滑腻感，能嗅到微弱的碱味；用试纸测试显蓝色。

12.问题猪肉——猪瘟疫病

猪瘟疫病猪皮肤上有较小的深色出血点，以四肢、下腹部为甚；耳颈皮肤皆呈紫色；眼结膜发炎，有黏稠性分泌物。

13.问题猪肉——健康畜肉和病死畜肉

表5-27　健康畜肉和病死畜肉比较

	健康畜肉	病死畜肉
色泽	鲜红，有光泽，脂肪洁白(牛肉为黄色)	暗红或带有血迹，脂肪呈桃红色
组织	坚实，不易撕开，用手指按压后可立即复原	松软，肌纤维易撕开，肌肉弹性差
血管	全身血管中无凝结的血液，胸腹腔内无瘀血，浆膜光亮	全身血管充满了凝结的血液，尤其是毛细血管中更为明显，胸腹腔里暗红色

14.死猪肉

全身皮肤瘀血，呈紫红色，脂肪灰红，肌肉暗红。在较大的血管中充满黑色的凝血，切断后可挤出黑色血栓，有腐败气味。

15.猪肝的挑选

(1)先看外表。表面有光泽，颜色紫红均匀的是正常猪肝。

(2)用手触摸。感觉有弹性，无硬块、水肿、脓肿的是正常猪肝。

(3)有的猪肝表面有菜籽大小的小白点，这是致病物质侵袭肌体后，肌体保护自己的一种肌化现象。把白点割掉仍可食用。如果白点太多就不要购买。

识别猪肝品质：

①新鲜猪肝：红褐色或棕红色，有光泽；组织润滑，致密结实，切面整齐；有弹性，略有血腥气味。

②变质猪肝：颜色发青绿或灰褐色，无光泽；切面模糊；弹性差，具有酸败或腐臭味。

③病变猪肝：有肝色素沉着、肝出血、肝坏死、肝脓肿、肝脂肪变性、肝包虫病等。

16.猪肚的挑选

挑选猪肚应首先看色泽是否正常；其次（也是主要的）看胃壁和胃的底部有无出血块或坏死的发紫发黑组织，如果有较大的出血面就是病猪肚；最后闻有无臭味和异味，若有就是病猪肚或变质猪肚，这种猪肚不要购买。

（1）新鲜猪肚：颜色为乳白色或淡黄褐色，组织黏膜清晰，有较强的韧性，无腐败恶臭气味。

（2）变质猪肚：颜色为淡绿色，黏膜模糊，组织松弛，易破，腐败恶臭气味。

（3）病变猪肚：急性胃炎，胃水肿。

17.猪肾的挑选

挑选猪肾首先看表面有无出血点，有者便不正常；其次看形体是否比一般猪肾大和厚，如果是又大又厚，应仔细检查是否有肾红肿。检查方法是：用刀切开猪肾，看皮质和髓质（白色筋丝与红色组织之间）是否模糊不清，模糊不清的就不正常。

（1）新鲜猪肾：颜色为淡褐色，具有光泽，组织结实，有弹性，剖面略有尿臊味。

（2）变质猪肾：颜色为淡绿色或灰白色，无光泽，组织松脆，无弹性，异臭味。

（3）病变猪肾：剖面有轻度或明显的炎症及积水。

18.猪内脏——猪心

（1）新鲜猪心：颜色淡红色，脂肪乳白、带微红色；组织结实，有韧性和弹性；气味正常。

（2）变质猪心：红褐色或绿色，脂肪呈红或灰绿色；组织松软易

碎,无弹性;有异臭味。

(3)病变猪心:心内、外膜出血,轻度充血或重度充血。

19.猪内脏——猪肺

(1)新鲜猪肺:粉红色,有光泽,有弹性,无异味。

(2)变质猪肺:白色或绿褐色,无光泽,无弹性,松软。

(3)病变猪肺:肺充血、肺水肿、肺气肿、肺寄生虫、肺坏疽,轻度的为局部性病变。

20.猪内脏——猪肠

(1)新鲜猪肠:乳白色,组织稍软,有韧性,黏液。

(2)变质猪肠:淡绿色或灰绿色,无韧性,易断裂,有腐败恶臭味。

(3)病变猪肠:患急性或慢性肠炎的病猪的肠。

(二)牛肉质量的鉴别

对于市场上销售的鲜牛肉和冻牛肉,消费者可从色泽、气味、黏度、弹性等多个方面进行鉴别。

(1)色泽鉴别

①新鲜肉:肌肉呈均匀的红色,具有光泽,脂肪呈洁白色或乳黄色。

②次鲜肉:肌肉色泽稍转暗,切面尚有光泽,但脂肪无光泽。

③变质肉:肌肉呈暗红色,无光泽,脂肪发暗直至呈绿色。

(2)气味鉴别

①新鲜肉:具有鲜牛肉的特有正常气味。

②次鲜肉:稍有氨味或酸味。

③变质肉:有腐臭味。

(3)黏度鉴别

①新鲜肉:表面微干或有风干膜,触摸时不粘手。

②次鲜肉:表面干燥或粘手,新的切面湿润。

③变质肉:表面极度干燥或发黏,新切面也粘手。

(4)弹性鉴别

①新鲜肉:指压后的凹陷能立即恢复。

②次鲜肉:指压后的凹陷恢复较慢,并且不能完全恢复。

③变质肉:指压后的凹陷不能恢复,并且留有明显的痕。

1.鲜牛肉

表5-28　鲜牛肉的感官质量标准

	良质	次质
色泽	有光泽,红色均匀,脂肪洁白或淡黄色	稍暗,脂肪缺乏光泽
气味	正常气味	稍有氨味或酸味
黏度	外表微干或有风干的膜,不粘手	外表干燥或粘手,切面湿润
弹性	指压后,凹陷能完全恢复	指压后,凹陷不能完全恢复
肉汤	透明澄清,脂肪团聚于肉汤表面,有牛肉特有的香味或鲜味	稍有混浊,脂肪呈小滴状浮于表面,香味差或无鲜味

2.冻牛肉

表5-29　冻牛肉的感官质量标准

	良质	次质
色泽	色红均匀,有光泽,脂肪洁白或淡黄色	稍暗,肉与脂肪缺乏光泽,切面有光泽
气味	正常气味	稍有氨味或酸味
黏度	外表微干或有风干的膜,不粘手	外表干燥或粘手,切面湿润
外观	肌肉紧密,有坚实感,韧性强	肌肉松弛,有韧性
肉汤	透明澄清,脂肪成团聚于表面,有牛肉特有的香味或鲜味	稍有混浊,脂肪成小滴浮于表面,香味差或无鲜味

(三)羊肉质量的鉴别

1.鲜羊肉

表5-30　鲜羊肉的感官质量标准

	良质	次质
色泽	有光泽,红色均匀,脂肪洁白或淡黄色,质坚硬而脆	稍暗,截面尚有光泽,脂肪缺乏光泽
气味	羊肉膻味	稍有氨味或酸味
弹性	指压后,凹陷能完全恢复	指压后,凹陷不能完全恢复
黏度	外表微干或有风干的膜,不粘手	外表干燥或粘手,截面湿润
肉汤	透明澄清,脂肪团聚于汤面,有羊肉特有的香味或鲜味	稍有混浊,脂肪小滴浮于汤面,香味差或无鲜味

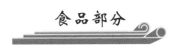

2.冻羊肉

表5-31　冻羊肉的感官质量标准

	良质	次质	变质
色泽	色艳,有光泽,脂肪呈白色	稍暗,肉与脂肪缺乏光泽,切面稍有光泽,脂肪稍发黄	发暗,肉与脂肪无光泽,切面无光泽,脂肪微黄或淡黄色
黏度	外表微干或有风干的膜,不粘手	外表干燥或粘手,切面湿润发黏	
外观	肌肉紧密,有坚实感,肌纤维韧性强	肌肉松弛,肌纤维尚有韧性	肌肉软化、松弛,肌纤维无韧性
气味	正常气味	稍有氨味或酸味	有氨味或酸味或腐臭味
肉汤	透明澄清,脂肪团聚于表面,有羊肉特有的香味或鲜味	稍有混浊,脂肪小滴浮于汤面,香味、鲜味均差	混浊,有污灰色絮状物悬浮,有异味甚至臭味

（四）鸡、鸭质量的鉴别

1.怎样选购活鸡？

（1）看鸡的整个神态。健康鸡显得有精神,活泼好动,反应敏感,体质健壮,放在地上又叫又跳,见东西就啄食;病鸡显得没有精神,反应迟钝,体质消瘦,放在地上不爱动,无论喂它什么皆不食。

（2）看鸡头。健康鸡的脑肌肉丰满,以手触之头伸缩富有弹性,用手拍鸡则有叫声;病鸡脑肌肉消瘦,用手拍之无声。健康鸡的鸡冠鲜红,大多挺直;病鸡的鸡冠或冠尖呈暗紫色或青紫色,苍白肿胀,蔫搭萎缩。健康鸡眼睛炯炯有神,四处张望;病鸡眼睛无神或闭眼打瞌睡。健康鸡的嘴清洁干净,呼吸自然;病鸡的嘴不断哈气,呼吸急促,有的鼻孔流涕,嘴中流涎。

（3）看鸡翅膀。健康鸡羽毛整齐,光泽均匀,翅膀自然紧贴鸡体;病鸡羽毛松散,光泽暗淡,翅膀下重微张开。

（4）看肛门。健康鸡的肛门周围干净无烘迹黏液,病鸡肛门周围有绿色或白色烘迹黏液和脏毛。

（5）摸鸡嗉。健康鸡的嗉子无气体,不胀不硬,八九能知嗉子

内为何物;病鸡嗉子膨胀有气体,积食发硬,如倒提起来,头歪脚冷嘴流涎,必是病鸡无疑。总之,应挑选灌粮食的、又叫又跳喜啄食的活鸡购买。

2.怎样识别瘟鸡?

一提:倒提鸡腿,如鸡嘴流黏液是瘟鸡。

二看:提住鸡翅膀,翻开鸡屁股,如是深红色和紫色,肛门松弛是瘟鸡。

三摸:摸鸡的体温,先摸大腿根,从上往下摸,冷热手中分,上热下冷,鸡冠烫手的定是温鸡。

四拍:拍鸡背叫声"咯咯""吱吱"轻声啼叫定是瘟鸡。

3.怎样识别病鸡?

病鸡一般有以下特征:

(1)精神不振,鸡冠发紫,眼微闭,受吓不惊。

(2)鸡翅膀下垂,羽毛蓬松。

(3)不吃食,而且嗉子发硬有气体。

(4)鸡爪发烧、烫手或冰冷。

(5)肛门脏,周围鸡毛沾有粪便。

(6)鸡粪是白色或绿色稀水状。

4.怎样识别冻鸡?

质量好的冻鸡肉,皮肤有光泽,因品种不同呈淡黄色、淡红或灰白等颜色;鸡肉切面有光泽;外表微湿润,不沾手;鸡肉指压后凹陷恢复慢,不能完全恢复。变质的冻鸡肉皮肤会变成灰白色,手摸有黏滑感,并有不正常的气味。

5.怎样识别变质的烧鸡?

市场上出售的烧鸡,有些是用患病的死鸡加工制作的,怎样识别呢? 买烧鸡时不要只看色泽,因为色泽是用蜂蜜或红糖过油而成,所以好鸡病鸡一般没有什么差别。首先应当看烧鸡的眼睛是否呈现半睁半闭的状态,如果是这样,就可断定不是病鸡,因病鸡死亡时眼睛已全部闭上。其次,买烧鸡时用手轻轻挑开肉皮,如果里面的鸡肉呈现白色,就可以断定是健康鸡做成的。因为病瘟鸡死时没有放血,肉色是变红的。另外,买烧鸡时闻一闻有无异味,也是鉴别质量的方法之一。

6.鲜光鸡

表5-32　鲜光鸡的感官质量标准

	新鲜	次鲜	变质
眼球	饱满	皱缩凹陷,晶体稍浊	干缩凹陷,晶体混浊
色泽	有光泽,呈淡黄、淡红或灰白色,切面有光泽	色泽转暗,切面有光泽	无光泽,头颈部常带有暗褐色
气味	正常气味	腹腔内有轻度不快气味,但无异味	体表和腹腔均有不快味甚至臭味
黏度	外表微干或微湿润,不粘手	外表干燥或粘手,新切面湿润	外表干燥或粘手腻滑,新切面发黏
弹性	指压后,凹陷立即恢复	指压后,凹陷恢复较慢,且不完全恢复	指压后,凹陷不恢复

7.鲜光鸭

鸭身表面干净光滑,无小毛;皮色淡黄;嘴筒坚硬,呈灰色;手摸气管是粗的,即大于竹筷直径。

8.怎样鉴别注水鸡、注水鸭?

(1)拍:注水鸡、鸭的肉富有弹性,用手一拍,便会听到"波波"的声音。

(2)看:仔细观察,如果发现皮上有红色针点,周围呈乌黑色,表明注过水。

(3)掐:用手指在鸡鸭的皮层下一掐,明显感到打滑的,一定是注了水的。

(4)摸:注过水的鸡鸭用手一摸,会感觉到高低不平,好像长有肿块;未注水的鸡鸭,摸起来很平滑。

(五)畜禽肉制品质量鉴别

如何购买腌腊食品?

在选购腌腊食品时,肉眼看腊肉色彩鲜明,有光泽,肌肉呈鲜红色或暗红色,脂肪透明或呈现乳白色,表面无盐霜、肉身干爽、肉

质光洁结实,有弹性,肥肉金黄透明。凡肌肉灰暗无光,脂肪呈黄色,表面有霉点,抹拭后仍有痕迹,肉质松软,无弹性,指压后凹痕不易恢复,肉表附有黏液的则不要购买。

优质香肠、灌肠其肠衣干燥,无霉点,富有弹性,肉馅与肠衣紧紧贴住,不易分离,肉质坚实而湿润,肉呈均匀的蔷薇红色,脂肪为白色,具有香灌肠固有的芳香味,无酸腐味。凡肠衣表面湿润有黏性,甚至有少数霉点,有破裂的肉馅与肠衣分离现象,肥肉丁呈淡黄色,肉馅松散,四周光泽灰暗,有褐色斑点,香味消失,有酸腐味的则不要购买。

如何正确选购熟肉制品?

消费者在购买熟肉制品时,注意以下几点:

(1)看包装。熟肉制品是直接入口的食品,不能受到污染。包装产品要密封,无破损。不要在小贩处购买不明来历的散装肉制品,这些产品容易受到污染,质量无保证。

(2)看标签。规范的企业生产的产品包装上应标明品名、厂名、厂址、生产日期、保质期、执行的产品标准、配料表、净含量等。

(3)看生产日期。应尽量挑选近期生产的产品。生产时间长的产品,虽然是在保质期内,但香味,口感也会稍逊。

(4)看生产企业。大型企业或通过认证的企业管理规范,生产条件和设备好,生产的产品质量较稳定,安全有保证。

(5)看外观。各种口味的产品有它应有的色泽,不要挑选色泽太艳的产品,这些漂亮的颜色很可能是人为加入的人工合成色素或发色剂亚硝酸盐。即使是在保质期内的产品,也应注意是否发生了霉变。

有的熟肉制品要冷藏,一般来说,西式方腿类产品要储存在5℃以下,温度高,产品就容易变质。购买时,消费者一定要看清储存温度要求,尤其是夏季高温季节更应注意。这类产品最好到大商场、大超市去购买,因为这些场所有正规的商品进货渠道,产品周转快,冷藏的硬件设施好,产品质量有保证。

1.广式腊味(腊肠、腊肉)

表5-33　广式腊味的感官质量标准

	良质	次质	劣质
色泽	鲜艳,有光泽,呈鲜红或暗红色,脂肪透明或乳白色	稍暗,呈暗红色或咖啡色,脂肪呈淡黄色,表面有霉斑(可拭去)	灰暗无光,脂肪呈黄色,表面有霉斑(不可拭去)
外观	干爽,结实致密,坚韧有弹性	轻度变软,尚有弹性	松软,无弹性,表面有黏液
气味	正常气味	轻度脂肪酸败味	明显脂肪酸败味

2.火腿

表5-34　火腿的感官质量标准

	良质	次质	劣质
色泽	深玫瑰色、桃红色或暗红色,脂肪呈白色、淡黄色或淡红色,有光泽	暗红色或深玫瑰红色,脂肪呈白色或淡黄色,光泽较差	酱色,有斑点,脂肪呈黄色或黄褐色,无光泽
外观	结实致密,有弹性,切面平整、光洁	较致密,略软,尚有弹性,切面平整,光泽较差	疏松稀软,甚至呈黏糊状
气味	正常气味	稍有酱味、花椒味、微弱酸味	腐败臭味或严重酸败味,哈喇味

3.咸肉

表5-35　咸肉的感官质量标准

	良质	次质	劣质
黏度	干燥、清洁	稍湿润、发黏,有时带有霉点	湿润、发黏,有霉点
外观	致密结实,切面平整、有光泽,红色或暗红色,脂肪呈白色或微红色	质地稍软,切面尚平整,光泽较差,咖啡色或暗红色,脂肪微黄	质地松软,肌肉切面发黏,色泽不均,酱色,无光泽,脂肪呈黄色或灰绿色
气味	固有气味	轻度酸败味	明显哈喇味及酸败味,肌肉有腐败臭味

4.灌肠(肚)

表5-36　灌肠(肚)的感官质量标准

	良质	次质	劣质
色泽	鲜艳,有光泽,呈鲜红或暗红色,脂肪透明或乳白色	稍暗,呈暗红色或咖啡色,脂肪呈淡黄色,表面有霉斑(可拭去)	灰暗无光,脂肪呈黄色,表面有霉斑(不可拭去)
外观	干爽,结实致密,坚韧有弹性	轻度变软,尚有弹性	松软,无弹性,表面有黏液
气味	正常气味	轻度脂肪酸败味	明显脂肪酸败味

5.酱卤熟肉品

(1)色泽:肉质新鲜,略带酱红色,具有光泽。

(2)组织状态:肉质切面整齐平滑,结构紧密结实,有弹性,有油光。

(3)气味:具有酱卤熏的风味,无异臭。

6.肉松

质量较好的肉松颜色应为金黄色和淡黄色,有光泽,呈疏松絮状,气味和滋味正常,不应有结块。

7.火腿肠

火腿肠是以畜禽肉为主要原料,辅以填充剂(淀粉、植物蛋白粉等),然后再加入调味品(食盐、糖、酒、味精等)、香辛料(葱、姜、蒜、豆蔻、砂仁、大料、胡椒等)、品质改良剂(卡拉胶、维生素C等)、着色剂、护色剂、保水剂、防腐剂等物质,采用腌制、斩拌(或乳化)、高温蒸煮等加工工艺制成,其特点是肉质细腻、鲜嫩爽口,携带方便,食用简单,保质期较长,被广大消费者认可。

(1)消费者在购买火腿肠产品时应注意:

①火腿肠产品实行分级,以质论价,在产品的标签上会标出该产品的级别,特级最好,优级次之,普通级再次之,消费者可以根据自己的情况选购。产品级别高,含肉比例高,蛋白质含量高,淀粉含量低;产品级别低,含肉比例稍低,蛋白质含量低,淀粉含量高。

②火腿肠标签上应该标注生产日期、生产厂家、厂家地址、厂家电话、生产依据的标准、保质期、保存条件、原辅料等。如果标注不全,说明该产品未完全按照国家标准生产,最好不要购买。

③通常大企业、老字号企业的产品,质量比较有保证。

④选购在保质期以内的产品。最好是近期生产的产品,因为肉食品本身容易被氧化、腐败,因此在保质期内的肉食品比较新鲜,口味也较好。

⑤选购弹性好的肉食品。弹性好的产品,肉的比例高,蛋白质含量多,口味好。

⑥肠衣上如果有破损的地方,请不要购买。

⑦如不能冷藏保存火腿肠,请购买可在常温下保存的产品,这种产品都会注明在25℃条件下的保存期限。

(2)消费者在食用时应注意:

①如果发现胀袋请勿食用,产品已经发生变质。

②火腿肠的表面如果发黏请勿食用,产品发生变质。

③如果吃起来,感到味道有刺激感或不爽口,说明食品添加剂有可能是添加过多,最好不要食用。

(3)火腿肠产品在保存时应注意:

①火腿肠应放入冰箱冷藏保存,保质期一般为180天左右。

②如不能冷藏保存火腿肠,应尽快食用,尤其是在夏季或环境温度较高的地方。

二、水产品类食品选购知识

1.水产品的鉴别要点

(1)鲜活度:鲜活程度,是否具备一定的生命活力。

(2)外观:完整性,注意有无伤痕、鳞爪脱落、骨肉分离等。

(3)洁净度:体表卫生情况,即有无污秽物和杂质等。

2.鱼类的质量鉴别

就鱼类来说,一般以人的感官来判断鱼鳃、鱼眼的状态,鱼肉的松紧程度,鱼皮上和鳃中所泌的黏液的量、黏液的色泽和气味以及鱼肉横断面的色泽等作为基本标志。

(1)鲜度良好的鱼类:处于僵硬期或僵硬期刚过,但腹部肌肉组织弹性好,体表、眼球保持鲜鱼固有状态,色泽鲜艳,口鳃紧闭,鳃耙鲜红、气味正常,鳞片完整并紧贴鱼体,肛门内缩。

（2）鲜度较差的鱼类：腹部和肌肉组织弹性较差，体表、眼球、鳞片等失去固有的光泽，颜色变暗，口鳃微启，鳃耙变暗紫或紫红，气味不快，肛门稍有膨胀，黏液增多，变稠。

（3）接近腐败变质的鱼类：腹部和肌肉失去弹性，眼珠下陷、混浊无光，体表鳞片灰暗，口鳃张开，鳃耙暗紫色并有臭味，肛门凸出，呈污红色，黏液浓稠。

（4）腐败变质鱼类：鳃耙有明显腐败臭，腹部松软、下陷或穿孔等，可看作为腐败的主要特征。一切鳞片脱落和机械损伤的鱼类，即使其他方面质量良好，但仍不易保存，容易腐败。

3.鉴别含甲醛水发食品的方法

"甲醛"学名是福尔马林，如果食用少量甲醛，会出现头晕、呕吐、腹泻等症状，过量食用还会导致昏迷、休克，甚至致癌。

甲醛泡发水产的鉴别：

（1）看。使用甲醛泡发过的海产品外观虽然鲜亮悦目，但色泽偏红，特别丰满，有的颜色会出现过白。

（2）闻。新鲜正常的水产品均带有海腥味，但经过甲醛浸泡过的水产品会嗅出一股刺激性的异味，掩盖了食品固有的气味。如甲醛量加入过大，凑近一闻会发现有轻微的福尔马林的刺激味。

（3）摸。甲醛浸泡过的海产品，特别是海参，触摸，手感较硬，而且质地较脆，手捏易碎。

（4）尝。吃在嘴里会感到生涩，口感较硬，缺少鲜味。

不过，凭这些方法并不能完全鉴别出水产品是否使用了甲醛。若甲醛用量较少，或者已将海产品加工成熟，加入了调味料，就难辨别了。这里介绍一个简单的化学方法：将品红硫酸溶液滴入水发食品的溶液中，如果溶液呈现蓝紫色，即可确认浸泡液中含有甲醛。

4.识别农药毒死的鱼

农药毒死的鱼其胸鳍是张开的，并且很硬；嘴巴紧闭，不易拉开；鱼鳃的颜色是紫红色或黑褐色；苍蝇很少上去叮咬。这种鱼除腥味外，还有其他异味，如煤油味、氨水味、硫黄味、大蒜味等。

（一）鲜鱼

鲜鱼的口、眼、鳃、鳞、鳍应完整无缺,无病害痕迹,体表无血斑洞眼。体质好的鱼都在水的下层游动,体质差的鱼在水的上层游动,鱼嘴贴近水面,尾身呈下垂状。如果鱼体侧身漂浮在水面游动,则说明鱼即将死亡。用手从水中抓鱼时,反应敏锐的鱼活力强。

表5-37 鲜鱼的感官质量标准

	新鲜	次鲜	腐败
眼球	饱满突出,角膜透明,有弹性	不突出,角膜起皱,稍有混浊,眼内溢血发红	塌陷或干瘪,角膜皱缩
鱼鳃	鳃丝清晰,鲜红色,黏液透明,具有海水鱼的咸腥味或淡水鱼的土腥味,无异臭味	鳃色变暗呈灰红色或灰紫色,黏液轻度腥臭,气味不佳	鳃呈褐色或灰白色,有污秽的黏液,有腐臭气味
体表	有透明的黏液,鳞片有光泽且与鱼体贴附紧密,不易脱落(鲳鱼、大黄鱼、小黄鱼除外)	黏液多不透明,鳞片光泽度差且较易脱落,黏液粘腻而混浊	体表暗淡无光,表面附有污秽黏液,鳞片与鱼皮脱离殆尽,具有腐臭味
肌肉	坚实有弹性,指压后凹陷立即消失,无异味,切面有光泽	稍呈松散,指压后凹陷消失得较慢,稍有腥臭味	松散,鱼骨易分离,指压时形成的凹陷不能恢复或手指可将鱼肉刺穿
腹部	腹部正常、不膨胀,肛孔白色,凹陷	腹部膨胀不明显,肛门稍突出	腹部膨胀、变软或破裂,表面发暗灰色或有淡绿色斑点,肛门突出或破裂

(二)冻鱼

超市内的水产品琳琅满目,有鲜活的、现杀的、冰鲜的。绝大部分海产品类都是冰鲜的,冰保鲜也有期限,但货架上大多没有明确标明出售日期,有些消费者选购时较粗心,随手挑选,回家一看才发现鲜度有问题。类似这种情况发生较多,增加了许多不必要的麻烦。所以,在超市选购冰鲜鱼时,要做到:

(1)看。看鱼体外表是否光亮,完整性好否。

(2)摸。触摸鱼体是否有弹性,看鱼鳃是否鲜红,鱼肚是否有破裂,鱼鳞是否很容易剥落。

（3）嗅。是否有一种新鲜的感觉,鱼腥味较重的或有异味的海产品鲜度往往有问题。

表5-38　冻鱼的感官质量标准

	质量好	质量差
体表	色泽光亮像鲜鱼般鲜艳,体表清洁,肛门紧缩	体表暗无光泽,肛门凸出
鱼眼	眼球饱满凸出,角膜透明	眼球平坦或稍陷,角膜混浊发白
组织	体型完整无缺,用刀切开检查,肉质结实不离刺,脊骨处无红线,胆囊完整不破裂	体型不完整,用刀切开后,肉质松散,有离刺现象,胆囊破裂

（三）带鱼

表5-39　带鱼的感官质量标准

	质量好	质量差
体表	有光泽,全身鳞全,鳞不易脱落,翅全,无破肚和断头现象	光泽较差,鳞容易脱落,全身仅有少数银磷,鱼身变为烟灰色,有破肚和断头现象
鱼眼	眼球饱满,角膜透明	眼球稍陷缩,角膜稍混浊
肌肉	厚实,富有弹性	松软,弹性差
重量	>0.5kg/条	≈0.25kg/条

（四）鲳鱼

表5-40　鲳鱼的感官质量标准

	质量好	质量差
体表	鳞片紧贴鱼身,鱼体坚挺,有光泽	鳞片易脱落,光泽少或无
鱼鳃	腮丝呈紫红色或红色清晰明亮	腮丝呈暗紫色或灰红色,有混浊,并有轻微的异味
鱼眼	眼球饱满,角膜透明	眼球凹陷,角膜较混浊
肌肉	肌肉致密,手触弹性好	肉质疏松,手触弹性差
雌雄	雌者体大,肉厚	雄者体小,肉薄

（五）咸鱼

表5-41　　咸鱼的感官质量标准

	良质	次质	劣质
色泽	新鲜,有光泽	光泽不鲜明或暗淡	体表发黄或变红
体表	完整,体形平展,无残鳞,无污物	基本完整,有少量残鳞或污物	不完整,骨肉分离,有霉变现象
肌肉	致密结实,有弹性	稍软,弹性差	疏松易散
气味	特有风味	轻度腥臭味	明显腐败臭味

（六）干鱼

表5-42　　干鱼的感官质量标准

	良质	次质	劣质
色泽	有光泽,无盐霜,白色	光泽度差,色泽稍暗	暗淡,无光泽,发红或呈灰白色、黄褐色、暗黄色
气味	正常风味	轻微异味	明显酸味、脂肪腐败味或腐败臭味
组织	完整、干度足,肉质韧性好	基本完整,肉质韧性较差	疏松,有裂纹、破碎或残缺,含水量高

（七）有毒鱼

鱼大多数是无毒的,但某些鱼如河鲀则毒性很大,其主要危害神经末梢和中枢神经。

河鲀特征：

（1）嘴小,嘴内有4只较大的板牙。

（2）鳃孔小,无鳃盖。

（3）背、臂为对称生长,背、臂、尾呈三角形,尾部稍细。

（4）形状呈棒缒形,体形较圆,前大后小。

（5）全身无鳞,鱼体多带有表刺。

（6）背部为黑灰色,并有各种颜色的条纹和斑点,腹部为乳白色。

在鱼类中,还有一些暂时有毒性的鱼,这类鱼在一定季节和条件下产生有毒物质,多见于鱼的产卵期。如鲈鱼、梭鱼、青黄鱼、鲤鱼、鳕鱼和狼鱼等。食用这些鱼时,应注意去除内脏,特别是卵巢、

肝、胆等脏器。

（八）识别污染鱼

（1）看形体。污染较严重的鱼，形状不整齐，头大尾小，椎弯曲甚至畸形，皮部发黄，尾部发青。带毒的鱼眼睛浑浊，无光泽，有的甚至向外鼓出。

（2）看鱼鳃。鳃是鱼的呼吸器官，有毒的鱼鳃不光滑，较粗糙，呈暗红色。

（3）闻气味。正常的鱼有明显的腥味，污染了的鱼发出氨味、火药味、煤油味、大蒜气味等不正常的气味，含酚量高的鱼鳃还可能被点燃。

（九）虾

表5-43　虾的感官质量标准

	新鲜	次鲜	变质
色泽	有光泽，背面为黄色，体两侧和腹面为白色，一般雌虾为青白色，雄虾为淡黄色	变黄并失去光泽，虾身节间出现黑腰	色黑紫
外形	虾体完整，头尾紧密相连	头与体连接松懈	虾体瘫软如泥
组织	虾壳与虾肉紧贴，硬，有弹性	壳与肉分离，弹性较差	脱壳，有异臭味

（十）海蟹

表5-44　虾海蟹的感官质量标准

	新鲜	次鲜	腐败
体表	色泽鲜艳，背壳纹理清晰而有光泽。腹部甲壳和中央沟部位的色泽洁白且有光泽，脐上部无胃印	色泽微暗，光泽度差，腹脐部可出现轻微的"印迹"，腹面中央沟色泽变暗	体表及腹部甲壳色暗，无光泽，腹部中沟出现灰褐色斑纹或斑块，或能见到黄色颗粒状滚动物质
蟹腮	腮丝清晰，白色或稍带微褐色	腮丝尚清晰，色变暗，无异味	腮丝污秽模糊，呈暗褐色或暗灰色
肢体/鲜活度	肢体连接紧密，提起蟹体时，不松弛也不下垂	反应迟钝，动作缓慢而软弱无力。肢体连接程度较差	不能活动，肢体连接程度很差

（十一）河蟹

（1）新鲜：活动能力很强，动作灵敏，能爬。放在手掌上掂量感觉到厚实沉重。

（2）次鲜：撑腿蟹，仰放时不能翻身，蟹足能稍微活动。掂重时可感觉分量尚可。

（3）劣质：完全不能动的死蟹体，蟹足全部伸展下垂。掂量时给人以空虚轻飘的感觉。

选购河蟹的最佳季节在立秋前后，此时河蟹肉质鲜嫩饱满。购买河蟹要买活的，死蟹不能食用。在众多活蟹中要选购最优质的，其特点是：蟹腿完整饱满，腿毛顺，爬得快，蟹螯夹力劲大，蟹壳青绿有光泽，连续吐泡有声音，腹部灰白，脐部完整。

雄河蟹黄少、肉多、油多，雌河蟹黄多、肉鲜嫩。分辨时可查其脐部，尖脐的是雄蟹，团脐的是雌蟹。

（十二）鱿鱼与乌贼鱼

1.乌贼鱼：手触有坚硬感，体内有硬乌贼骨；体型稍显肩宽。

2.鱿鱼：较软，体内有透明薄膜；体型细长，末端呈长菱形。

3.鱿鱼干：良质鱿鱼干体肉厚而坚实，身肉干燥、光亮净洁、微透红色，表面有细微的白粉，无霉点；嫩鱿鱼色泽淡黄、透明、体薄；老鱿鱼色泽紫红，体形大。

（十三）海蜇——等级鉴别

表5-45　海蜇头的感官质量标准

	一级品	二级品	变质
肉干	完整	完整	易碎
色泽	淡红,富有光亮	较红,光亮差	发紫黑色
质地	松脆,无泥沙及夹杂物	无泥沙,有少量夹杂物	发酥
气味	无腥臭味	无腥臭味	异常,不能食用

167

表5-46　　海蜇皮的感官质量标准

	良质	次质	劣质
色泽	呈白色、乳白色或淡黄色,表面湿润而有光泽,无明显的红点	呈灰白色或茶褐色,表面光泽度差	呈现暗灰色或发黑
脆性	松脆而有韧性	松脆程度差,无韧性	质地松酥,易撕开,无脆性和韧性
厚度	整张厚薄均匀	厚薄不均匀	厚薄不均匀
形状	自然圆形,中间无破洞,边缘不破裂	形状不完整,有破碎现象	不完整

（十四）海带

（1）良质海带：色泽为深褐色或褐绿色,叶片长而宽阔,肉厚且不带根,含砂量和杂质量均少。

（2）次质海带：色泽呈黄绿色,叶片短狭而肉薄,一般含砂量都较高。

（十五）其他

1.墨鱼干：体形完整、光亮洁静、颜色柿红,有香味,干爽、淡口的为优。

2.虾米：肉细结实、洁静无斑、色鲜红或微黄光亮,有鲜香味,够干淡口为上品。

3.海参：体形完整端正,够干（含水量少于15%）,淡口结实有光泽,大小均匀肚无沙。

4.鱼翅：分为青翅明翅、翅绒翅瓶等。青翅最好,够干、淡口割净皮肉带沙黄色为佳。

5.章鱼干：体形完全色泽鲜明,肥大爪粗、体色柿红带粉白,有香味,干爽淡口。

三、乳类食品选购知识

（一）鲜奶

（1）质量好的新鲜牛乳：色泽呈乳白色或稍带微黄色。具有消毒牛乳固有的纯香味,无其他任何外来滋味和气味。组织形态是呈均匀的流体,无沉淀,无凝块,无机械杂质,无黏稠和浓厚现象。

（2）质量次的鲜乳：色泽稍差或灰暗。牛乳的固有香味淡,稍有异味。组织形态呈均匀的流体,无凝块,略带有颗粒状沉淀,脂肪含量低、相对密度不正常。

（3）不新鲜乳：呈白色凝块或黄绿色。有异味,如酸败味、腥味等。其胶体溶液不均匀,上层呈水样,下层呈蛋白沉淀,煮沸呈微细颗粒或小絮片状。

表5-47　鲜乳的感官质量标准

	良质	次质	劣质
色泽	乳白色或稍带微黄色	白色中稍带青色	浅粉色或显著的黄绿色或色泽灰暗
组织状态	均匀流体,无沉淀,无凝块,黏稠,浓厚	均匀流体,无凝块,可见少量微小颗粒,脂肪聚浮表层	稠而不匀,有致密凝块、絮状物
气味	乳香味	稍弱香味	酸臭、牛粪、金属、鱼腥、汽油
滋味	纯香味	微酸味	酸、咸、苦味

（二）炼乳

表5-48　炼乳的感官质量标准

	良质	次质	劣质
色泽	乳白色或稍带微黄色	米色或淡肉桂色	肉桂色或淡褐色
组织状态	组织细腻,质地均匀,黏度适中,无脂肪上浮,无乳糖沉淀,无杂质	黏度过高,稍有一些脂肪上浮,有沙粒状沉淀物	凝结成软膏状,冲调后脂肪分离较明显,有结块和机械杂质
气味	牛乳乳香味	稍弱乳味	酸臭味
滋味	纯香味	滋味平淡	不纯正滋味或较重异味

（三）奶粉

1.看：就是看奶粉包装物。产品包装物印刷的图案、文字应清晰，文字说明中有关产品和生产企业的信息标注齐全。然后看产品说明，无论是罐装奶粉或袋装奶粉，其包装上都会有配方、执行标准、适用对象、食用方法等必要的文字说明。

2.查：就是查奶粉的制造日期和保质期限。一般罐装奶粉的制造日期和保质期限分别标示在罐体或罐底上，袋装奶粉则分别标示在袋的侧面或封口处，消费者据此可以判断该产品是否在安全食用期内。

3.压：就是挤压一下奶粉的包装，看是否漏气。由于包装材料的差别，罐装奶粉密封性能较好，能有效遏制各种细菌生长，而袋装奶粉阻气性能较差。在选购袋装奶粉时，双手挤压一下，如果漏气、漏粉或袋内根本没气，说明该袋奶粉已有潜伏质量问题，不要购买。

4.摇（捏）：就是通过摇（捏），检查奶粉中是否有块状物。一般可通过罐装奶粉上盖的透明胶片观察罐内奶粉，摇动罐体观察，奶粉中若有结块，则证明有产品质量问题。袋装奶粉的鉴别方法：用手去触捏，如手感松软平滑且有流动感，则为合格产品；如手感凹凸不平，并有不规则大小块状物，则该产品为变质产品。

表5-49　奶粉的感官质量标准

	良质	次质	劣质
色泽	淡黄色，脱脂奶粉为白色，有光泽	浅白或灰暗，无光泽	灰暗或褐色
组织状态	粉粒大小均匀，手感疏松，无结块，无杂质	有松散的结块或少量硬颗粒、焦粉粒、小黑点等	有焦硬的、不易散开的结块，有肉眼可见的杂质或异物
气味	乳香味	香味平淡	陈腐、发霉、脂肪哈喇味
滋味	纯香味	滋味平淡	苦涩味

表5-50　掺假奶粉(掺有白糖、葡萄糖等)的鉴别

	真奶粉	假奶粉
声音	用手捏搓发出"吱、吱"声	用手捏搓发出"沙、沙"声
色泽	天然乳黄色	较白,呈结晶状,有光泽
气味	特有的奶香味	没有乳香味
滋味	细腻发黏,无糖的甜味	不粘牙,有甜味
溶解度	溶解速度慢	溶解速度快

买来的奶粉可以进行冲调检验。用水冲调奶粉可知奶粉的溶解性,从而鉴别奶粉质量的优劣。其方法是:在玻璃杯中放1勺奶粉,先用少量开水调和,再多加点水调匀,静止5min,水、奶粉溶在一起,没有沉淀,说明奶粉质量正常;如有细粒沉淀,表面有悬浮物或有小疙瘩,不溶解于水,说明质量稍有变化;如产生奶和水分离,奶水不能相混,说明质量不好,不能食用。

此外,选购奶粉时还应注意包装的完整、不透气、不漏粉。包装上注有品名、厂名、生产日期、批号,其保存期限,最好选购距出厂日期近的奶粉。

(四)酸牛奶

表5-51　酸牛奶的感官质量标准

	良质	次质	劣质
色泽	乳白色或稍带微黄色,色泽均一	微黄色或浅灰色,色泽不均	色泽灰暗
状态	凝乳均匀细腻,无气泡,允许有少量黄色脂膜和少量乳清	凝乳不均匀也不结实,有乳清析出	凝乳不良,有气泡,乳清析出严重或乳清分离,可见霉斑
气味	清香、纯正酸奶味	香气平淡	腐败、霉变、酒精发酵味
滋味	纯正	酸味过度	苦、涩味

（五）奶油

表5-52　奶油的感官质量标准

	良质	次质	劣质
色泽	色均一,淡黄色,有光泽	白色或着色过度,无光泽,不均一	色泽不匀,有霉斑
组织状态	均匀紧密,稠度、弹性和延展性适宜,切面无水珠,边缘与中心部位均匀一致	不均匀,有少量乳隙,切面有水珠渗出,水珠呈白浊而略粘,有食盐结晶(加盐奶油)	不均匀,黏软、发腻、粘刀或脆硬疏松且无延展性,切面有大水珠,呈白浊色,有较大的孔隙及风干部分
气味	纯正香味	香气平淡	鱼腥味、酸败味、霉变味、椰子味
滋味	纯正	滋味平淡	苦、肥皂、金属味

四、蛋类食品选购知识

（一）鲜蛋

新鲜的蛋壳清洁、完整、无光泽,壳上有一层白霜,色泽鲜明。劣质蛋蛋壳有裂纹、格窝现象,蛋壳破损、蛋清外溢或壳外有轻度霉斑等。轻轻抖动使蛋与蛋相互碰击或是手握蛋摇动,良质鲜蛋蛋与蛋相互碰击声音清脆,手握蛋摇动无声;劣质蛋蛋与蛋碰击发出哑声(裂纹蛋),手摇动时内容物有流动感。

鲜蛋的感官鉴别分为蛋壳鉴别和打开鉴别:

（1）蛋壳鉴别:眼看、手摸、耳听、鼻嗅、灯光透视等方法。

（2）打开鉴别:其内容物的颜色、稠度、性状,有无血液,胚胎是否发育,有无异味和臭味等。

表5-53　鲜蛋的感官质量标准

	良质	一类次质	二类次质	劣质
眼看	蛋壳清洁、完整、无光泽，壳上有一层白霜，色泽鲜明	蛋壳有裂纹，蛋壳破损、蛋清外溢或壳外有轻度霉斑等	蛋壳发暗，壳表破碎且破口较大，蛋清大部分流出	表面的粉霜脱落，壳色油亮，呈乌灰色或暗黑色，有油样漫出，有较多或较大的霉斑
手摸	蛋壳粗糙，重量适当	蛋壳有裂纹或破损，手摸有光滑感	蛋壳破碎，蛋白流出，重量轻	手摸有光滑感，掂量时过轻或过重
耳听	蛋相互碰击声音清脆，手握蛋摇动无声	蛋碰击发出哑声(裂纹蛋)，手摇动时内溶物有流动感		蛋相互碰击发出嘎嘎声(孵化蛋)、空空声(水花蛋)，手摇有晃动声
鼻嗅	轻微生石灰味	轻微生石灰味或轻度霉味		霉、酸、臭味

（二）松花蛋

（1）良质：外表泥状包料完整、无霉斑，包料剥掉后蛋壳亦完整无损，手抛试验有弹性感，摇晃时无动荡声。

（2）次质：外观无明显变化或裂纹，手抛试验弹性感差。

（3）劣质：包料破损、不全或发霉，剥去包料后，蛋壳有斑点或破、漏现象，有的内溶物已被污染，摇晃后有水荡声或感觉轻飘。

（三）咸蛋

（1）良质：包料完整无损，剥掉包料后或直接用盐水腌制的可见蛋壳亦完整无损，无裂纹或霉斑，摇动时有轻度水荡漾感觉。

（2）次质：外观无显著变化或有轻微裂纹。

（3）劣质：隐约可见内溶物呈黑色水样，蛋壳破损或有霉斑。

第三节　其他食品选购知识

一、食用油、调味品等选购知识

（一）食用油选购

1.食用油选购常识

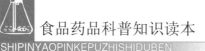
（1）家用食用油

①调和油：一种调和油是根据营养要求，将饱和脂肪酸、单不饱和脂肪酸和多不饱和脂肪酸按一定比例调配而成的食用油；另一种调和油是根据风味调配而成，适合讲究菜肴风味的消费者食用的食用油。

②煎炸油：过去主要应用于食品工业，目前供家庭用的煎炸油正在开发上市。煎炸食物也可选用烟点高（230℃以上）、稳定性较好的烹调油，但加工后要立即食用。当然，为了健康，应少食煎炸食品。

③猪油：因其有特殊的香味，又有很好的起酥性和可塑性，广泛用于制作中式点心和糕饼类食品。因大家担心猪油中饱和脂肪酸和胆固醇含量较高，逐渐冷落了它。不过，现代食品工业已对猪油进行改良精制，生产出低胆固醇的猪油产品，以适应市场的需求。

（2）食用油的选购

①首选包装油，慎选散装油。

②看颜色及保质期。颜色越浅，说明精炼程度越高，油也就越纯正，这种油清澈透亮，所含对人体有害的杂质少。购买日期离生产日期越近越好。

③根据需要选购。生拌蔬菜选色拉油，家常炒菜选烹调油，交替使用调和油，煎鱼炸鸡选煎炸油。

（3）植物油料与油脂的选购

①植物油料鉴别：主要是依据色泽，组织状态、水分、气味和滋味。

看籽粒饱满程度、颜色、光泽、杂质、霉变、虫蛀、成熟度等情况；牙齿咬合、手指按捏，判断其水分大小；鼻嗅、口尝，是否有异臭异味。

②油脂鉴别：

A.气味：每种食油均有其特有的气味。

B.滋味：指通过嘴尝得到的味感。除麻油外，一般食用油多无任何滋味。

C.透明度:质量好的液体状态油脂,温度在20℃静置24h后,应呈透明状。

D.沉淀物:食用植物油在20℃以下,静置20h以后所能下沉的物质,称为沉淀物。油脂的质量越高,沉淀物越少,说明加工精炼程度高。

(4)为什么有的油脂会混浊?

①透明度低,油脂中水分、黏蛋白和磷脂多。

②加工精炼程度差。

③油脂变质,形成了高熔点物质。

④掺了假的油脂。

2.花生油的品质鉴别

(1)花生油的特点

①毛花生油:深黄,含有较多水分和杂质,浑浊不清,可以食用。

②过滤花生油:较毛油澄清,酸价较高,不能长期保存。

③精制花生油:透明度高,质地洁净,水分和杂质很少,因经精炼除去游离酸,不易酸败,是人们最欢迎的品种。

目前市场上供应的食用植物油中,花生油占有一定的比例。花生油按其品质的优劣,大体可分为优质、良质、次质和劣质四种。

①优质花生油:油色在常温下呈淡黄色,清晰透明;气味、滋味正常;经加热至280℃油色不变深,无沉淀物析出。

②良质花生油:油色在常温下呈橙黄色,稍微有混浊,无明显悬浮物存在;气味、滋味正常;加热至280℃油色变深,无沉淀物析出。

③次质花生油:油色在常温下呈棕黄色,稍有混浊,无明显悬浮物存在;气味、滋味正常;加热至280℃有少量沉淀物析出,没有苦味,不起大量泡沫。

④劣质花生油:色泽、气味、滋味发生异常,水分大、杂质多,有酸败、焦臭异味。

表5-54　花生油的感官质量标准

	良质	次质	劣质
色泽	淡黄至棕黄色	棕黄色至棕色	棕红至棕褐色
外观	清晰透明	微浑浊,有少量悬浮物	油液浑浊
含水量	0.2%以下	0.2%以上	0.2%以上
杂质及沉淀	微量,加热280℃,油色不变深,有沉淀析出		大量,加热280℃,油色变深,有大量沉淀析出
气味	固有的香味	气味平淡,微有异味	霉味、焦味、哈喇味
滋味	固有滋味	平淡,稍有异味	苦、酸、辛辣味

3.葵花油

特点:由于其亚油酸的含量在植物油中是最多的,因此,食用葵花油,对高血压、肥胖、脑栓塞、心肌梗死、肾病患者都有较好的作用。

优质葵花油:色泽浅黄,透明澄清;滋味芳香,没有异味;熔点低,易被人体消化吸收。

4.豆油

表5-55　豆油真假鉴别

	真豆油	假、次质豆油
亮度	质地澄清透明	浑浊
气味	有豆腥味	无豆腥味
沉淀	无沉淀	有沉淀
水分	燃烧时无异常	燃烧时发出叭叭声

表5-56　豆油的感官质量标准

	良质	次质	劣质
色泽	黄色至橙黄色	棕色至棕褐色	
透明度	完全清晰透明	稍浑浊,有少量悬浮物	浑浊,大量悬浮物和沉淀物
杂质及沉淀	<0.2%,磷脂不超标	<0.2%,磷脂超标	大量悬浮、沉淀物
气味	固有的气味	气味平淡,微有异味	霉味、焦味、哈喇味
滋味	固有滋味	平淡,稍有异味	苦、酸、辣味

对表5-56内容的说明:色泽的深浅,主要决定于油料所含脂溶性色素的种类及含量、油料籽品质的好坏、加工方法、精炼程度及油质脂贮藏过程中的变化等。

5.菜籽油

菜籽油中维生素E在各种食用油中含量是较高的,还含有胡萝卜素等,是一种良好的食用油。其缺点是菜油含有芥酸,故烹调时有辣子的滋味,但炸过一次食物后,辣味便可消失。菜籽油适用于油炸食物和炒菜。

表5-57　菜籽油的感官质量标准

	良质	次质	劣质
色泽	黄色至棕色	棕红至棕褐色	褐色
外观	清晰透明	微浑浊,有少量悬浮物	极浑浊
含水量	0.2%以下	0.2%以上	
杂质及沉淀	无沉淀物或有微量沉淀物,杂质含量≤0.2%,加热至280℃油色不变,且无沉淀析出	有沉淀物及悬浮物,其杂质含量>0.2%,加热至280℃油色变深且有沉淀析出	有大量的悬浮物及沉淀物,加热至280℃时油色变黑,并有大量沉淀析出
气味	固有的气味	气味平淡,微有异味	霉味、焦味、干草、哈喇味
滋味	固有辛辣滋味	平淡,稍有异味	苦、焦、酸味

6.芝麻油

含有丰富的维生素E,耐储存,分为机榨香油(色浅而香淡)、小磨香油(色深而香味浓)。

表5-58 芝麻油的感官质量标准

	良质	次质	劣质
色泽	棕红至棕褐色	色泽较浅或偏深	褐色或黑褐色
外观	清晰透明	微浑油,有少量悬浮物	浑浊
杂质及沉淀	无沉淀物或有微量沉淀物,杂质含量≤0.2%,加热至280℃油色不变,且无沉淀析出	有沉淀物及悬浮物,其杂质含量>0.2%,加热至280℃油色变深且有沉淀析出	有大量的悬浮物及沉淀物,加热至280℃时油色变黑,并有大量沉淀析出
气味	特有浓郁香味	气味平淡,微有异味	霉味、焦味、油脂酸败
滋味	固有滋味	平淡,稍有异味	苦、焦、酸、刺激性辛辣味

7.玉米油

玉米油是从玉米胚芽中提炼出来的,营养成分很丰富,不饱和脂肪酸含量高达58%,油酸含量在40%左右。

优质玉米油特点:色泽淡黄,质地透明莹亮;水分≤0.2%,油色透明澄清;具有玉米的芳香风味,无其他异味;杂质在0.1%以下。

8.米糠油

米糠油色泽浅黄,透明澄清,滋味芳香,没有异味,熔点低,易被人体消化吸收。

优质米糠油的特点:色泽微黄;水分不超过0.2%,油色透明澄清,不混浊;稍具有米糠般的气味;无悬浮物,杂质在0.1%以下。

9.人造奶油

表5-59 人造奶油的感官质量标准

	良质	次质	劣质
色泽	淡黄色、有光泽	白色或着色过度,色泽分布不均,有光泽	色泽灰暗,有霉斑
外观	表面洁净、切面整齐,细腻	不均匀,少量气室,有水珠渗出,盐结晶	不均匀、黏软发腻,有大水珠,气室
气味	奶油香味	气味平淡,微有异味	霉变、酸败味
滋味	固有滋味	平淡,稍有异味	苦、酸、辛辣、肥皂味

(二)调味品等食品选购

1.如何购买调味品

(1)最好购买定型包装的产品。

(2)购买时重点检查产品标签内容,如标有产品名称、厂名、厂址、生产日期、保质期、配料成分等。

(3)酱油包装上标识必须醒目标出"用于佐餐凉拌"或"用于烹调炒菜",散装产品应在大包装上标明上述内容。

2.如何正确选购酱油和醋

柴、米、油、盐、酱、醋、茶,人们一日三餐都离不开它,如何选购,怎样鉴别,一直是人们非常关心的问题。

(1)优质酱油和食醋是如何生产的?

酿造酱油指以大豆或脱脂大豆、小麦或麸皮为原料,经微生物发酵制成的具有特殊色、香、味的液体调味品。

配制酱油也是国家允许生产的一类酱油,它是以酿造酱油为主体,与酸水解植物蛋白调味液、食品添加剂等配制而成的液体调味品。

配制酱油中酿造酱油的比例必须大于等于50%。不得添加味精废液、胱氨酸废液,不得使用非食品原料生产的氨基酸液。同时必须在产品标签上标明"配制酱油"。

酿造食醋指单独或混合使用各种含有淀粉、糖的物料或酒精,经微生物发酵酿制而成的液体调味品。

配制食醋是以酿造食醋为主体,与冰乙酸、食品添加剂等混合配制而成的调味食醋。其中酿造食醋的比例必须大于等于50%,必须在商品的标签上标注"配制食醋"。

(2)劣质酱油和食醋又是如何出笼的呢?

假冒伪劣酱油一般指用氨基酸调味液、水、食盐勾兑而成的酱油,还有直接用酱色、食盐和水勾兑到和酱油的颜色相似的假"酱油"等。其中"毛发酱油"指将人或动物毛发用盐酸水解成动物蛋白水解液,和食盐、酱色等配兑而成的"酱油"。

假冒伪劣食醋一般指以冰乙酸、色素、香料直接勾兑而成的非

179

法食醋。

假冒伪劣产品的制造者以追求利润最大化为根本目的。他们没有生产设备，不在乎卫生状况，操作现场污秽不堪，他们用最便宜的原料，甚至使用非食品用原料和发霉变质的原材料，导致产品中微生物指标、砷、铅、黄曲霉毒素等国家严格控制的指标严重超标，而且也不含有酿造调味品所特有的营养成分。消费者若长期食用会造成人体内脏的慢性中毒，从而损害人们的身体健康。

（3）消费者如何选择优质产品？

①选商家

选商家主要是为了防止购买到仿制的假冒伪劣产品。比如大型超市、连锁店、专卖店等，一般都直接从生产厂家进货。住家附近比较熟悉的、有信誉的便民店，也可以是选择的对象，总之最好固定购买地点，不要临时起意或经常更换购买地点，万一发现问题，不利于追究责任。

②选生产厂家

选择有一定知名度和美誉度的调味品生产厂家，是产品质量和售后服务的保证。他们都严格按照国家标准进行调味品的生产，包括选用食品级的原料，经过严格的生产工艺过程，产品的感官、理化各项指标每批都经过检验合格后才出厂销售。

选择自己熟悉的、比较著名的、当地的调味品生产厂家，是最明智的选择。

③选产品类型和等级

不论酱油还是食醋，按大类，都可分为酿造的和配制的，按工艺，酿造酱油可分为高盐稀态发酵和低盐固态发酵，酿造食醋可分为固态发酵和液态发酵，由于种类和发酵工艺的不同，口味会略有不同，消费者可根据自己的消费习惯予以选择。

产品的质量等级，比较简易的记忆方法是，酱油的氨基酸态氮指标越高等级越高，食醋的总酸越高相应的等级也越高。

3.如何安全选购食盐

（1）看色泽。优质食盐应为白色，呈透明或半透明状；劣质食盐的色泽灰暗或呈黄褐色(硫酸钙或杂质过多)。

(2)看结晶。纯净的食盐结晶很整齐,坚硬光滑,用手捏为松散状,干燥、水分少,不易返卤吸潮;含杂质多的盐,结晶不规则,易返卤吸潮,若用手捏时成团,不易分散。

(3)尝咸味。纯净的食盐应闻之无臭味,尝时为纯正咸味;若闻之有刺鼻的氨气,口尝时咸味中带有苦、涩的,说明盐中含的钙、镁等水溶性杂质过大,还会有牙碜的感觉,是假冒碘盐。

(4)做实验。可将盐撒在淀粉溶液或切开的马铃薯切面上,如显出蓝色,是真碘盐。

二、其他食品选购知识

食品安全选购原则:不贪便宜,不买价格过低或散装食品;不买来路不明的食品;检查包装是否完整,标签是否准确(标签上是否有清楚的产品名称、厂名、厂址、生产日期、保质期、卫监证字号,如以上标签内容不全或产品超过保质期的,则不要购买);食品开封时发现异味或腐败情况,停止食用。

(一)罐头质量的识别

1.优质罐头的特征

(1)保存期限:购买时仍在保存期限内。国家对各种罐头食品的保存期限有明确规定:糖水杨梅之类的罐头一般不超过8个月,番茄酱、浓缩柚子类、浓缩柠檬类等不超过1年,午餐肉、火腿午餐肉等不超过一年半,原汁猪肉、红烧鸡、清蒸牛肉等不超过2年。这可以从罐头商标上的出厂日期推算。

(2)包装:商标完整清洁,罐盖印有厂地代号、厂名代号、生产日期以及产品名称代号;马口铁罐头罐焊接处焊锡完整均匀,卷边处无铁舌、裂隙或流胶现象;玻璃瓶罐头铁皮盖和橡皮圈无锈蚀;整个包装外表无变暗、起斑、生锈等。

(3)外形:马口铁罐头外表清洁,封口完整,罐底盖稍凹入,不生锈,不膨胀,不变形,没有裂缝;玻璃罐头罐身清洁无污垢,无碎裂现象,顶盖不生锈、不膨胀,瓶盖和瓶口接缝严密、无锈斑,垫圈不歪斜,玻璃瓶内物块整、汁体清、无气泡。

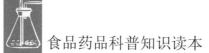
（4）声音：用手指敲击罐头底盖中心，声音清脆发实。

（5）气密性：气密性好，将罐头置于水中，用手按压没有气泡产生。

2.劣质罐头的特征

（1）保存期：购买时已超过保存期限，则很可能腐坏变质。

（2）包装：商标印制粗糙，厂地、厂名、生产日期、产品名称印制不完整，厂地英文代号与商标不一致；铁罐焊接处焊锡不完整、不均匀，卷边处有铁舌、流胶；玻璃瓶铁盖锈蚀。

（3）外形：由于食物变质、腐败，产生了气体，使罐头铁皮盖凸出；整个罐头受机械挤压碰撞的痕迹，有锈听、胖听、漏听、瘪听现象，罐头外表有污垢、变暗、起斑、生锈；玻璃罐头瓶盖和瓶口接缝不严密，垫圈锈蚀、歪斜，瓶内块碎、汁蚀、气泡较多。

（4）声音：用手指敲击底盖，声音混浊，有空音，表明内容物和量不足，气体较多；声音为"破、破"的沙哑声，表明罐头已经变质。

（5）气密性：气密性差，置于水中按底和盖有气泡产生。

（二）膨化及油炸小食品选购

1.膨化及油炸小食品的生产加工

膨化食品是一类以谷物、薯类或豆类为主要原料，经焙烤、油炸或挤压等方式膨化而制成的，具有一定膨化度的各类酥脆食品。制作过程中原料受热后水分急剧汽化，制成的产品体积明显增大，具有一定酥脆度。膨化食品不合格产品的主要问题是细菌污染，如大肠菌群超标，以及膨化食品中所含脂肪腐败而引起的过氧化值升高。这些会导致孩子胃肠不适、腹泻和肝脏损害。

油炸小食品是以面粉、米粉、豆类、蔬菜、水果、果仁为主要原料，按一定工艺配方，经油炸制成的各种小食品。随着这些休闲食品市场占有率不断增加，人们对它们的质量水平也更为关注，因为它们的质量状况直接关系到广大消费者，特别是青少年、儿童的身体健康。

2.膨化及油炸小食品的选购

（1）选购标识说明完整详细的产品（即品名、配料表、净含量、厂名、厂址、生产日期、产品标准和保质期等标识标注齐全的产品）。特别要注意是否有生产日期和保质期，并购买近期的产品，尽量到一些信誉比较好的大商场、大超市购买。

（2）选择可靠的商家和品牌。好的商家对商品的进货质量把关较严，所销售的商品质量较有保证。

（3）查看产品外包装。为了防止膨化食品被挤压、破碎，防止产品油脂氧化、酸败，不少膨化食品包装袋内要充入气体来保障膨化食品长期不变色、不变味。在购买膨化食品时，若发现包装漏气，消费者则不宜选购。

（4）避免购买促销玩具或卡片与食品直接混装的产品。在激烈的食品市场竞争中，为了吸引儿童消费群，食品商们纷纷搞起了夹带——在定型包装的食品中放置玩具或卡片。这种做法有隐患，一方面幼儿或低龄儿童容易把玩具当作食品吃下去，另一方面无论是金属还是塑料玩具和食品混装都是不卫生的。国家规定严禁在食品包装中混装直接接触食品的非食品物品。

许多小朋友都喜爱膨化食品。脂肪、碳水化合物、蛋白质是膨化食品的主要成分。膨化食品虽然口味鲜美，但从成分结构看，属于高油脂、高热量、低粗纤维的食品。从饮食结构分析有其一定的缺陷，只能偶尔食之。长期大量食用膨化食品会造成油脂、热量摄入高，粗纤维摄入不足。若运动不足，会造成人体脂肪积累，出现肥胖。孩子大量食用膨化食品，易出现营养不良，而且膨化食品普遍高盐、高味精，常食用会使孩子成年后高血压和心血管病的发病率增加。

（三）果冻的选购

果冻是广大儿童喜爱的食品，由于其产品利润丰厚，加工相对简单，因此不少小企业纷纷加入生产队伍，使该类产品得以迅速发展，同时也带来了产品质量参差不齐的问题。

在选购果冻时，一要选择品名、配料表、净含量、厂名、厂址、生产日期、产品标准和保质期等标识标注齐全的产品，并尽量到一些信誉比较好的大商场、大超市购买，以保证买到质量较好的产品；

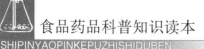
二要看果冻的颜色,那些色彩鲜艳的果冻往往是添加了较多的色素,虽然很诱人,但孩子食用过多对身体是有害的;三要看配料中是否添加了防腐剂和甜味剂,产品中的防腐剂和甜味剂属于人工合成的添加剂,食用过多也是有害的。

(四)糖果的选购

糖果的品种繁多,组织结构也各有特点,按其组织特性可分为硬糖、凝胶软糖、充气糖果、乳脂糖、胶基糖及巧克力类糖等。

选购糖果时首先看外观。糖果的色泽应正常均匀、鲜明,香气纯正,口味浓淡适中,不得有其他异味。糖果的外形应端正,边缘整齐,无缺角裂缝,表面光亮平滑,花纹清晰,大小厚薄均匀,无明显变形,且无肉眼可见的杂质。

其次,看其组织。不同种类糖果其组织是不同的。例如:

1.硬糖:坚脆型糖果的组织表面应光亮透明,不粘包装纸,无大气泡和杂质;酥脆型糖果应色泽洁白或有该品种应有的色泽,酥脆,不粘牙,不粘纸,剖面有均匀气孔。

2.奶糖:胶质型糖果应表面光滑,口感细腻润滑、软硬适中,不粘牙,不粘纸,有弹性;非胶质型糖果表面细腻,结晶均匀,不粗糙,软硬适中,不粘牙,不粘纸。

3.软糖:

(1)琼脂型糖果柔软适中,不粘牙,无硬皮。其中,水晶软糖光亮透明,不软塌,略有弹性;花色软糖表面有密布均匀的细砂糖,柔嫩爽口。

(2)果胶淀粉型糖果口感韧软,不粘牙,不粘纸,略具咀嚼性,糖表面附有均匀的细砂晶粒,糖体半透明。其中的高粱饴具有弹性,拉长一半可缩回原状。

(3)明胶型糖果表面平滑细腻,无皱皮气泡,富有弹性,入口绵软。

4.夹心糖:

(1)酥心型糖果糖皮厚薄均匀,不粘牙,不粘纸,无破皮露馅现象,疏松酥脆,丝光纹道整齐,夹心层次分明。

（2）酱心型糖果糖皮厚薄均匀,不粘牙,不粘纸,无破皮露馅现象,皮脆,馅心细腻。

（3）粉心型糖果糖皮厚薄均匀,松脆,不粘牙,不粘纸,不破皮漏心。

5.纯巧克力糖:表面光滑,有光泽,不发白,剖面紧密,无1mm以上明显的气孔,口感细腻润滑,不糊口,无粗糙感。

6.夹心巧克力糖:表面光滑,有光泽,不发白,涂层均匀,不过厚或过薄,各种夹心巧克力糖有自己的独特味道。

当然,我们在享受糖果美味的同时,也要注意:糖尿病人可以选择以阿斯巴甜等代替蔗糖的糖果;运动员和从事体力消耗较大工作的人可选择高热量、高营养的巧克力糖果;正处于换牙期的儿童则应少吃,并经常漱口;患咳嗽或慢性支气管炎的病人则可吃清凉镇咳的润喉糖。

（五）茶叶的选购

茶叶因其甘醇爽口、气味醇香并具有提神、明目、利尿、减肥、抗癌等保健功效而深受大众喜爱。面对市场上品种繁多的茶叶,消费者如何辨别其真假优劣呢? 下面向您介绍一些基本的茶叶鉴别方法。

选购茶叶,一般可运用视觉、味觉等方式,根据茶叶固有的色、香、味、形特征,判断茶叶的真假优劣。鉴别时,首先闻茶叶的气味,具有茶叶固有清香者,为真茶;带有青腥气或其他异味者,为假茶或受污染的茶叶。观色时,抓一把茶叶放在白纸或白盘上,摊开茶叶,细心观察。若绿茶深绿,红茶乌黑,乌龙茶乌绿,为真茶本色,如特级黄山毛峰芽头肥壮、匀齐,形似"雀舌",嫩绿泛象牙色;若茶叶颜色杂乱而不相协调,或与茶叶本色不相一致,即有假茶之嫌。另外,还可观察茶叶的断碎程度,以匀整为好,断碎为次,新芽叶匀齐一致,嫩而柔软。最后,可取少量茶叶放入杯中,加沸水冲泡,把泡开的茶叶放在清水碗中看其粗嫩度,如好的青茶泡开后绿叶红边,叶底肥厚柔软,叶缘红色明亮鲜艳。优质茶叶茶汤清澈明亮,闻起来清纯爽快,芬芳持久,沁人心肺。好的红茶茶汤冷却

后还会出现浅褐色或橙色乳状的浑浊。

如果您需要进一步鉴定,可由专业的检验机构通过检测茶叶中咖啡碱和茶多酚含量来鉴别真假,凡茶叶都含有2%～5%咖啡碱和10%～20%的茶多酚。我国国家标准和轻工业标准对不同茶饮料咖啡碱和茶多酚指标都有明确规定。

（六）饮料的选购

1.饮料质量鉴别

（1）从商标内容判断质量

国家颁布的《食品标签通用标准》等法规性文件,明文规定饮料产品商标上应注明的内容,主要包括品名、生产日期、保质期、主要原料辅料和生产厂名、厂址等,这是合格产品必须具备的。

①首先查明商标是否注明上述内容,如没有注明,则质量不可靠、不可信。

②判定该饮料是否在保质期内。国家对各种饮料保质期有明确规定。例如,汽水的保质期:玻璃瓶装和塑料瓶装是3个月,易拉罐装6个月。果蔬汁饮料的保质期:玻璃瓶装是6个月。植物蛋白饮料的保质期:玻璃瓶装是3个月,利乐包装是6个月。如已超出保质期,则质量无保证,不宜购买。

③判断该饮料是否名副其实。不同饮料商标上应标明的内容不同。例如果汁型汽水、果蔬汁饮料应标明果蔬原汁含量;乳饮料应标明非乳固形物含量;植物蛋白饮料应标明蛋白植物固形物含量,如大豆固形物、杏仁固形物等的含量;天然矿泉水则应标明矿化成分表和规定指标。如没有注明具体内容或指标,则该产品质量不可靠。

（2）从外观上判断质量

①果味型汽水不应出现絮状物。

②塑料瓶装与易拉罐汽水手捏不软不变形。

③罐装饮料如发现盖上凸起,说明其质量有问题。

④各种包装饮料倒置时,均不应有渗漏现象(但果汁饮料的轻微分层属正常现象)。

⑤果茶之类饮料及其他一些饮料,如太黏稠、太鲜红或颜色异常,则质量不佳。

（3）从气味和味道判断质量

①各种饮料都有其相应的气味。正常饮料应气味清香,无异味,无刺鼻感;否则,质量不佳。

②正常饮料无异常味道,酸甜适度。如果有苦味、酒味、醋味等,则表明其质量有问题。

（4）从杂质判断质量

①果味饮料应清澈透明,无杂质,不浑浊。

②果汁饮料因加入果汁和乳浊香精,会有浑浊感,但应均匀一致,不分层,无沉淀和漂浮物。

③固体饮料不应有结块、潮解和杂质（观察饮料是否含有过多杂质时,除瓶装可直接观察外,其余包装的饮料应倒出观察）。

2.饮料选购

（1）汽水

好的汽水色泽纯正,无沉淀物及肉眼看得见的杂质。瓶口严密,无漏气、漏液现象。汽水的液面与瓶口距离为2~6cm之间。瓶外包装完整清楚。无不相关的气味,CO_2含量充足。

（2）果汁

它是果实的汁液兑入不同量的水和糖制成的饮料。品质好的应有天然色泽,具有其品种特有的香味。澄清果汁澄清透明,无混浊;混浊果汁均匀一致,无沉淀和杂质,封口严密,不漏液。

（3）矿泉水

矿泉水质量从以下几方面鉴别:

①外包装鉴别。优质矿泉水一般采用无毒塑料瓶包装,造型美观,做工精细;瓶盖采用扭断式塑料防盗盖或铝质防盗盖,有的还有塑料内塞;表面采用全贴商标,彩色精印,商品名称、厂址、生产日期齐全,并写明矿泉水中的各种微量元素及含量,有的还标有检验、认证单位名称。

②色泽与水体鉴别。优质矿泉水洁净、无色、透明、无悬浮物

和沉淀,水体爽而不黏稠。有的张力相当大,注入杯中即使满出杯口也不外溢。

③气味与口感鉴别。优质矿泉水纯净、清爽而无异味。有的带有本品的特殊滋味,如轻微的咸味、薄荷味等。

(七)冷饮食品的选购

冷食类:包括冰棒、雪糕、冰淇淋、冰块等。它们不仅能消暑降温,还含有乳、蛋、糖及淀粉等营养物质,有一定的营养价值。但正是因为这个特征,它也容易滋生细菌,在制作和销售过程中容易被细菌感染。

1.冰淇淋

好的冰淇淋清凉细腻,绵甜适口,具有个香型品种特有的香气,呈均匀一致的乳白色或与其花色品种相一致的均匀色泽,无直径超过1.5cm的孔洞,无冻结紧固现象。

2.雪糕

好的雪糕具有与其品种固有色一致的均匀色泽,组织细腻,乳化完全,形态完整,冻结紧固,无外来杂质、冰晶、空头、油点,杆棒正而不断,无任何不良气味,口感清凉爽快。

3.冰棒

好的冰棒整体颜色一致均匀,冻结坚实,形态完整,棱角清楚,无外来杂质,无断杆,口感没有咬不动的冰块感觉。

(八)酒的选购

酒的种类繁多,按生产特点分:蒸馏酒、发酵酒、配制酒。按酒精含量分:高度酒(>40°)、中度酒(20°~40°)、低度酒(<20°)。按酒的风味特点分:白酒、啤酒、黄酒、果酒等。

酒类卫生要求必须符合《食品卫生法》和国家相关法规。我国针对蒸馏酒、发酵酒等制订有《蒸馏酒及配制酒卫生标准》、《发酵酒卫生标准》等。不论是何种酒,其外包装上的标签均应标注有:品名、生产厂名、厂址、配方、酒精度、生产日期、保质期限(高度酒除外)等。

1.白酒的选购

(1)消费者买酒应首选瓶装酒,标签上标有卫监证字的产品表明是卫生监督部门监控的厂家,安全性好。

（2）如选购散装白酒,需在购买前索看店家是否办有卫生许可证,产品是否可提供合格的卫生检验报告。

（3）目前对白酒的品质好坏以感官鉴定为主,即从色、香、味几方面来评定。品质好的白酒应是无色透明、无浮悬物、无异臭异味和沉淀的液体。白酒的香气可分为溢香、喷香和留香三种,白酒应具备本身特有的醇香。鉴别白酒的香气可将酒倒入杯中稍加摇晃,用鼻子在杯口闻香;或倒几滴在手掌上,稍搓几下再闻手掌。白酒的滋味检验则可将酒饮入口中,于舌尖和喉部细细品尝,以区别酒味的醇厚程度和滋味的优劣。

2.啤酒的选购

选购啤酒应从其透明度、色泽、泡沫、香气和滋味来着手。品质好的啤酒酒液透明、有光泽、无小颗粒和浮悬物;将啤酒倒入杯中,应立即有泡沫产生,泡沫越洁白,越细腻越好,泡沫的持久时间一般就在3min以上。正常的啤酒应具有较显著的酒黄香和麦芽清香以及酒花特有的苦味,不能有酸味和其他异味。由于啤酒是低度酒,有一定的保质期限,要严格控制大肠菌群、细菌总数的含量,防止被污染。

3.真假洋酒的鉴别

随着市场经济的发展,市场上各种进口洋酒不断增多,可谓五彩纷呈、琳琅满目,其中也不乏伪劣产品,因而选购时需谨慎。下面介绍几种识别真假洋酒的方法。

（1）首先看外包装。真洋酒不仅商标整齐、清晰,而且凹凸感强,印刷水平高。商标字迹、图案不会出现模糊、陈旧、凌乱现象。

（2）看封口。洋酒有铝封,还有铅封。名贵洋酒集装箱外都有银封。一旦铅封打开,或者没铅封,这一集装箱酒等于报废。

（3）看防伪标志。一般洋酒的瓶颈上都有商标,刮开商标,内有各式各样的防伪标志。

（4）看数字。各洋酒行都有各自的密码数字,暗示酒的生产日期,何时进大陆。如果假酒编号不符合洋酒行编号程序,则易识破。

（5）看颜色。真酒颜色透明、发亮,假酒色彩暗淡。

最后鉴别真假洋酒的手段就是品尝了。洋酒也有它特有的色、香、味，不过，通过品尝识别真假，需有一定的专业水平才行。

（九）保健食品的选购

1.首先，必须认识保健食品的属性。保健食品的基本属性是食品，而食品不同于药品的主要区别是前者更具有安全性，后者则以治疗为目的。现在有很多消费者购买保健食品用来治病，这是极大的错误。

2.要按照自身机体特定条件和要求，选购适宜自身保健食品功能的食品。我国目前只允许生产有下列保健功能的产品，即免疫调节、调节血脂、调节血糖、延缓衰老、改善记忆、改善视力、促进排铅、清咽润喉、调节血压、改善睡眠、促进泌乳、抗突变、抗疲劳、耐缺氧、抗辐射、减肥、促进生长发育、改善骨质疏松、改善营养性贫血、对化学性肝损伤有辅助保护作用、美容、改善胃肠道功能等，共有22种保健功能。同时卫生部还规定，同一配方保健食品功能不能超过两个。因此选购产品时要按照自身需要，选购上述有关功能的产品，千万不要听信那些夸大或虚假宣传具有多种功能的产品。

3.充分认识保健食品产品中的原料和有效成分及其相应的产品。任何保健食品的产品，都标明主要原料和功效成分。据调查，保健食品生产中采用的中药材主要有西洋参、虫草、当归、枸杞子、首乌、阿胶、绞股蓝、枇杷叶等，以滋补类为主。保健食品功效成分主要有营养素类（包括膳食纤维）、黄酮、皂甙、褪黑素、双歧杆菌、低聚糖等。认识了保健食品产品的原料和有效成分，就可以明确该产品所具有的保健功能是否与之相对应。

4.购买保健食品应认真看清产品的外包装、说明书等标识内容，符合规定要求者方能购买。

5.应购买自身食用的剂型。目前我国保健食品的剂型，有传统食品形态的剂型，如袋泡茶、谷类制品、酒类制品等；药品剂型，有胶囊、口服液、冲剂、片剂等。由于各种适用人群存在差异（如有的人群不适宜酒类等），故应按自身特点选购适用剂型才好。

第六章　饮食指南

第一节　烹调方法介绍

烹调,是通过加热和调制,将加工、切配好的烹饪原料熟制成菜肴的操作过程,其包含两个主要内容:一个是烹,另一个是调。烹就是加热,通过加热的方法将烹饪原料制成菜肴;调就是调味,通过调制,使菜肴滋味可口,色泽诱人,形态美观。

菜品制作的烹调方法可分为两大类:热菜烹调方法和冷菜烹调方法。

一、热菜烹调

(一)热菜烹调的概念

热菜烹调,就是把经过初步加工和切配成形的烹饪原料,通过加热和调味等综合方法,制成不同风味菜品的烹调工艺。

(二)烹调方法的重要性

1.烹调方法的运用是整个烹调工艺的关键。在制作菜品的全过程中,有多道工序。从烹饪原料的购置、选择、存放、保管,烹饪原料的初加工(选料、分割、涨发干货、出肉等)、烹饪原料的细加工(刀工工艺、配菜以及着衣工艺等),直到烹调方法的运用、装盘等工序,这些工序中,最为重要的、最为核心的就是烹调方法。

2.烹调方法的运用水平决定着菜品的质量合格程度。菜肴的滋味、质感、香味、色泽、形态等诸方面是否合乎标准,取决于烹调工艺中的选料、刀工、调味、着衣、火候运用等。其中最主要的是烹调方法的运用。烹调方法的运用包括两个方面:一为烹,即火候的

运用；二为调，即调味的运用。两者有机的结合，即是烹调方法的运用。只有这样，才能烹调出色靓、香浓、味美、形秀、质优的不同风味流派的菜品。

3.烹调方法的运用水平是衡量烹调技术水平高低的标准。衡量烹调技术水平高低，主要是三大烹调技术的水平。这三大技术就是刀工、勺工火候以及调味，而勺工与火候的运用于调味技术的结合就是烹调工艺技术。

（三）热菜的烹调方法

1.爆：把原料烫或炸至断生后，用旺火把油烧热，急炒出锅，脆嫩爽口就做好了。爆可以分为油爆、酱爆、盐爆、葱爆等。

2.煎：一般日常所说的煎，是指先把锅烧热，再以凉油涮锅，留少量底油，放入原料，先煎至一面上色，再煎另一面。煎时要不停地晃动锅，以使原料受热均匀，色泽一致，使其熟透，食物表面会呈金黄色乃至微糊。

3.炸：炸采用比原料多几倍的油，用旺火烹调，放入原料后有爆裂声。炸出的食物有香、脆、酥、嫩等特点。炸包括清炸、干炸、酥炸、软炸、纸包炸等。

4.焗：焗是以汤汁与蒸汽或盐或热的气体为导热媒介，将经腌制的物料或半成品加热至熟成菜的烹调方法。有砂锅焗、鼎上焗、烤炉焗及盐焗等。

5.蒸：蒸是一种重要的烹调方法，其原理是将原料放在容器中，以蒸汽加热，使调好味的原料成熟或酥烂入味。其特点是保持了菜肴的原形、原汁、原味。蒸时要让蒸笼盖稍留缝隙，可避免蒸汽在锅内凝结成水珠流入菜肴中。一般蒸时要用强火，但精细材料要使用中火或小火。

6.焖：用油锅加工原料，制成半成品后加入少量汤汁以及适量调味品，把锅盖盖上，微火焖烂，制成汁浓、味厚、料酥的焖菜。

7.炒：将原料切成小型的丁、片、条、丝等形状，用油锅炒，油量根据原料决定，炒菜有脆、嫩、滑几个特点。炒分干炒、滑炒（软炒）、生炒、熟炒四种。

8.烧:烧是指前期熟处理经煎炸或水煮后加入适量的汤汁和调料,先用大火烧开,调基本色和基本味,再改小中火慢慢加热至将要成熟时定色、定味后旺火收汁或是勾芡汁的烹调方法。可分为红烧、白烧、干烧、锅烧、扣烧、醋烧、蒜烧、葱烧、酱烧、辣烧等。

9.烤:将加工处理好的原料置于烤具内部,用明火、暗火等产生的热辐射进行加工的技法总称。

10.炖:炖有两种方法,即不隔水炖和隔水炖。

(1)不隔水炖:用沸水烫去原料的腥味和血污,之后把原料放入砂锅,加比原料稍多的水以及料酒、葱、姜等调料,加盖用大火煮沸,撇去浮沫,然后再用小火炖至原料酥烂。

(2)隔水炖:将原料放入容器,把容器放入沸水锅内,直至炖熟。炖菜醇浓可口,保持原汁原味。

11.煲:煲就是用文火煮食物,慢慢地熬的一种烹饪方法。

12.烩:烩是指将原料油炸或煮熟后改刀,放入锅内加辅料、调料、高汤烩制的方法。具体做法是将原料投入锅中略炒或在滚油中或在沸水中略烫之后,放在锅内加水或浓肉汤,再加佐料,用武火煮片刻,然后加入芡汁至熟。多用于烹制鱼虾和肉丝、肉片等。

13.煨:加水用微火慢慢地把原料煮熟的一种方法。一般原料经过炸、煎、煸或水煮后装在砂锅内,加上汤水及调味品,用旺火烧开,然后用微火长时间煨制使熟透即成。煨菜成品汤、菜各半,油汤封面,汤味浓重。

二、冷菜烹调

冷菜也叫凉菜、冷荤,是菜品的组成部分之一,冷菜与热菜同样重要,是各类筵席所必不可少的。许多冷菜的烹制方法是热菜烹调方法的延伸、变格和综合运用,但又具有自己的独立特点。最明显的差异是热菜制作有烹有调,而冷菜可以有烹有调,也可以有调无烹;热菜烹调讲究一个热字,越热越好,甚至到了台面还要求滚沸,而冷菜却讲究一个"冷"字,滚热的菜,须放凉之后才装盘上桌。

从与客人接触的时间顺序来说,冷菜更担负着先声夺人的重

任。因为不必担心在一定时间里菜肴温度的变化。这就给刀工处理及装饰点缀提供了条件。因此,冷菜的拼摆是一项专门的技术。冷菜还可以看作是开胃菜,是热菜的先导,引导人们渐入佳境。所以,冷菜制作的口味和质感有其特殊的要求。

(一)冷菜制作的三种基本技法之一——拌

1.定义:是把可食性生料或晾凉后的熟料,经切制成小型的丝、丁、片、条等形状后加入各种调味品,直接调拌成菜的一种烹调方法。

2.特点及适用范围。拌的菜肴一般具有鲜嫩、凉爽、入味、清淡的特点。其用料广泛,荤、素均可,生、熟皆宜。如生料多用鲜牛肉、鲜鱼肉、各种蔬菜、瓜果等,熟料多用烧鸡、肘花、烧鸭、熟白鸡、五香肉等。拌菜常用的调味料有精盐、酱油、味精、白糖、芝麻酱、辣酱、芥末、醋、五香粉、葱、姜、蒜、香菜等。

3.拌的操作程序:精选原料——切配——调拌——装盘。

4.拌的种类及操作要领

(1)拌的种类:拌有生拌、熟拌、生熟混拌三种。

①生拌:将可食性生料经改刀后加入调味品拌制的方法。如"生拌鱼片"等。

②熟拌:将制好的熟料经改刀后加入调味品拌制的方法。熟拌是指加热成熟的原料冷却后,再切配,然后调入味汁拌匀成菜的方法。如"蒜泥白肉"等。

③生熟混拌:生料、熟料分别改刀后,混合而拌的方法。指原料有生有熟或生熟参半,经切配后,再以味汁拌匀成菜的方法。具有原料多样、口感混合的特点。如"黄瓜拌五香豆干"等。

(2)拌的操作要求

①选料要精细,刀工要美观。尽量选用质地优良、新鲜细嫩的原料。拌菜的原料切制要求都是细、小、薄的,这样可以扩大原料与调味品接触的面积。因此,刀工的长短、薄厚、粗细、大小要一致,有的原料剞上花刀,这样能入味。

②要注意调色,以料助香。拌凉菜要避免原料和菜色单一,缺

乏香气。例如,在黄瓜丝拌海蜇中,加点海米,使绿、黄、红三色相间,提色增香;还应慎用深色调味品,因成品颜色强调清爽淡雅。拌菜香味要足,一般总离不开香油、麻酱、香菜、葱油之类的调料。

③调味要合理。各种冷拌菜使用的调料和口味要求有其特色。如"糖拌西红柿",口味酸甜,只宜用糖调味,而不宜加盐和醋;另外,调味要轻,以清淡为本,下料后要注意调拌均匀,调好之后,又不能有剩余的调味料沉积于盛器的底部。

④掌握好火候。有些凉拌蔬菜须用开水焯熟,应注意掌握好火候,原料的成熟度要恰到好处,要保持脆嫩的质地和碧绿青翠的色泽。老韧的原料,则应煮熟烂之后再拌。

⑤生拌凉菜必须十分注意卫生。洗涤要净,切制时生熟分开,还可以用醋、酒、蒜等调料杀菌,以保证食用安全。

(二)冷菜制作的三种基本技法之一——炝

1.定义:炝是把切成的小型原料,用沸水焯烫或用油滑透,趁热加入各种调味品,调制成菜的一种烹调方法。炝与拌的区别主要是:炝是先烹后调,趁热调制;拌是指将生料或凉熟料改刀后调拌,即有调无烹。另外,拌菜多用酱油、醋、香油等调料;炝菜多用精盐、味素、花椒油等调制成,以保持菜肴原料的本色。

2.特点及适用范围。炝菜的特点是清爽脆嫩、鲜醇入味。炝菜所用原料多是各种海鲜及蔬菜,还有鲜嫩的猪肉、鸡肉等原料。

3.炝菜的操作程序:选料——初加工——切配——用沸水焯烫(或滑油)至断生——趁热调味——装盘。

4.炝的种类及操作要领

(1)炝的种类:炝法有焯炝、滑炝、焯滑炝三种。

①焯炝:指原料经刀工处理后,用沸水焯烫至断生,然后捞出控净水分,趁热加入花椒油、精盐、味精等调味品,调制成菜,晾凉后上桌食用。对于蔬菜中纤维较多和易变色的原料,用沸水焯烫后,须过凉,以免原料质老发柴。同时,也可保持较好的色泽,以免变黄。

②滑炝:指原料经刀工处理后,需上浆过油滑透,然后倒入漏

勺控净油分,再加入调味品成菜的方法。滑油时要注意掌握好火候和油温(一般在三至四成热),以断生为好,这样才能体现其鲜嫩醇香的特色。如"滑炝虾仁"。

③焯滑炝:将经焯水和滑油的两种或两种以上的原料,混合在一起调制的方法。具有原料多、质感各异、荤素搭配、色彩丰富的特点。如"炝虾仁豌豆"。操作时要分头进行,原料成熟后,再合在一起调制,口味要清淡,以突出各自原料的本味。

(三)冷菜制作的三种基本技法之一——腌

1.定义:腌是指以盐、酱、酒、糟为主要调味品,将加工的原料腌制入味的烹调方法。

2.特点及适用范围。腌制冷菜不同于腌咸菜,是将原料浸渍于调味料中,或用调料涂擦拌和,以排除原料中的水分和异味,使原料入味,并使有些原料具有特殊的质感的制法。调味不同,风味也就各异。同时,腌制品的调味中,盐是最主要的,任何腌法也少不了它。腌制的菜肴具有贮存、保味时间长,鲜嫩爽脆,干香、浓郁且味透肌里的特点。

3.腌的操作程序:选料初加工——切配——初熟处理(或直接生料)——腌制——静置一定时间——除去水分再拌和其他调料(或直接从调好味的卤汁中捞出)——装盘。

4.腌的种类及操作要领

冷菜中采用的腌制方法较多,常用的有盐腌、酱腌、醉腌、糟腌、糖醋腌、醋腌等。

①盐腌:将原料用食盐擦抹或放盐水中浸渍的腌制方法,是最常用的腌制方法,它也是各种腌制方法的基础工序。盐腌的原料水分滗出,盐分渗入,能保持清鲜脆嫩的特点。经盐腌后直接供食的有"腌白菜""腌芹菜"等。用于盐腌的生料须特别新鲜,用盐量要准确。熟料腌制一般煮、蒸之后加盐,如"咸鸡"。这类原料在蒸、煮时一般以断生为好,腌制的时间短于生料。盐腌原料的盛器一般要选用陶器,腌时要盖严盖子,防止污染。如大批制作,还应该在腌制过程中上下翻动1~2次,以使咸味均匀渗入。

②酱腌:将原料用酱油、黄酱等浸渍的腌制方法。酱腌多采用新鲜的蔬菜,如"酱菜头"等。酱腌的原理和方法与盐腌大同小异,区别只是腌制的主要调料。

③醉腌:以绍酒(或优质白酒)和精盐作为主要调味品的腌制方法。醉腌多用蟹、虾等活的动物性原料(也有用鸡、鸭的)。腌制时,通过酒浸将蟹、虾醉死,腌后不再加热,即可食用。醉腌从用料上可分为红醉(用酱油)、白醉(用盐),从原料加工过程又分为生醉(用活的原料直接腌制)、熟醉(用经加工的半成品腌制)。醉菜酒香浓郁,肉质鲜美,原料在醉制前必须洗涤干净。有些活的原料最好能在清水中静养几天,使其吐尽污物。醉制时间应当根据原料而定,一般生料久些,熟料短些。长时间腌制的卤汁(通常是先调好)中咸味调料不能太浓,短时间腌制的则不能太淡。另外,若以绍酒醉制,时间尤其不能太长,防止口味发苦。醉制菜肴若在夏天制作,应尽可能放入冰箱或保鲜室。

④糟腌:以香糟卤和精盐作为主要调味品的腌制方法。糟料分红糟、香糟、糟油三种。糟腌多用鸡、鸭等禽类原料,一般是原料在加热成熟后,放在糟卤中浸渍入味而成菜,如"红糟鸡"。糟制品在低于10℃的温度下,口感最好,所以夏天制作糟菜,腌制后最好放进冰箱,这样才能使糟菜具有凉爽淡雅、满口生香之感。

⑤糖醋腌:以白糖、白醋作为主要调味品的腌制方法。在经糖醋腌之前,原料必须经过盐腌这道工序,使其水分泌出,渗进盐分,以免澥口,然后再用糖醋汁腌制,如"辣白菜"等。糖醋汁的熬制要注意比例,一般是2:1到3:1,糖多醋少,甜中带酸。

⑥醋腌:以白醋、精盐作为主要调味品的腌制方法。菜品以酸味为主,稍有咸甜,如"酸黄瓜"。醋腌也是先经盐腌工序后,再用醋汁浸泡,醋汁里也要加适量的盐和糖,以调和口味。醋腌菜脆嫩爽口,特色较突出。

三、烹调方法的选择

从营养学的角度出发,烹调方法的选择应注意烹调出的食物尽量使原料中的营养素不被破坏,不产生有害物质,并能促进食

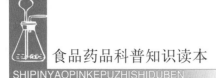

欲,食物中的营养素还易被人体消化、吸收。

(一)根据原料的营养素特点选择烹调方法

每种烹饪原料在营养素的种类和含量上有一定的特点,若烹饪方法选择得当,会使原料中的各种营养素充分被人体消化、吸收。

例如"清炖鸡",微火焖炖,可使鸡肉蛋白质、脂肪组织发生部分分解,部分脂溶性维生素和矿物质也溶解于汤中,使这些营养素利于人体吸收、利用。

又如"清蒸鲥鱼",鲥鱼肉本身水分含量较高,采用"蒸"这种烹调方法既保持了鱼肉肉质细嫩,又便于消化吸收。若选用"油炸鲥鱼"的话,鲥鱼肉中水分蒸发,失去其鲜嫩的口感,而且鲥鱼的脂肪组织会遭到破坏。鲥鱼脂肪以不饱和脂肪酸为主,高温会使不饱和脂肪酸发生一系列化学变化,而对人体产生毒性作用。

以上例子说明,适宜的烹调方法有利于营养素的消化和吸收;相反,若烹调方法不合适,不仅影响菜肴的口味,使食欲下降,还影响了食物的营养价值和食用价值,有时还会产生对人体有害的物质。

(二)根据就餐者的生理特点和健康状况选择烹调方法

不同生理状况的就餐者应食用不同烹调方法烹制的食物。对老年人来说,可选用清蒸、炖、煮等烹调方法,这样烹调出来的食物清淡、酥烂,水分含量高,适合于老年人咀嚼功能下降、唾液分泌量减少及消化功能退化的生理特点。

对孕妇特别是妊娠早期、妊娠反应严重的,烹调方法可据孕妇的喜好选择,这样可避免妊娠反应对孕妇和胎儿造成的营养不良。对乳母来说,为促进和增加乳汁分泌,烹调方法可选择煨、煮等,这样烹制出的食物含有较多的汤液,较适合乳母分泌乳汁的需要。

对不同健康状况的就餐者,在选择烹饪方法时就更应注意。如患胆、胰疾病的患者应避免使用油脂大的烹调方法,肝脏疾病的患者应选择使用食物清淡、易消化的烹调方法。

第二节 食物的合理搭配

一、食物选择与合理搭配原则

中国烹饪十分注重烹饪原料的选择和搭配,它构成了中国烹饪的特点之一。在选择烹饪原料时要考虑原料的地区特点、季节特点和不同部位的用途,除此之外还要达到合理营养的目的。

合理营养是指膳食中应含有人体所需的一切营养素,并可以完全满足机体正常的生理活动。此外,摄入的食物应易于消化并能促进食欲,同时不应含有对人体有害的物质。

(一)平衡膳食

平衡膳食系由多种食物构成,能提供足够的热能和营养素,并保持各种营养素之间的平衡,以利于吸收和利用,达到满足人体生长发育和各种生理及体育活动需要的目的。平衡膳食的观点运用于烹饪实践中主要体现在以下几方面:

1.满足人体的各种营养需要

(1)原料选择多样化

我们日常生活中摄入量大的食物种类包括两类:一类是动物性食物,有肉、鱼、禽、蛋、奶及其奶制品;另一类是植物性食物,有谷类、薯类、蔬菜、水果、豆类及其制品、食糖类和菌藻类。不同种类食物富含的营养素不同,动物性食物、豆类含优质蛋白质,蔬菜、水果含维生素和矿物质,谷类、薯类和糖类含碳水化合物,食用油含脂肪,肝、奶、蛋含维生素A,肝、瘦肉和动物血含铁等等。一日膳食中食物构成要多样化,各种营养素才易种类齐全,从而能供给用膳者必需的热能和各种营养素。

(2)合理的营养素比例

平衡膳食还要求营养素之间在功能和数量上保持平衡。

①产能营养素构成平衡

碳水化合物、脂肪、蛋白质均能为机体提供能量,称为产能营养素。对于健康成年人来说,三种产能营养素的合理供能比分别

为：碳水化合物约55%～65%，脂肪约20%～30%，蛋白质约10%～15%。产能营养素供给过多，将引起肥胖、高血脂和心脏病；过少，则造成营养不良，同样可诱发多种疾病，如贫血、结核、癌症等。

②氨基酸平衡

食物中蛋白质的营养价值，基本上取决于食物中所含有的8种必需氨基酸的数量和比例。比例越接近人体比例，生理价值越高，生理价值接近100时，即100%被吸收，称为氨基酸平衡食品。除人奶和鸡蛋之外，多数食品都是氨基酸不平衡食品。所以，要提倡食物的合理搭配，纠正氨基酸构成比例的不平衡，提高蛋白质的利用率和营养价值。

③脂肪酸平衡

脂肪酸包括饱和脂肪酸、单不饱和脂肪酸和多不饱和脂肪酸。饱和脂肪酸对人体的生理功能起着重要作用，但摄入过多会增加动脉粥样硬化的发病率；不饱和脂肪酸虽能降低心血管系统疾病的发生，但摄入过多会增加体内的不饱和游离基团，此基团与癌症的发生有关，特别是肠道肿瘤和乳腺癌。故三者摄入应保持平衡，三者的最佳比例为1:1:1，应以植物油为主，减少动物脂肪的摄入。

④其他营养素摄入量之间的平衡

A.氮、钙、磷的比例。一般婴儿应为氮:钙:磷=(5～7):(1～2):1，成人应为氮:钙:磷=12:0.66:1。

B.热能消耗与B族维生素平衡。B族维生素如维生素 B_1、B_2、尼克酸都参与能量代谢，所以其供给量应根据能量消耗按比例供给。

⑤酸碱平衡

正常情况下人血液偏碱性，pH值保持在7.3～7.4之间。应当食用适量的酸性食品和碱性食品，以维持体液的酸碱平衡，若食品搭配不当时，会引起生理上的酸碱失调。

食物酸碱之分指食物在体内最终代谢产物的性质。凡最终代谢产物为带阳离子的碱根者为碱性食物，如蔬菜、水果、奶类、茶叶等,特别是海带等海洋蔬菜是碱性食品之冠;最终代谢产物为带阴离子的酸根者为酸性食物,如肉、大米、面粉等。酸性食物含蛋白质多,碱性食物富含维生素与矿物质。过食酸性食物会使体液偏酸,引起轻微酸中毒,易导致风湿性关节炎、低血压、腹泻、偏头痛、牙龈发炎等疾患。同样,过食碱性食物会使体液偏碱,易导致高血压、便秘、糖尿病、动脉硬化乃至白血病等。机体体液最好是达到酸碱平衡、略偏碱性的状态。因此,对酸碱食物的比例掌握不可忽视。

2.合理的膳食制度

膳食制度是指把全天的食物定时、定质、定量地分配给食用者的一种制度。在人的一天生活中,工作、学习、劳动和休息的安排是不一致的,而不同时间人体所需的热能和各种营养素也不完全相同。所以针对食用者的生活、工作情况,规定适合食用者生理需要的膳食制度是非常重要的。同时,膳食制度对食物的消化吸收利用程度和提高劳动效率有很大的影响。建立合理的膳食制度,能充分发挥食物对人体的有益作用,促进工作劳动能力,有益人体健康。如果膳食制度不合理,一日餐次过多或过少,都会造成消化功能紊乱,直接影响劳动效率和健康。

合理膳食制度可本着以下原则进行确定:

①食用者在吃饭前不发生剧烈的饥饿感,而在吃饭时又有正常的食欲。

②所摄取的营养素能被身体充分吸收和利用。

③满足食用者生理和劳动的需要,保证健康的生活和工作。

④尽量适应食用者的工作制度,以利于生产和工作。

根据以上原则,两餐间隔的时间不能太长也不能太短。间隔时间过长会引起明显的饥饿感,血糖也会降低,工作能力下降;间隔时间太短则无良好的食欲,进食后影响食物的消化与吸收。一般两餐间隔以4~6h为宜,根据我国人民通常的工作、学习制度和习惯,一日进食三餐,是比较合理的。

早餐:供能比占全天总能量的25%~30%,蛋白质、脂肪食物

应多一些,以便满足上午工作的需要。

午餐:供能比占全天总能量的40%,碳水化合物、蛋白质和脂肪的供给均应增加,因为既补偿饭前的热能消耗,又贮备饭后工作之需要,所以在全天各餐中应占热能最多。

晚餐:供能比占全天总能量的30%～35%,多供给含碳水化合物多的食物。可多吃些谷类、蔬菜和易于消化的食物,少吃富有蛋白质、脂肪和较难消化的食物。

3.促进食欲

(1)良好的饮食习惯

饮食习惯会影响人的食欲及机体健康状况,好的饮食习惯包括不挑食、不偏食、不暴饮暴食,吃饭要定时定量、细嚼慢咽,还要心情愉悦等。

(2)妥善的编制食谱和选择合理的膳食方法

编制食谱和选择烹调方法要考虑食物的色、香、味、形和多样化。人类具有高度发达的中枢神经系统,所以在食物的因素中任何可以影响到大脑兴奋与抑制的因素都可以影响食欲。在选择原料和进行搭配时应注意这一点,可使就餐者保持旺盛的食欲。

4.保证食品卫生,防止食物污染,并注意减少营养素的损失

必须重视食品卫生教育和营养知识的普及工作,从而使膳食计划、配餐、制作各个环节都能保证达到要求,才能真正实现平衡膳食。

(二)对易损失营养素的补充

一些营养素性质活泼,易受外界环境因素的影响而被氧化、破坏或分解,在选择烹饪原料时更应注意多选择含这些营养素的原料。

1.重视维生素C的补充

维生素C的性质较不稳定,遇高温、碱及氧气均易被破坏,与某些金属离子如铜、铁、镁接触则氧化破坏的速度更快,食物中的某些酶也会使维生素C分解,食物原料在洗切过程中也会有部分维生素C的流失。所以,在烹饪原料选择时,应注意对维生素C含量高的原料的选择。

2.酌情增加维生素B_1的供给

维生素 B_1 在碱性环境中对热极为敏感,所以,要保护食物原料中的维生素 B_1,就要在烹饪过程中避免加碱。

3.注意增加维生素 B_2 的供给

富含维生素 B_2 的食物主要是动物内脏、蛋、乳类等,由于加工及烹饪过程的影响,会导致一部分维生素 B_2 的损失,故应适当增加富含维生素 B_2 的食物原料的选择。

二、食物的相宜相克举例

饮食得当,常吃相宜食物,能够健体强身,尤其对体虚多病的人身体恢复有益;饮食不当,常吃相克食物,不但不能吸收食物中的营养成分,还会对人健康产生不利影响。在我们追求饮食营养的同时,往往出现一些事与愿违的事情,追根溯源,食物与食物的相克是罪魁祸首。

有些食物单独食用对人体好处多多,但和其他食物组合在一起食用就会不利于健康。比如经常将鲜鲜滑滑的豆腐和绿油油的菠菜一起吃容易患结石症,金黄鲜美的橘子遇到萝卜就会诱发甲状腺肿大。有些食品本平淡无奇,但和其他食品一起食用就能组合成"黄金搭档"。比如大蒜和黄瓜同食是减肥的一剂良方,生姜加上醋摇身一变可以治疗恶心和呕吐。

了解食物相宜相克知识,还能学到常见病中应该注意的饮食宜忌,药物与相关食物或药物的相克,烹调禁忌以及饮食习惯禁忌等与生活息息相关的饮食知识。

(一)食物相宜举例

1.猪肉

①与蘑菇:具有补脾益气、润燥化痰及较强的滋补功效。②与竹笋:对糖尿病、水肿、积食、便秘、积痰、咳嗽、疮疡等症有辅助防治作用。③与芋头:对保健和预防糖尿病有较好的作用。④与白菜:适宜于营养不良、贫血、头晕、大便干燥等人食用。⑤与萝卜:健胃、消食、化痰、顺气、利尿、解酒、抗癌等功能,还能使人的头发有光泽。⑥与南瓜:对保健和预防糖尿病有较好的作用。

2.猪肝

①与苦瓜或苦菜：可为人体提供丰富的营养成分，具有清热解毒、补肝明目的功效，经常食用利于防癌。②与白菜：白菜清热，猪肝补血，两者配合有滋补功效。

3.猪肚

与豆芽：常吃可洁白皮肤及增强免疫功能，还可抗癌。

4.猪腰

与木耳：常吃可降低心血管病发病率，起养颜、抗衰老的作用；对久病体弱、肾虚腰背痛有很好的辅助作用。

5.牛肉

①与鸡蛋：不但滋补营养，而且能够促进血液的新陈代谢，延缓衰老。②与土豆：不但味道好，且土豆含有丰富的叶酸，起着保护胃黏膜的作用。③与生姜：可治伤寒腹痛。④与芹菜：降压、利尿、降胆固醇，营养价值高。⑤与白萝卜和洋葱：清热解毒、康胃健脾、止咳止痢，且营养价值高。

6.羊肉

①与鸡蛋：滋补营养，促进血液代谢，减缓衰老。②与香菜：适宜身体虚弱、阳气不足、性冷淡、阳痿等症者食用。③与生姜：可治腹痛、胃寒。

7.鸡肉

①与绿豆芽：可以降低心血管疾病及高血压病的发病率。②与菜心：可帮助消化，促进新陈代谢，调脏理肠，填精补髓，活血调经。③与牛蒡、栗子：可补脾造血，更有利于吸收鸡肉的营养成分。④与柠檬：令人食欲大振。⑤与金针菇：可防治肝脏肠胃疾病，开发儿童智力，增强记忆力及促进生长。⑥与油菜：对强化肝脏及美化肌肤非常有效。⑦与菜花：能有效防治消化道溃疡。此外，还具有补脑、利内脏、益气壮骨及抗衰老等功效。常吃可增强肝脏的解毒作用，提高免疫力，防止感冒和坏血病。⑧与红豆：营养丰富，有补肾滋阴、活血泽肤、明目、利尿、祛风解毒等作用。⑨与松子：如用植物油拌炒，能提高维生素E的摄取。⑩与洋葱：有抗癌、抗动脉硬化、杀菌消炎、降血压、降血糖血脂、延缓衰老、滋养

肝血、增加体液、滋润身体、暖胃、强腰健骨等作用。⑪与竹笋：具有低脂肪、低糖、低纤维的特点，适合体态较胖的人。⑫与白酒：能补血益气，活血通络，用于筋骨痿软，头昏心惊。

8.水产类

①甲鱼与冬瓜：润肤健肤、明目、生津止渴、除湿利尿、散热解毒，多吃还有助于减肥。②鱼肉与苹果：可止泻。③鱿鱼与木耳：含丰富蛋白质、铁质及胶原质，可使皮肤嫩滑且有血色。④鲤鱼与白菜：含有丰富的蛋白质、碳水化合物、维生素C等多种营养素，是妊娠水肿的辅助治疗食物。⑤虾皮与海带：有助于情绪稳定，还具有预防胃癌和大肠癌的作用，有良好的补钙作用。⑥鱼与豆腐：豆腐含钙较高，而鱼中含维生素D，两者合吃，可提高人体对钙的吸收。⑦鲫鱼与黑木耳：很适合年老体弱者食用，能减肥且润肤养颜。⑧鲢鱼头与豆腐：营养丰富，美容美体。⑨带鱼与木瓜：有营养、补虚、通乳的功效。

9.鸡蛋

①与韭菜：补肾、行气止痛。②与海鲜：都是良好的蛋白质来源，能提供丰富的锌、铁等微量矿物质。③与菠菜：含有丰富的优质蛋白质、矿物质、维生素等多种营养素，常吃可预防贫血。

10.豆类

（1）豆腐

①豆腐与海带：能促进有害物质排泄、减肥、清热解毒、补中生津。②豆腐与草菇：可作为高血压、高血脂患者的辅助食疗菜肴。③豆腐与生菜：具有滋阴补肾、增白皮肤、减肥健美的作用。④豆腐与虾仁：容易消化，高血压、高脂血症、动脉粥样硬化的肥胖者食之尤宜。⑤豆腐与鱼或海带：风味特别，营养极其丰富，可使人体对钙的吸收率提高20多倍，避免降低甲状腺功能。⑥豆腐与鲜蘑：是抗癌、降血脂、降血压的良方。⑦豆腐与白菜：适宜于大小便不利、咽喉肿痛、支气管炎等患者食用。

（2）豆制品

①豆腐皮与香菜梗：促进麻疹诱发，亦可健胃，祛风寒，除尿

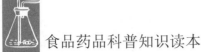

臭、阴臭。②豆腐干与青蒜苗:有杀菌、消炎、生发和抑制癌细胞的特殊功效。③豆干与韭菜:含丰富的蛋白质和维生素,是素食者最好的蛋白质补充来源。

(3)豆芽、豆苗等

①豆芽与韭菜:解毒、补虚,通肠利便,有利于肥胖者对脂肪的消耗,有助于减肥。②豆苗与猪肉:能预防糖尿病,有利尿、止泻、消肿、止痛和助消化等作用,能使肌肤清爽不油腻。③黄豆与茄子:可通气、顺肠、润燥消肿。

11.食用菌

(1)菇类

①蘑菇与扁豆:利于健肤、长寿。②香菇与蘑菇:有滋补强壮、消食化痰、清神降压、滑润皮肤和抗癌作用。③香菇与毛豆:适宜于高血脂、高血压、糖尿病、肥胖等病人食用。④香菇与菜花:此菜利肠胃,开胸膈,壮筋骨,并有较强的降血脂的作用。⑤口蘑与草菇和平菇:是滋补、降压、降脂、抗癌、减肥的理想食品。⑥菌菇与生菜:利尿、明目,防治口臭,增进食欲,补脾益气,润燥化痰。⑦凤尾菇与木瓜:补中益气、减脂、减肥、降压、健胃助消化以及提高免疫力。⑧平菇与韭黄:对于增进食欲和防治消化不良有疗效,此外还具有解毒作用,是心血管病、肥胖症患者的理想食品。⑨蘑菇与油菜:促进肠道代谢,减少脂肪在体内的堆积。

(2)木耳、银耳

①木耳与豆腐:有益气、生津、润燥等作用。②木耳与黄瓜:减肥,滋补强壮,和血,平衡营养。③黑木耳与莴笋:对高血压、高血脂、糖尿病、心血管病有防治作用。④银耳、木耳与鹌鹑蛋、鸭蛋或猪脑:滋肾补脑,对用脑过度、头昏、记忆力减退等都有一定的疗效(老年人不建议吃动物脑)。

12.蔬菜

(1)茄子与肉:可维持血压,增强血管的抵抗力,对防治紫癜症也有帮助。茄子与苦瓜:能解除疲劳、清心明目、益气壮阳、延缓衰老,是心血管病人的理想蔬菜。

（2）葱蒜类

①洋葱与猪肝、猪肉或鸡蛋：为人体提供丰富的营养成分，对于预防高血压、高血脂、脑出血非常有效（主要是洋葱的功效）。②葱、内脏、蒜、韭菜与肉类：能大大发挥维生素 B_1 的作用和延长其在体内的时间，从而增加吸收机会。③蒜与生菜：具有防止牙龈出血及坏血病等功效，常吃可清理内热。④葱与兔肉：此菜肉嫩易消化，能降血脂、美容。⑤大蒜与肉：可延长维生素 B_1 在人体内的停留时间，这对促进血液循环以及尽快消除身体疲劳、增强体质都有重要的作用。

（3）空心菜与红椒：有降血压、止头疼、解毒消肿的作用。

（4）卷心菜与木耳或虾米：有补肾壮骨、填精健脑、脾胃通络、强身健体、防病抗病的作用。

（5）菜花与猪肉或玉米：具有润肤、延缓衰老的作用。菜花与西红柿：能预防牙周病、健胃消食，对高血压、高血脂患者尤为适宜。

（6）丝瓜与鸡蛋：能滋肺阴、补肾，使肌肤润泽健美，常吃对人体健康极为有利。

（7）冬瓜与口蘑：有利小便、降血压的功效。冬瓜与鸡肉：能清热利尿、消肿轻身。

（8）黄瓜与马铃薯和西红柿：有减肥、润肤、延缓衰老的作用。

（9）芹菜与核桃仁：有润发、明目、养血的作用。芹菜与西红柿：对高血压、高血脂患者尤为适宜。芹菜与花生：适合高血压、高血脂、血管硬化等患者食用。

（10）豆角与木耳和鸡肉：能益气养胃润肺、降脂减肥、活血调经。

（11）白菜与虾米或牛肉、猪肝：具有健脾开胃的功能效，特别适合虚弱病人经常食用。

（二）食物相克举例

1.猪肉

①与豆类相克：形成腹胀、气壅、气滞。②与菊花相克：同食严重会导致死亡。③与羊肝相克：共烹炒易产生怪味。④与田螺相克：二物同属凉性，且滋腻易伤肠胃。⑤与茶相克：同食易产生便秘。⑥与百合相克：同食会引起中毒。⑦与杨梅子相克：同食严重

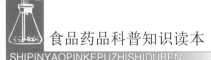

会死亡。⑧与鸭梨相克：伤肾脏。

2.猪肝

①与富含维生素C的食物相克：引起不良生理效应，面部产生色素沉着。②与番茄、辣椒相克：猪肝中含有的铜、铁能使维生素C氧化为脱氢抗坏血酸而失去原来的功能。③与菜花相克：降低人体对两物中营养元素的吸收。④与荞麦相克：同食会影响消化。⑤与豆芽相克：猪肝中的铜会加速豆芽中的维生素C氧化，失去其营养价值。

3.猪血与何首乌相克：会引起身体不适。

4.羊肉

①与栗子相克：二者都不易消化，同炖共炒都不相宜，同吃甚至可能会引起呕吐。②与豆酱相克：二者功能相反，不宜同食。③与乳酪相克：二者功能相反，不宜同食。④与醋相克：醋宜与寒性食物相配，而羊肉大热，不宜配醋。⑤与竹笋相克：同食会引起中毒。

5.羊肝

①与红豆相克：同食会引起中毒。②与竹笋相克：同食会引起中毒。

6.牛肉与橄榄相克：同食会引起身体不适。

7.牛肝

①与富含维生素C的食物相克：猪肝中含有的铜、铁能使维生素C氧化为脱氢抗坏血酸而失去原来的功能。②与鲇鱼相克：可产生不良的生化反应，对人体有害。③与鳗相克：可产生不良的生化反应。

8.鹅肉

①与鸡蛋相克：同食伤元气。②与柿子相克：同食严重会导致死亡。

9.鸭肉与鳖相克：久食令人阳虚，水肿腹泻。

10.鸡肉

①与鲤鱼相克。②与芥末相克：两者共食，恐助火热，无益于健康。③与大蒜相克。④与菊花相克：同食会中毒。⑤与糯米相克：同食会引起身体不适。⑥与狗肾相克：会引起痢疾。⑦与芝麻

相克:同食严重会导致死亡。

11.鸡蛋

①与豆浆相克:能降低人体对蛋白质的吸收率。②与地瓜相克:同食会腹痛。③与消炎片相克:同食会中毒。

12.兔肉

①与橘子相克:引起肠胃功能紊乱,导致腹泻。②与芥末相克:性味相反不宜同食。③与鸡蛋相克:易产生刺激胃肠道的物质而引起腹泻。④与姜相克:寒热同食,易致腹泻。⑤与小白菜相克:容易引起腹泻和呕吐。

13.狗肉

①与鲤鱼相克:二者生化反应极为复杂,可能产生不利于人体的物质。②与茶相克:产生便秘,代谢产生的有毒物质和致癌物积滞肠内被动吸收,不利于健康。③与大蒜相克:同食助火,容易损人。④与姜相克:同食会腹痛。⑤与朱砂和鲤鱼相克:同食会上火。⑥与狗肾相克:会引起痢疾。⑦与绿豆相克:同食会腹胀。

14.狗血与泥鳅相克:阴虚火盛者忌食。

15.马肉与木耳相克:同食易得霍乱。

16.驴肉与金针菇相克:同食会引起心痛,严重会致命。

17.鲤鱼

①与咸菜相克:可引起消化道癌肿。②与赤小豆相克。③与猪肝相克:同食会影响消化。④与甘草相克:同食会中毒。⑤与南瓜相克:同食会中毒。

18.鲫鱼

①与猪肉相克:二者起生化反应,不利于健康。②与冬瓜相克:同食会使身体脱水。③与猪肝相克:同食具有刺激作用。④与蜂蜜相克:同食会中毒。

19.虾与富含维生素C的食物相克:生成砒霜,有剧毒。

20.虾皮

①与红枣相克:同食会中毒。②与黄豆相克:同食会影响消化。

21.螃蟹

①与梨相克：二者同食伤肠胃。②与茄子相克：二者同食伤肠胃。③与花生仁相克：易导致腹泻。④与冷食相克：易导致腹泻。⑤与泥鳅相克：功能正好相反，不宜同吃。⑥与石榴相克：刺激胃肠，出现腹痛、恶心、呕吐等症状。⑦与香瓜相克：易导致腹泻。⑧与地瓜相克：容易在体内凝成柿石。⑨与南瓜相克：同食会引起中毒。⑩与芹菜相克：同食会影响蛋白质的吸收。

22.海味食物与含鞣酸食物相克

海味食物中的钙质与鞣酸结合成一种新的不易消化的鞣酸钙，它能刺激肠胃并引起不适感，出现肚子痛、呕吐、恶心或腹泻等症状。含鞣酸较多的水果有柿子、葡萄、石榴、山楂、青果等。

23.芹菜

①与黄瓜相克：芹菜中的维生素C将会被分解破坏，降低营养价值。②与蚬、蛤、毛蚶、蟹相克：芹菜会将蚬、蛤、毛蚶、蟹中所含的维生素B_1全部破坏。③与甲鱼相克：同食会中毒。④与菊花相克：同食会引起呕吐。⑤与鸡肉相克：同食会伤元气。

24.黄瓜

①与柑橘、辣椒、花菜、菠菜相克：柑橘、辣椒、花菜、菠菜中的维生素C会被黄瓜中的分解酶破坏。②与花生相克：同食易导致腹泻。

25.葱

①与狗肉相克：共增火热。②与枣相克：辛热助火。③与豆腐相克：形成草酸钙，造成对钙的吸收困难。

26.大蒜

①与蜂蜜相克：性质相反。②与大葱相克：同食会伤胃。③与何首乌相克：同食会引起腹泻。

27.胡萝卜

①与白萝卜相克：白萝卜中的维生素C会被胡萝卜中的分解酶破坏殆尽。②与橘子相克：诱发或导致甲状腺肿。③与何首乌相克：性寒滑。④与木耳相克：同食易得皮炎。

28.辣椒与胡萝卜、南瓜相克：辣椒中的维生素C会被胡萝卜、

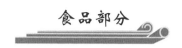

南瓜中的分解酶破坏。

29.韭菜

①与牛肉相克:同食容易中毒。②与白酒相克:相当于"火上加油"。

30.菠菜

①与豆腐相克:菠菜中的草酸与豆腐中的钙形成草酸钙,使人体的钙无法吸收。②与黄瓜相克:维生素C会被破坏尽。③与乳酪相克:乳酪所含的化学成分会影响菠菜中丰富的钙质的吸收。④与鳝鱼相克:同食易导致腹泻。

31.南瓜

①与富含维生素C的食物相克:维生素C会被南瓜中的分解酶破坏。②与羊肉相克:两补同时,令人肠胃气壅。③与虾相克:同食会引起痢疾。

32.西红柿

①与白酒相克:同食会感觉胸闷,气短。②与地瓜相克:同食会得结石病、呕吐、腹痛、腹泻。③与胡萝卜相克:西红柿中的维生素C会被胡萝卜中的分解酶破坏。④与猪肝相克:猪肝使西红柿中的维生素C氧化脱氧,失去原来的抗坏血酸功能。⑤与咸鱼相克:同食易产生致癌物。⑥与毛蟹相克:同食会引起腹泻。⑦与鱼肉相克:食物中的维生素C会对鱼肉中营养成分的吸收产生抑制作用。⑧与土豆相克:同食会导致食欲不佳,消化不良。

33.黄豆

①与酸牛奶相克:黄豆所含的化学成分会影响酸牛奶中丰富的钙质的吸收。②与猪血相克:同食会消化不良。

34.豆浆

①与鸡蛋相克:阻碍蛋白质的分解。②与药物相克:药物会破坏豆浆的营养成分或豆浆影响药物的效果。

35.牛奶

①与钙粉相克:牛奶中的蛋白和钙结合发生沉淀,不易吸收。②与酸性饮料相克:凡酸性饮料,都会使牛奶pH值下降,使牛奶中

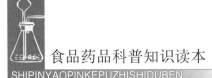

的蛋白质凝结成块,不利于消化吸收。③与橘子相克:引起胃炎或胃蠕动异常。④与巧克力相克:牛奶中的钙与巧克力中的草酸结合成草酸钙,易缺钙。⑤与药物相克:降低了药物在血液中的浓度,影响疗效。⑥与菜花相克:菜花含的化学成分影响钙的消化吸收。⑦与韭菜相克:影响钙的吸收。⑧与果汁相克:降低牛奶的营养价值。⑨与生鱼相克:同食会引起中毒。⑩与菠菜相克:同食会引起痢疾。⑪与酒相克:易导致脂肪肝,增加有害物质的形成,降低奶类的营养价值。

36.酸牛奶与香蕉相克:同食易产生致癌物。

37.蜂蜜与豆腐、韭菜相克:易导致腹泻。

38.红糖

①与豆浆相克:不利于吸收。②与竹笋相克:形成赖氨酸糖基,对人体不利。③与牛奶相克:使牛奶的营养价值大大降低。④与富铜食物相克:食糖过多会阻碍人体对铜的吸收。⑤与皮蛋相克:同食会引起中毒。⑥与生鸡蛋相克:同食会引起中毒。

39.糖精

①与蛋清相克:同吃会中毒,严重会导致死亡。②与甜酒相克:同吃会中毒。

40.茶

①与白糖相克:糖会抑制茶中清热解毒的效果。②与鸡蛋相克:影响人体对蛋白质的吸收和利用。③与酒相克:酒后饮茶,使心脏受到双重刺激,兴奋性增强,更加重心脏负担。④与羊肉相克:容易发生便秘。⑤与药物相克:影响药物吸收。

41.咖啡

①与香烟相克:容易导致胰腺癌。②与海藻、茶、黑木耳、红酒相克:同食会降低人体对钙的吸收。

42.酒

①与咖啡相克:相当于"火上浇油",加重对大脑的伤害,刺激血管扩张,极大地增加心血管负担,甚至危及生命。②与糖类相克:导致血糖上升,影响糖的吸收,容易产生糖尿。③白酒与啤酒相克:

导致胃痉挛、急性胃肠炎、十二指肠炎等症,同时对心血管的危害也相当严重。④啤酒与海味相克:同食会引发痛风症。⑤白酒与胡萝卜相克:同食易使肝脏中毒。⑥白酒与核桃相克:易致血热,轻者燥咳,严重时会出鼻血。⑦啤酒与腌熏食物相克:有致癌或诱发消化道疾病的可能。⑧啤酒与汽水相克:这样喝啤酒很少有不醉的。

附表

食物相克相宜表

首字母	食物名称	相克相宜	相克相宜食物名称									
A	鹌鹑肉	相克	猪肝	黑木耳	猪肉	蘑菇						
B	白菜	相克	兔肉	羊肝								
		相宜	鲤鱼	猪肝								
	白酒	相克	牛肉	西红柿	柿子	胡萝卜	韭菜	啤酒	核桃	黍米	牛奶	桃子	汽水
		相宜	鸡肉									
	白糖	相克	茶	贝类	葡萄干							
		相宜	西红柿									
	菠菜	相克	豆腐	黄豆	黄瓜	海鱼	南瓜	虾	苋菜	鸡蛋	萝卜	牛奶
		相宜	猪肝	胡萝卜	盐							
	菠萝	相克	大豆	瘦肉	韭菜	鳝鱼						
		相宜	盐									
	百合	相克	猪肉									
		相宜	鸡蛋									
	贝类	相克	白糖									
	冰糖	相宜	梨									

续表

首字母	食物名称	相克相宜	相克相宜食物名称											
C	茶	相克	白糖	羊肉	黑木耳	红糖	狗肉	鸡蛋	人参	猪肉				
		相宜	洋葱											
	葱	相克	蜂蜜	豆腐	狗肉	大蒜	杨梅	枣						
		相宜	牛肉											
	醋	相克	芹菜	羊肉	胡萝卜	鳗鱼	青菜	猪骨汤	牛奶					
		相宜	皮蛋	鲤鱼										
D	大蒜	相克	狗肉	蜂蜜	葱	鸡肉	何首乌	牛肉						
		相宜	黄瓜											
	大枣	相克	黄瓜	胡萝卜	动物肝脏									
		相宜	栗子											
	大米	相克	红豆											
		相宜	绿豆	猕猴桃										
	豆腐	相克	菠菜	葱	竹笋	蜂蜜	茭白							
		相宜	鱼	海带										
	豆浆	相克	柑橘	鸡蛋	红糖	牛奶	蜜蜂	药物						
	豆豉	相克	鸭肉											
	豆角	相宜	土豆											
	豆苗	相克	虾											
	冬瓜	相克	鲫鱼											
		相宜	甲鱼											
	动物肝脏	相克	辣椒	萝卜	猕猴桃	香菜	大枣	柑橘						
E	鹅肉	相克	鸡蛋	鸭梨										
F	蜂蜜	相克	葱	大蒜	豆浆	菱角	李子	莴笋	豆腐（花）	洋葱	韭菜	鲫鱼	毛蟹	
		相宜	牛奶											

首字母	食物名称	相克相宜	相克相宜食物名称										
G	柑橘	相克	豆浆	蟹	胡萝卜	萝卜	蛤蜊	动物肝脏	黄瓜	牛奶			
	蛤蜊	相克	田螺	柑橘	芹菜								
		相宜	豆腐										
	狗肉	相克	葱	大蒜	绿豆	鳝鱼	茶	杏仁	鲤鱼	姜			
H	海带	相克	猪血	甘草									
		相宜	豆腐	芝麻									
	海鱼	相克	菠菜	南瓜	洋葱	葡萄	山楂						
	海味食品	相克	苹果	山楂	含鞣酸多的水果（葡萄、柿子、石榴、青果等）								
	海鲜	相克	啤酒	枣	葡萄								
	黄鱼	相克	荞面										
	黑木耳	相克	鹌鹑肉	茶	田螺	萝卜	鸭肉	马肉					
		相宜	鲫鱼	黄瓜	银耳	红糖	莴笋						
	红豆	相克	羊肚	大米	鲤鱼	羊肝	羊肉						
		相宜	鸡肉										
	红薯	相克	西红柿	螃蟹	鸡蛋	香蕉							
	红糖	相克	皮蛋	牛奶	牛肉	虾	茶	豆浆	竹笋				
		相宜	黑木耳										
	胡萝卜	相克	萝卜	醋	山楂	辣椒	猕猴桃	木瓜	柠檬	苹果	大枣	木耳	何首乌
			柑橘	西红柿	白酒								
		相宜	菠菜										
	花生	相克	黄瓜	毛蟹	蕨菜								
		相宜	芹菜	啤酒+毛豆									
	黄豆	相克	菠菜	虾皮	猪肝	猪血	蕨菜	酸奶	菠萝				
		相宜	茄子										
	黄瓜	相克	菠菜	花生	猕猴桃	柠檬	香菜	杨梅	大枣	柑橘	花菜	芹菜	西红柿
		相宜	黑木耳	大蒜									

续表

首字母	食物名称	相克相宜	相克相宜食物名称										
J	鸡蛋	相克	甲鱼	茶	柿子	菠萝	茶	豆浆	红薯	消炎片	鹅肉		
		相宜	百合	韭菜									
	鸡肉	相克	芹菜	大蒜	芥末	芥菜	兔肉	虾	鲤鱼	菊花	糯米	狗肾	芝麻
		相宜	人参	白酒	辣椒	栗子	红豆						
	鲫鱼	相克	冬瓜	蜂蜜	麦冬	猪肉	芥菜	猪肝					
		相宜	黑木耳										
	甲鱼	相克	猪肉	芹菜	鳝鱼	鸭肉	鸡蛋	苋菜					
		相宜	冬瓜										
	姜	相克	牛肉	兔肉	狗肉								
	芥菜	相克	鸡肉	兔肉	梨	鲫鱼							
	韭菜	相克	蜂蜜	牛肉	白酒	菠菜	牛奶						
		相宜	豆芽	鸡蛋									
	蕨菜	相克	黄豆	猪肉	毛豆	花生							
	茭白	相克	豆腐										
	芥末	相克	鸡肉										
L	辣椒	相克	胡萝卜	南瓜	动物肝脏								
		相宜	鸡肉										
	梨	相克	羊肉	萝卜	芥菜	南瓜	虾	蟹	开水	猪肉	鹅肉		
		相宜	冰糖										
	鲤鱼	相克	红豆	甘草	猪肝	南瓜	咸菜	狗肉	鸡肉				
		相宜	白菜	醋									
	驴肉	相克	金针菇										
	李子	相克	蜂蜜	鸭蛋									
	栗子	相克	牛肉	鸭肉	杏仁	羊肉							
		相宜	鸡肉	大枣									
	冷饮	相克	田螺										
	菱角	相克	杏仁	蜂蜜									
	萝卜	相克	黑木耳	人参	杨梅	菠萝	柑橘	胡萝卜	梨	动物肝脏	柿子	蛇肉	
		相宜	猪肉										
	绿豆	相克	榧子	狗肉	西红柿								
		相宜	大米	南瓜									
	芦荟	相宜	柠檬										

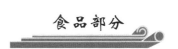

首字母	食物名称	相克相宜	相克相宜食物名称								
M	鳗鱼	相克	梅干	醋	牛肝	银杏					
	毛豆	相克	蕨菜	鱼							
		相宜	花生								
	毛蟹	相克	茄子	泥鳅	花生	柑橘	芹菜	鳝鱼	柿子	梨	蜂蜜
			南瓜	香瓜	西红柿	冷饮	石榴	红薯	枣		
	猕猴桃	相克	黄瓜	胡萝卜	动物肝脏	乳品					
		相宜	大米								
	木瓜	相克	胡萝卜	虾	玉米笋	人参					
		相宜	凤尾菇	牛奶							
	梅干	相克	鳗鱼								
	梅干菜	相克	羊肉								
N	南瓜	相克	羊肉	虾	带鱼	辣椒	蟹	鲤鱼	富含维生素C的食物(菠菜、草莓、梨、橘子)		
		相宜	绿豆								
	泥鳅	相克	毛蟹								
	柠檬	相克	牛奶	胡萝卜	黄瓜						
		相宜	芦荟								
	牛奶	相克	花菜	菠萝	生鱼	山楂	柠檬	苋菜	杨梅	豆浆	红糖	白酒
			米汤	钙粉	酸性饮料	橘子	巧克力	药物	韭菜	果汁	菠菜	醋
		相宜	木瓜	杏仁	蜂蜜						
	牛肉	相克	韭菜	姜	田螺	白酒	红糖	栗子	橄榄	鲶鱼	大蒜
		相宜	土豆	芹菜	葱						
	牛肝	相克	鳗鱼								

续表

首字母	食物名称	相克相宜	相克相宜食物名称									
P	苹果	相克	胡萝卜	萝卜	海味食品							
		相宜	洋葱	酸奶								
	排骨	相宜	山楂									
	啤酒	相克	海鲜	烟熏食物								
		相宜	花生	毛豆								
	皮蛋	相克	红糖									
		相宜	醋									
	葡萄	相克	海鱼	人参	鳝鱼	田螺	海鲜					
	葡萄干	相克	白糖									
Q	芹菜	相克	蟹	兔肉	蚬	醋	蛤蜊	鸡肉	甲鱼	黄瓜	菊花	毛蚶
		相宜	牛肉	西红柿	花生							
	茄子	相克	毛蟹	墨鱼								
		相宜	黄豆									
	青椒	相宜	鳝鱼									
R	人参	相克	山楂	木瓜	茶	葡萄	萝卜					
		相宜	鸡肉									
S	山楂	相克	人参	猪肝	牛奶	海味食品						
		相宜	排骨									
	山药	相宜	鸭肉									
	生鱼	相克	牛奶									
	石榴	相克	土豆	莴笋	西红柿							
	鳝鱼	相克	狗肉	甲鱼、蟹（孕妇）	含鞣酸多的水果（葡萄、柿子等）		菠菜					
		相宜	青椒									
	柿子	相克	蟹	章鱼	田螺	土豆	鸡蛋	鳝鱼	白酒	萝卜		
	酸奶	相克	香肠	黄豆	香蕉							
		相宜	苹果									
	蒜苗	相宜	莴笋									

续表

首字母	食物名称	相克相宜	相克相宜食物名称									
	田螺	相克	蛤蜊	冷饮	猪肉	羊肉	黑木耳	牛肉	柿子	香瓜	面	蚕豆	玉米
	田螺	相克	含鞣酸多的水果(葡萄、柿子等)										
T	土豆	相克	香蕉	西红柿	石榴	柿子							
		相宜	豆角	牛肉									
	兔肉	相克	芹菜	鸡肉	白菜	姜	芥菜	鸭血	芥末				
		相宜	枸杞										
W	莴笋	相克	蜂蜜	石榴									
		相宜	黑木耳	蒜苗									
X	西红柿	相克	土豆	红薯	猪肝	胡萝卜	绿豆	白酒	毛蟹	咸鱼	黄瓜	冰棒	石榴
		相宜	芹菜	白糖									
	虾	相克	鸡肉	红糖	猪肉	木瓜	南瓜	富含维生素C食物(菠菜、草莓、梨、橘子等)		果汁			
		相宜	豆苗										
	虾皮	相克	黄豆	枣									
	苋菜	相克	甲鱼	菠菜	牛奶	蕨粉							
	香菜	相克	猪肉	黄瓜	动物肝脏								
		相宜	牛肉										
	香瓜	相克	蟹										
	香蕉	相克	酸奶	土豆	红薯	芋头							
	香肠	相克	酸奶										
	蟹	相克	芹菜	鳝鱼	柿子	香瓜	梨	南瓜	泥鳅	柑橘	花生	茄子	
	杏仁	相克	狗肉	猪肉	菱角	栗子							
		相宜	牛奶										

219

续表

首字母	食物名称	相克相宜	相克相宜食物名称									
Y	鸭肉	相克	甲鱼	杨梅	黑木耳	胡桃	豆豉	栗子				
	鸭肉	相宜	山药									
	鸭蛋	相克	李子									
	杨梅	相克	鸭肉	萝卜	牛奶	黄瓜	葱	猪肉				
	洋葱	相克	海鱼	蜂蜜								
	洋葱	相宜	茶	苹果								
	鱼	相克	西红柿									
	羊肚	相克	红豆									
	羊肝	相克	红豆	白菜	竹笋	辣椒	猪肉					
	羊肉	相克	梅干菜	竹笋	醋	田螺	茶	梨	南瓜	栗子	豆酱	西瓜
	羊肉		乳酪	红豆								
	羊肉	相宜	香菜									
	银耳	相宜	黑木耳									
	银杏	相克	鳗鱼									
	玉米笋	相克	木瓜									
Z	猪肝	相克	山楂	花菜	豆芽	鲫鱼	西红柿	鹌鹑肉	黄豆	鲤鱼		
	猪肝		鲫鱼	鲤鱼	西红柿	菜花	荞麦	豆芽	辣椒	富含维生素C的食物		
	猪肝	相宜	白菜	菠菜								
	猪肉	相克	豆类	羊肝	虾	田螺	香菜	杏仁	鹌鹑肉	菊花	百合	
	猪肉		鲫鱼	甲鱼	蕨菜	梨	杨梅	甘草	乌梅			
	猪肉	相宜	萝卜									
	猪血	相克	海带	黄豆	何首乌							
	章鱼	相克	柿子									
	芝麻	相克	鸡肉									
	芝麻	相宜	海带									
	竹笋	相克	豆腐	羊肝	羊肉	糖浆						
	枣	相克	虾皮	螃蟹	葱	海鲜						

第二篇

药品部分

第一章　基本知识

第一节　概念

随着社会的发展,人们对生活品质的追求越来越高,特别是健康,它在人们的生活中占有非常重要的位置。健康是生命的延续,是幸福的保障和源泉;健康是福,只有拥有健康才能更好地享受人生。但是,如今,社会生活节奏加快,各方面压力与日俱增,许多人因忙于工作、应酬,忽略了自己的健康。药品在维护我们的身体健康中起着不可替代的作用,药品是防病治病保护人民健康的特殊商品。我们的身体一旦受到疾病的侵扰,譬如感冒、腹泻、发烧等,小到身体不适,大到身体重大疾患,都必须使用药品予以调节或治疗,才能恢复健康。因此,健康离不开药品,我们的生活离不开药品。药品是人类维持健康的物质基础之一。药品是一种特殊商品,它的特殊在于药品与人们的生命健康紧密相关,并且它具有双重性,即治疗作用和毒副作用。以下从五个方面对药品做一基本介绍。

一、药品

1.药品的概念

药品是指用于预防、治疗、诊断人的疾病,有目的地调节人体生理机能并规定有适应症或者功能主治、用法和用量的物质,包括中药材、中药饮片、中成药、化学原料药及其制剂、抗生素、生化药品、放射性药品、血清、疫苗、血液制品和诊断药品等。同时,它的研制、生产、经营、使用的过程都受国家食品药品监督管理局的监

督和管理。

2.药品的特性

①有效性:指在规定的适应症、用法和用量的条件下,能满足预防、治疗、诊断人的疾病,有目的地调节人的生理机能的要求。我国对药品的有效性分为"痊愈""显效""有效"。国际上有的采用"完全缓解""部分缓解""稳定"来区别。

②安全性:指按规定的适应症和用法、用量使用药品后,人体产生毒副作用反应的程度。新药的审批中要求提供急性毒性、长期毒性、致畸、致癌、致突变等数据。

③稳定性:指在规定的条件下保持其有效性和安全性的能力。规定的条件是指在规定的效期内,以及生产、贮存、运输和使用的条件。

④均一性:指药物制剂的每一单位产品都符合有效性、安全性的规定要求。

3.各类药品标识

二、药品名称

药品名称的种类有三种,即通用名称、化学名称、商品名称。有的药品还有曾用名等其他名称,所以在决定购买某种药品之前应仔细阅读药品使用说明书,看清楚药品名称,以免买错药、用错药。

1.药品通用名称

通用名,即药品的法定名称,也就是国家标准规定的药品名称。药品的通用名由药典委员会按照《药品通用名称命名原则》组织制定,并报国家食品药品监督管理总局备案的药品的法定名称,是同一种成分或相同配方组成的药品在中国境内的通用名称,具有强制性和约束性。我们平常经常提到用到的大多数药品,通用名称也是其法定名称,国家提倡使用通用名称和法定名称。通用名称的特点是它的通用性,即不论何处生产的同种药品都可使用的名称。药品通用名称不得作为商标注册,在一个通用名下,由于生产厂家的不同,可有多个商品名称。通用名称是药品广告中必须进行宣传的内容。

2.药品化学名称

药品的化学名称是根据药物化学成分的结构式予以命名的,它有一母体基本结构,然后冠以取代基。药物的化学名称可参考国际纯粹与应用化学联合会(IUPAC)公布的有机化学命名原则及中国有机化合物命名原则。

3.药品商品名称

商品名,即药品生产企业为了提高自己的品牌效应,把自己生产的药品区别于其他药品生产企业生产的同一种药品,而自己给药品的命名。商品名是药品生产厂商自己确定,经药品监督管理部门核准的产品名称,具有专有性质,不得仿用。一个药品通用名称可以有好几个甚至几十个商品名称。比如,一种治疗感冒的药品,国家标准规定的法定名称即通用名称叫"复方氨酚烷胺胶囊",商品名称有:海南亚洲生产的叫"快克",四川蜀中生产的叫"盖克",重庆科瑞生产的叫"感诺",湖南康普生产的叫"快康",还有感康、仁和可立克等商品名。药品通用名称一样的,其功能主治、药效作用都是一样的,但是有的消费者却不明白其中的原因,有时候药品的商品名称确实糊弄了不少消费者。因此,凡上市流通的药品的标签、说明书或包装上必须要用通用名称,其命名应当符合《药品通用名称命名原则》的规定,不可用作商标注册。

4.药品的别名

药品的曾用名也叫药品的别名,在一定历史时期曾经使用过的名称,有时是一个或几个,后来统一成为现在的名称,那些曾经

使用过的药品名称就是"曾用名"。过去曾经使用一段时间的、人们已经习惯的名称即是药物的别名。如心痛定即属于此类,该药的通用名为硝苯地平。

举例如下:

【药品名称】

通用名:硝苯地平控释片

商品名:拜新同

英文名:Nifedipine Controlled Release Tablets

汉语拼音:Xiaobendiping Kongshi Pian

本品主要成分为硝苯地平,其化学名称为:2,6-二甲基-4-(2-硝基苯基)-1,4-二氢-3,5-吡啶二甲酸二甲酯。

三、药品规格

药品的规格包括制剂规格和包装规格。

药品的制剂规格指单位剂量药品中含有药物的量,是临床使用药物的重要依据。目前,药品的制剂规格由国家食品药品监督管理总局审批。不同药品或同一种药品的制剂规格可以相同也可以不同。如诺氟沙星胶囊制剂规格为100mg/粒,即每粒含诺氟沙星100mg;咽炎片制剂规格为0.25g/片,指基片净重0.25g。有好多中药制剂,因成分复杂,没有明确标明制剂规格,但在处方和生产工艺中有明确的规定,即投入定量的饮片,按规定工艺条件,生产出一定数量的产品。如牛黄解毒片、强力枇杷露就属于这种情况。

我们日常所说的规格如10mg×100片指包装规格。包装规格是生产企业根据药品性状、用法用量、贮存、运输、销售、使用的情况,选择适宜的内、外包装材料材质和包装数量,并将版式、标示内容等报省药监局审批、国家局网站公示后执行的备案包装。可分小包装、中包装、大包装等。如妇可靖胶囊包装规格为铝塑泡罩,有18粒/板×1盒、18粒/板×2板/盒、12粒/板×2板/盒、12粒/板×3板/盒。同一个品种,同一种制剂规格,不同企业生产,包装规格不一定相同,药品的质量标准都是一致的,适应症(功能主治)和用法用量的规定都是相同的。

四、药品不良反应

俗话说"是药三分毒",药品是一面双刃剑。药品在发挥治病作用的同时,也可能存在一些有害的反应,我们常常把这类有害的反应叫药品不良反应(英文为 Adverse Drug Reaction,缩写为 ADR)。药品不良反应(ADR)是指合格药品在正常用法用量下出现的与用药目的无关或意外的有害反应。药物不良反应是药物固有的属性,其特定的发生条件是按正常剂量与正常用法用药,在内容上排除了因药物滥用、超量误用、不按规定方法使用药品及质量问题等情况所引起的反应。

要正确理解药品不良反应的概念,必须把握药品不良反应所包含的三个方面内容:一必须是合格的药品,二必须是在正常用法用量下使用药品,三是使用药品后出现与用药目的无关或意外的有害反应。药品不良反应的具体表现有常见的青霉素过敏反应,轻者会出现荨麻疹等各类皮疹及哮喘发作等症状,严重时会出现过敏性休克,抢救不及时可引起死亡;阿司匹林、消炎痛等引起的哮喘;庆大霉素、链霉素等导致的耳聋。任何药物都有不良反应,非处方药长期、大量使用也会导致不良反应。药品不良反应具体分为三种:药品说明书中未载明的药品不良反应就是新的药品不良反应;药品说明书中已经标明了的且不符合严重的药品不良反应判断标准的,属于一般的药品不良反应;严重的药品不良反应是指能够引起死亡、致癌致畸致出生缺陷、对生命有危险并能够导致人体永久的或显著的伤残、对器官功能产生永久损伤、导致门诊病人住院或住院病人住院时间延长的药品不良反应。只要符合以上五个条件中任何一项者,都属于严重的药品不良反应。药品突发性群体不良事件是指突然发生的,在同一地区、同一时段内,使用同一种药品对健康人群或特定人群进行预防、诊断、治疗过程中出现的多人药品不良事件。

合理用药是指根据疾病种类、患者状况和药理学理论选择最佳的药物及其制剂,制定或调整给药方案,以期有效、安全、经济地防治和治愈疾病的措施。合理用药可以提高患者治疗效果、减少

药物不良反应,节约医疗卫生资源,减轻患者及社会负担。在我国不合理用药情况占整个用药的12%~32%,每年5000多万住院病人中至少250万人与药物使用不合理有关,由此引起死亡的达19万人之多。不合理用药的表现主要有:①自行随机购药,不分处方药和非处方药。②用药前不看说明书,凭经验服药。③重复用药。④过分相信和依赖抗生素。⑤不按时按剂量用药。⑥频繁更换药品,模仿他人用药。⑦使用过期药品。⑧隐瞒、漏报药品不良反应或用药错误。

不合理用药的危害主要包括:①降低药物的治疗效果,贻误病情,危及患者的生命。②增加药品不良反应(ADR)的发生。③抗菌药物的不合理使用,导致临床致病菌株和耐药菌株增加。④增加患者的经济负担,浪费有限的医药卫生资源。⑤产生不良的心理影响和社会影响。

五、基本药物

1.国家基本药物

"基本药物"的概念,由世界卫生组织于1977年提出,指的是能够满足基本医疗卫生需求,剂型适宜、保证供应、基层能够配备、国民能够公平获得的药品,主要特征是安全、必需、有效、价廉。2009年8月18日中国正式公布《关于建立国家基本药物制度的实施意见》、《国家基本药物目录管理办法(暂行)》和《国家基本药物目录(基层医疗卫生机构配备使用部分)》(2009版),这标志着中国建立国家基本药物制度工作正式实施。因为各国公共医疗保障体系都不可能为民众的所有药物开支付账,因此世界卫生组织对所有上市的药品进行适当的遴选,编制出基本药物目录。目的是为各国政府提供一个范本,以便能挑选药物解决当地公共卫生需求并制定国家清单。全世界约有160个国家和地区拥有正式的基本药物目录。

我国幅员辽阔,城乡、地区发展差异大,在全国范围内建立基本药物制度,有利于提高群众获得基本药物的可及性,保证群众基本用药需求;有利于维护群众的基本医疗卫生权益,促进社会公平正义;有利于改变医疗机构"以药补医"的运行机制,体现基本医疗卫生的公益性;有利于规范药品生产流通使用行为,促进合理用药,减轻群众负担。

挑选基本药物的主要根据包括:与公共卫生的相干性,有效性与安全的保证,相对优越的成本—效益性。在一个正常运转的医疗卫生体系中,基本药物在任何时候都应有足够数量的可获得性,其质量是有保障的,其信息是充分的,其价格是个人和社区能够承受的。基本药物品种不是越多越好,应是满足基本用药的需求。基本药物的遴选应坚持防治必需、安全有效、价格合理、使用方便、中西药并重、基本保障、临床首选和基层能够配备的原则,结合我国用药特点,参照国际经验。既要与我国公共卫生、基本医疗卫生服务和基本医疗保障水平相适应,也要符合我国基本疾病谱的特点,能够满足基层医疗卫生机构常见病、多发病和传染病预防、治疗的需求。有地方反映,目前国家基本药物目录品种数量过少,不能满足群众用药需要。

建立国家基本药物制度,保证基本药物足量供应和合理使用,有利于保障群众基本用药权益,转变"以药补医"机制,也有利于促进药品生产流通企业资源优化整合,对于实现人人享有基本医疗卫生服务,维护人民健康,体现社会公平,减轻群众用药负担,推动卫生事业发展,具有十分重要的意义。

国家基本药物目录包括两部分:基层医疗卫生机构配备使用部分和其他医疗机构配备使用部分。《国家基本药物目录(基层医疗卫生机构配备使用部分)》(2009版)包括化学药品和生物制品、中成药、中药饮片。化学药品和生物制品205个品种,中成药102个品种,共307个品种。颁布国家药品标准的中药饮片纳入国家基本药物目录,主要是常见病、多发病、传染病、慢性病等防治所需药品。纳入国家基本药物目录中的药品必须符合两个基本条件:一是《中华人民共和国药典》收载的,二是卫生部、国家食品药品监督管理局颁布药品标准的。除急救、抢救用药外,一些独家生产品种经过论证,也可以纳入国家基本药物目录。不能列入国家基本药

物目录的品种包括:一是含有国家濒危野生动植物药材的;二是主要用于滋补保健作用易滥用的;三是非临床治疗首选的;四是因严重不良反应,国家食品药品监督管理部门明确规定暂停生产、销售或使用的;五是违背国家法律、法规,或不符合伦理要求的。此外,国家基本药物工作委员会还可以规定不能纳入遴选范围的其他情况。

我国基本医疗保险药品分为两类:甲类指的是全国统一的能够保证治疗基本需要的药品,这类药品可以享受基本医疗保险基金的给付;乙类指的是可以享受部分支付的药品,它的给付过程是首先职工要自己支付一定比例的费用,然后再用医疗保险基金按照标准来给付费用。药品目录中的药分为西药、中成药和中药饮片。

我国各地的经济发展不均衡,因此医疗保险基金的筹措资金的水平也不尽相同,也正是因为如此才把基本医疗保险药品目录分为了甲类和乙类。对于甲类目录的药品,无论在哪个地区,都应当统一地保证由基本医疗保险基金来支付;对于乙类目录的药品,各地可以根据自己的经济发展水平以及当地临床用药的习惯来进行一些适当的调整,乙类药品医疗保险基金支付的比例可以根据当地医疗保险基金对药品费用的承受能力来决定。

2.内蒙古自治区基本药物

2009年12月31日,内蒙古自治区人民政府办公厅出台了《内蒙古自治区建立国家基本药物制度实施方案》(内政办发〔2009〕131号),方案确定了内蒙古自治区实施国家基本药物制度的工作目标、工作原则、工作任务与保障措施,为全区实施国家基本药物制度奠定了制度基础。按照自治区医改领导小组的要求,成立了自治区基本药物工作委员会,负责全区国家基本药物制度相关政策的制定及贯彻实施。委员会办公室设在内蒙古自治区卫生和计划生育委员会(简称:内蒙古自治区卫计委)。

自治区基本药物制度实施在2010年2月底前各项工作全部到位,基本药物制度正式实施。包括:实行自治区集中网上公开招标采购、统一配送;全部配备并使用国家基本药物目录和自治区增补目录内的药物并实现零差率销售;基本药物全部纳入基本医疗保险、新型农村牧区合作医疗药品报销目录,报销比例明显高于非基本药物;建立健全基本药物制度财政补偿机制。从2010年3月1日起,自治区确定的首批试点的呼和浩特市、包头市、通辽市、鄂尔多斯市、乌海市、阿拉善盟政府办基层医疗卫生机构全面实施国家基本药物制度,通过自治区集中采购平台采购、全部配备和使用并实行零差率销售基本药物。到2011年,初步建立基本药物制度。全区所有政府举办的基层医疗卫生机构实施国家基本药物制度,保证基本药物的生产供应和合理使用,药价得到合理有效控制,降低了城乡居民基本用药费用,切实保障人民群众基本药物需求。

第二节 药品和其他易混品的区别

一、药品和保健食品的区别

药品是用于疾病的治疗、诊断和预防的,保健品是用来保健和辅助治疗的,两者之间有着明显的区别。主要有以下几个方面:①使用目的不同。保健食品是介于食品与药品之间的一种食品类别,保健食品是用于调节机体机能,提高人体抵御疾病的能力,改善亚健康状态,降低疾病发生的风险,不以预防、治疗疾病为目的;药品是指用于预防、治疗、诊断人的疾病,有目的地调节人的生理机能并规定有适应症或者功能主治、用法和用量的物质。②保健食品按照规定的食用量食用,不能给人体带来任何急性、亚急性和慢性危害;药品可以有毒副作用。③两者的批准文号不同。药品的批准文号是"国药准字……",而保健品文号则为"国食健字……""卫食健字……""卫进食健字……"等。④执行生产工艺标准不同。国家规定药品应在GMP(药品生产质量管理规范)车间按严格的《药品质量标准》规定的工艺实施生产,而保健食品实施的是保健食品生产质量规范。⑤销售渠道不同。药品只能在药店或医疗机构销售,处方药还得凭处方才能购买;保健食品则

可以在一般性超市及食品店销售。⑥使用方法不同。不论哪种形态,保健食品仅口服使用;药品除了口服外,大量的药品是可以静脉和肌肉注射的,还有外用涂抹、粘贴的等。

但是有些产品如维生素、矿物质元素类产品有的是药品,有的却是保健品。那么,应该如何看待同一产品的药品和保健品呢?

第一,药品的生产及其配方的组成、生产能力和技术条件都要经过国家有关部门严格审查并通过药理、病理和病毒的严格检查和多年的临床观察,经过有关部门鉴定批准后,方可投入市场;保健品不需经过医院临床实验等便可投入市场。这样,属于药品的必然具有确切的疗效和适应症,不良反应明确;属于食品的则没有这个过程,没有明确的治疗作用。

第二,生产过程的质量控制不同。作为药品维生素类产品,必须在制药厂生产,空气的清洁度、无菌的标准、原料的质量等必须符合国家食品药品监督管理局对制药厂的质量控制要求。目前,要求所有的制药都要达到GMP标准(药品生产质量规范);作为食品的维生素类产品(食字号),则可以在食品厂生产,其生产过程的标准要比药品的生产标准低。

第三,疗效方面的区别。作为药品,一定经过大量的临床验证,并通过国家食品药品监督管理局审查批准,有严格的适应症,治疗疾病有一定疗效;作为食品的保健品,则没有治疗的作用,不需要经过临床验证,仅仅检验污染物、细菌等卫生指标,合格就可以上市销售。所以消费者在选择产品时,为了确保安全,最好选择国家食品药品监督管理局(SFDA)批准的标有"OTC"(非处方药)字样的药品,在购买时看看是否附有详细说明书,并严格按说明书所推荐的剂量服用,不要超剂量服用。

二、药品和食品的区别

(1)使用目的不同。药品是指用于预防、治疗、诊断人的疾病,有目的地调节人的生理机能并规定有适应症或者功能主治、用法和用量的物质;食品是指各种供人食用或者饮用的成品和原料以及按照传统既是食品又是药品的物品,但是不包括以治疗为目的的物品。

（2）一般食品没有批准文号，其产品外包装只标注食品生产企业许可证编号；药品有批准文号，药品的批准文号是"国药准字……"。

（3）食品是没有毒副作用的，不能给人体带来任何急性、亚急性和慢性危害；"是药三分毒"，药品可以有毒副作用，药品有可能发生不良反应。

（4）药品要在医院或药店里，在专业人员指导下，甚至还要在医护人员的监护下，才能合理使用，达到防病治病、保护健康的目的；食品可以在超市，根据消费者自身的知识，不需要医生或专业人员的指导，根据自身的知识和条件，自由购买的。

三、药品和消毒产品的区别

根据《中华人民共和国传染病防治法》的规定，消毒是指用化学、物理、生物的方法杀灭或者消除环境中的病原微生物。因此，从消毒产品与药品的区别的角度看，对消毒产品可以这样理解：①在作用目的上，它是一种防病的产品，而不是治病或诊断疾病的产品。②在作用机理上，它是一种用化学、物理、生物的方法消除病原微生物的产品，而不是用药理学或免疫学的方法预防疾病的产品。③在作用对象上，它是针对环境中的病原微生物，而不是针对人的疾病的一种产品。消毒产品包括消毒剂、消毒器械和卫生用品三大类。比如，平时生活中最常见的84消毒液属于消毒剂，消毒碗柜属于消毒器械，尿裤属于卫生用品。这些物品之所以被归类为消毒产品，大多是因为其具有消毒功能或者是已被消毒，最终目的是降低传染病的传播概率，这与能够治疗疾病的药品有本质区别。消毒产品的批准文号为"××消准字××××号"。前面2个××代表什么地方批准的，后面4个××××是批准文号的流水号。

总之，消毒产品不具备治疗疾病的作用，不能替代药品，也不能将其作为药品进行宣传。广大患者需要擦亮眼睛，分清他们的区别，根据自身情况，有选择地选用。对于处方药更需要在医生的指导下使用，而不由患者选择决定。同时，药品的使用方法、数量、

时间等多种因素在很大程度上决定其使用效果,误用不仅不能"治病",还可能"致病",甚至危及生命安全。

四、易与药品混淆的其他品种

1.器械类

医疗器械,是指单独或者组合使用于人体的仪器、设备、器具、材料或者其他物品,包括所需要的软件。其用于人体体表及体内的作用不是用药理学、免疫学或者代谢的手段获得,但是可能有这些手段参与并起一定的辅助作用。其使用旨在达到下列预期目的:①对疾病的预防、诊断、治疗、监护、缓解。②对损伤或者残疾的诊断、治疗、监护、缓解、补偿。③对解剖或者生理过程的研究、替代、调节。④妊娠控制。对于有些易与药品混淆的医疗器械,在购买和使用时一定要问清楚,并仔细阅读使用说明书。

2.化妆品

根据2007年8月27日国家质检总局公布的《化妆标识管理规定》,化妆品是指以涂抹、喷洒或者其他类似方法,散布于人体表面的任何部位,如皮肤、毛发、指趾甲、唇齿等,以达到清洁、保养、美容、修饰和改变外观,或者修正人体气味,保持良好状态为目的的化学工业品或精细化工产品。

药妆是指只在药店销售的化妆品。中国药妆市场始于1998年,欧莱雅化妆品公司将旗下品牌薇姿定位于"只在药房销售"的化妆品开始。实际上在这之前,药店内早就有了妆字号的产品销售,如肤螨灵霜,但都是单一品种,并未作为"药妆"概念来宣传。同样作为只在药房销售的药妆品牌"康美欣"于2003年开始以一款祛痘产品"痤疮净"打开药妆市场,后陆续推出了敏感性皮肤系列及美白系列产品。

中国目前并无"药妆"的批准文号。即使在国外,也没有药妆的专门批准文号,只是分管的部门有所区别。国产品牌是"卫妆准"字,如果是国外品牌则需要"卫妆进"字号。既然属于"妆"字号,当然就是妆而非药了。

化妆品从用途上来分类有彩妆化妆品、洗护化妆品、功能化妆品,从销售渠道分类有专业线化妆品、日化线化妆品、药线(药妆)化妆品。药妆与普通化妆品的区别主要是销售渠道的不同。在用途上药妆属于功能性化妆品类。不论从用途还是从市场可以看出,药妆是属于化妆品的一个分类。

用于治疗皮肤疾病的药品与药妆的区别:

(1)药品有效成分浓度最高,药妆有效成分浓度次于药品。

(2)药品适用于严重皮肤患者,药妆一般人皆可使用,主要用于敏弱、受损、轻微皮肤炎。

(3)药品以治疗为目的,会直接改变患者皮肤状态,如:让油性肌转为中性肌,效果快速明显,但有时有副作用。药妆具修复的效果,不如药品刺激,会稍微改变皮肤表面状况,温和。

五、药品和秘方、偏方的区别

药品按照性质分类包括中药材、中药饮片、中成药、中西成药、化学原料药及其制剂、抗生素、生化药品、放射性药品、血清、疫苗、血液制品和诊断药品等。药品生产应使其全过程符合《药品生产质量管理规范》(Good Manufacture Practice,简称GMP)。《药品生产质量管理规范》是药品生产和质量管理的基本准则,适用于药品制剂生产的全过程和原料药生产中影响成品质量的关键工序。大力推行药品GMP,是为了最大限度地避免药品生产过程中的污染和交叉污染,降低各种差错的发生,是提高药品质量的重要措施。

方剂是在中医理论的指导下,在辨证审因、决定治法之后,选择适当的中药,按组方原则,酌定用量、用法,妥善配伍而成;按照医师处方为某一位患者专门调制,并且明确指出用法用量的药剂。需要注意的是方剂不同于制剂。秘方是秘传而不公开的药方。我国民间流传有不少"祖传秘方",这其中不乏行之有效甚至药到病除的奇方、妙方。严格地讲,祖传秘方是中医学发展过程当中遗留下来的,形成了一种宝贵的文化遗产,它应该是我们国家的国粹之一。对于确有奇效的祖传秘方,国家政策鼓励要对它进行挖掘研究、开发利用。

偏方,指药味不多,对某些病证具有独特疗效的方剂。数千年

来,在我国民间流传着非常丰富、简单而又疗效神奇的治疗疑难杂症的偏方、秘方、验方,方书著作浩如烟海。民间流传,不见于医药经典著作的中药方。经方验方与偏方单方都是治病的方。经方验方治病,是医生在辨证论治理论指导下而运用的处方;偏方单方治病,则是民间流传而缺乏理论指导的处方。无论是经方验方,还是偏方单方,既然都是用来治病的,就必须是有针对性有选择性地治疗疾病,只有合理地正确地运用,才能取得比较好的治疗效果。否则不仅没有治疗效果,反而还会引起药源性疾病。可见,能否正确运用经方验方与偏方单方治病,都直接关系到治疗效果。又因经方验方是在医生辨证之后而应用的方,所以治疗效果比较好;偏方单方则是广泛流传于民间。尤其是民间用偏方单方治病,既缺乏选择性,又缺乏针对性,所以应用之后则会出现诸多弊端,对此必须引起足够重视。中国古代很早已使用单味药物治疗疾病。经过长期的医疗实践,又学会将几种药物配合起来,经过煎煮制成汤液,即是最早的方剂。战国时期的《内经》虽仅载方13首,但对中医治疗原则、方剂的组成结构、药物的配伍规律以及服药宜忌等方面都有较详细的论述,奠定了方剂学的理论基础。随着现代科技的发展,我们应该对传统的医药文化进行不断发掘、整理、拓展,传承经典,并积极开展中西医结合工作,在古方新用和创制新方方面发扬光大。

第三节　药品分类

一、按企业分类

随着经济的发展、世界人口总量的增长、社会老龄化程度的提高,以及人们保健意识的不断增强,全球医药市场持续快速扩大。我国药品进口逐年递增,挤占了国内药品的市场份额,对我国药品生产企业形成了巨大的挑战。

1.国产药和进口药的区别

（1）价格上

国外药品进入国内市场首先要取得许可证,并且从国外引进的药品还要交纳关税、运费等费用。另外,国外进入中国市场的药物大部分是原研品种,在研制过程中花费了巨额的研究经费等。而国产药品大部分都是仿制药,研究费用较少,再加上国内的人力成本等原因,成本相对较低。所以进口的药物在价格上要高于国产药品。

(2)药效上

国外药品的标准有些高于国内产品,在纯度、吸收等方面比国产药品要高。所以,两种化学结构相同的药物,国产的药品逊于进口药品。当然,这也不是绝对的,现在国产药品的质量层次也已经提高了很多,国内一些药物生产企业的产品已经不亚于进口药品。

2.怎么区分国产药和进口药

国产药品数据库包括的主要信息为:批准文号、药品本位码、药品本位码备注、产品名称、英文名称、商品名、生产单位、规格、剂型、产品类别、批准日期、原批准文号等。

进口药品数据库包括的主要信息为:注册证号、原注册证号、药品本位码、药品本位码备注、产品名称(中文)、产品名称(英文)、商品名(中文)、商品名(英文)、公司名称(中文)、公司名称(英文)、剂型(中文)、规格(中文)、注册证号备注、包装规格(中文)、生产厂商(中文)、生产厂商(英文)、厂商地址(中文)、厂商地址(英文)、厂商国家(中文)、厂商国家(英文)、分包装批准文号、发证日期、有效期截止日、分包装企业名称、分包装企业地址、分包装文号批准日期、分包装文号有效期截止日、产品类别、药品本位码、药品本位码备注、地址(中文)、地址(英文)、国家(中文)、国家(英文)。

大部分国产药品与进口药品无论从疗效、使用范围程度还是有效期都大体相当,国产药品完全可以替代进口药品在临床上广泛应用,对于减少患者的医疗费用,积极推进社会医疗制度的改革具有非常重要的意义。当然由于技术方面的原因,有些国产药品的质量和疗效还无法与进口药品相媲美,甚至一些在临床上广泛应用的药品国内还没有能力生产,这使得我们不得不用进口药品。我国医药资源匮乏，如果国内厂家能尽快改进药品制剂的工艺水平，提高药品质量，延长药品有效期，无疑将为社会节省大量资源。

二、按药用分类

说明：以下每类药均列举了部分药品，并非全部。

（一）中药分类

1.解表药

（1）发散风寒药：麻黄、桂枝、紫苏（附药：紫苏梗）、生姜（附药：生姜皮、生姜汁）、香薷、荆芥、防风、羌活、白芷、细辛、藁本、苍耳子（附药：苍耳草）、辛夷、葱白、鹅不食草、胡荽、柽柳。

（2）发散风热药：薄荷、牛蒡子、蝉蜕、桑叶、菊花、蔓荆子、柴胡、升麻、葛根（附药：葛花）、淡豆豉（附药：大豆黄卷）、浮萍、木贼。

2.清热药

（1）清热泻火药：石膏、寒水石、知母、芦根、天花粉、竹叶、淡竹叶、鸭跖草、栀子、夏枯草、决明子、夜明砂、谷精草、密蒙花、青葙子、乌蛇胆、猪胆汁。

（2）清热燥湿药：黄芩、黄连、黄柏、龙胆、秦皮、苦参、白鲜皮、苦豆子、三颗针、马尾连、椿皮。

（3）清热解毒药：金银花（附药：忍冬藤）、连翘、穿心莲、大青叶、板蓝根、青黛、贯众、蒲公英、紫花地丁、野菊花、重楼、拳参、漏芦、土茯苓、鱼腥草、金荞麦、大血藤（红藤）、败酱草（附药：墓头回）、射干、山豆根（附药：北豆根）、马勃、青果、锦灯笼、金果榄、木蝴蝶、白头翁、马齿苋、鸦胆子、地锦草、委陵菜、翻白草、半边莲、白花蛇舌草、山慈菇、熊胆、千里光、白蔹、四季青、绿豆（附药：绿豆衣）、蚤休、马鞭草、雪胆、三丫苦、木芙蓉叶、半枝莲、铁苋、橄榄、余甘子、朱砂根、土牛膝、肿节风。

（4）清热凉血药：生地黄、玄参、牡丹皮、赤芍、紫草（附药：紫草茸）、水牛角、溪黄草。

（5）清虚热药：青蒿、白薇、地骨皮、银柴胡、胡黄连。

3.泻下药

（1）攻下药：大黄（后下）、芒硝、番泻叶、芦荟。

（2）峻下逐水药：甘遂、京大戟（附药：红芽大戟）、芫花、商陆、牵牛子、巴豆、千金子、乌桕根皮。

（3）润下药：火麻仁、郁李仁、松子仁。

4.祛风湿药

（1）祛风湿散寒药：独活、威灵仙、川乌（附药：草乌）、蕲蛇（附药：金钱白花蛇）、乌梢蛇（附药：蛇蜕）、木瓜、蚕沙、伸筋草、寻骨风、松节、海风藤、青风藤、丁公藤、昆明山海棠、雪上一枝蒿、路路通、枫香脂、雪莲花、雷公藤、徐长卿、独一味、闹羊花、两面针、八角枫。

（2）祛风湿清热药：秦艽、防己、桑枝、豨莶草、臭梧桐、海桐皮、络石藤、雷公藤、老鹳草、穿山龙、丝瓜络。

（3）祛风湿强筋骨药：五加皮、桑寄生、狗脊、千年健、雪莲花（附药：天山雪莲花）、鹿衔草、石楠叶、虎骨。

5.芳香化湿药

藿香、佩兰、苍术、厚朴（附药：厚朴花）、砂仁（附药：砂仁壳）、白豆蔻（附药：豆蔻壳）、草豆蔻、草果。

6.利水渗湿药

（1）利水消肿药：茯苓（附药：茯苓皮、茯神）、薏苡仁、猪苓、泽泻、冬瓜皮（附药：冬瓜子）、玉米须、葫芦、香加皮、枳椇子、泽漆、蝼蛄、荠菜。

（2）利尿通淋药：车前子（附药：车前草）、滑石、木通（附药：川木通、关木通）、通草、瞿麦、萹蓄、地肤子、海金沙（附药：海金沙藤）、石韦、冬葵子、灯芯草、萆薢。

（3）利尿退黄药：茵陈、金钱草、虎杖、地耳草、垂盆草、鸡骨草、珍珠草、积雪草、溪黄草。

7.温里药

附子、干姜、肉桂、吴茱萸、小茴香（附药：八角茴香）、丁香（附药：母丁香）、高良姜（红豆蔻）、胡椒、花椒、荜茇、荜澄茄、山柰。

8.理气药

陈皮（附药：橘核、橘络、橘叶、化橘红）、青皮、枳实（附药：枳壳）、木香、沉香、檀香、川楝子、乌药、青木香、荔枝核、香附、佛手、香橼、玫瑰花、绿萼梅、娑罗子、薤白、天仙藤、大腹皮、甘松、九香虫、刀豆、柿蒂、八月札。

9.消食药

山楂、神曲、麦芽、稻芽（附药：谷芽）、莱菔子、鸡内金、鸡矢藤、隔山消、阿魏。

10.驱虫药

使君子、苦楝皮、槟榔、南瓜子、鹤草芽、雷丸、鹤虱、榧子、芜荑。

11.止血药

（1）凉血止血药：小蓟、大蓟、地榆、槐花（附药：槐角）、侧柏叶、白茅根、苎麻根、羊蹄、景天三七。

（2）温经止血药：艾叶、炮姜、灶心土。

（3）化瘀止血药：三七（附药：菊叶三七、景天三七）、茜草、蒲黄、花蕊石、降香、血余炭。

（4）收敛止血药：白及、仙鹤草、紫珠、百草霜、棕榈炭、藕节、檵木、花生衣。

12.活血化瘀药

（1）活血止痛药：川芎、延胡索、郁金、姜黄、乳香、没药、五灵脂、夏天无、枫香脂、凤仙花。

（2）活血调经药：丹参、红花（附药：番红花）、桃仁、益母草、泽兰、牛膝、鸡血藤、王不留行、月季花、凌霄花。

（3）活血疗伤药：土鳖虫、马钱子、自然铜、苏木、骨碎补、血竭、儿茶、刘寄奴、水红花子、蛀虫。

（4）破血消癥药：莪术、三棱、水蛭、虻虫、斑蝥、穿山甲。

13.化痰止咳平喘药

（1）温化寒痰药：半夏（附药：水半夏）、天南星（附药：胆南星）、禹白附子（附药：关白附）、白芥子、皂荚（附药：皂角刺）、旋覆花（附药：金沸草）、白前、猫爪草。

（2）清化热痰药：川贝母、浙贝母、瓜蒌、竹茹、竹沥、天竺黄、前胡、桔梗、胖大海、海藻、昆布、黄药子、海蛤壳、海浮石、瓦楞子、礞石、猴枣、薤菜。

（3）止咳平喘药：苦杏仁（附药：甜杏仁）、紫苏子、百部、紫菀、款冬花、马兜铃、枇杷叶、桑白皮、葶苈子、白果（附药：银杏叶）、矮地茶、洋金花、华山参、罗汉果、满山红、胡颓子叶。

14.安神药

（1）重镇安神药：朱砂、磁石、龙骨（附药：龙齿）、琥珀、珍珠。

（2）养心安神药：酸枣仁、柏子仁、灵芝、缬草、首乌藤、合欢皮（附药：合欢花）、远志、夜交藤。

15.平肝息风药

（1）平肝潜阳药：石决明、珍珠母、牡蛎、紫贝齿、代赭石、刺蒺藜、罗布麻、生铁落、稽豆衣。

（2）息风止痉药：羚羊角（附药：山羊角）、牛黄、珍珠、钩藤、天麻（附药：密环菌）、地龙、全蝎、蜈蚣、僵蚕（附药：僵蛹、雄蚕蛾）。

16.开窍药

麝香、冰片、苏和香、石菖蒲、安息香。

17.补虚药

（1）补气药：人参、西洋参、党参、太子参、黄芪、白术、山药、白扁豆、甘草、大枣、刺五加、绞股蓝、红景天、沙棘、饴糖、蜂蜜。

（2）补阳药：鹿茸（附药：鹿角、鹿角胶、鹿角霜）、紫河车（附药：脐带）、淫羊藿（仙灵脾）、巴戟天、仙茅、杜仲、续断、肉苁蓉、锁阳、补骨脂、益智仁、菟丝子、沙苑子、蛤蚧、核桃仁、冬虫夏草、葫芦巴、韭菜子、阳起石、紫石英、海狗肾（附药：黄狗肾）、海马、蛤蟆油、羊红膻、胡桃肉、雄蚕蛾。

（3）补血药：当归、熟地黄、白芍、阿胶、何首乌、龙眼肉、楮实子。

（4）补阴药：北沙参、南沙参、百合、麦冬、天冬、石斛、玉竹、黄精、明党参、枸杞子、墨旱莲、女贞子、桑葚、黑芝麻、龟甲、鳖甲、银耳、燕窝、鱼鳔胶。

18.收涩药

（1）固表止汗药：麻黄根、浮小麦（附药：小麦）、糯稻根须。

（2）敛肺止咳药：五味子、乌梅、五倍子、罂粟壳、诃子。

（3）涩肠止泻药：石榴皮、肉豆蔻、赤石脂、禹余粮、芡实、莲子（附药：莲须、莲房、莲子心、荷叶、荷梗）。

（4）涩精止遗药：山茱萸、覆盆子、桑螵蛸、金樱子、刺猬皮。

（5）固崩止带药：海螵蛸、鸡冠花、椿皮。

19.涌吐药

常山、瓜蒂、胆矾、藜芦。

20.攻毒杀虫止痒药

雄黄、硫黄、白矾、蛇床子、蟾酥（附药：蟾皮）、樟脑、木鳖子、土荆皮、蜂房、大蒜、大风子。

21.拔毒化腐生肌药

升药、轻粉、砒石、铅丹、炉甘石、硼砂。

注：配伍禁忌

十八反：甘草反甘遂、大戟、海藻、芫花，乌头反贝母、瓜蒌、半夏、白蔹、白及，藜芦反人参、沙参、丹参、玄参、细辛、芍药（白芍）。（本草明言十八反，半蒌贝蔹及攻乌，藻戟遂芫俱战草，诸参辛芍叛藜芦。）

十九畏：硫黄畏朴硝（芒硝），水银畏砒霜，狼毒畏密陀僧，巴豆畏牵牛，丁香畏郁金，川乌、草乌畏犀角，牙硝畏三棱，官桂（桂皮）畏石脂，人参畏五灵脂。

（二）西药分类

1.抗感染类药物

（1）抗微生物药物

①青霉素类抗生素

青霉素、普鲁卡因青霉素、苄星青霉素、青霉素、海巴青霉素苯唑西林钠、氯唑西林钠、氟氯西林钠、新灭菌、氨苄西林、舒他西林、阿莫西林等。

②头孢菌素类抗生素

头孢噻吩钠、头孢氨苄、头孢羟氨苄、头孢唑啉钠、头孢拉定、头孢呋辛钠、头孢孟多酯钠、头孢西丁钠、头孢美唑钠、头孢克洛、头孢噻肟钠、头孢哌酮钠、舒哌酮、头孢他啶、头孢曲松钠、头孢唑肟钠、头孢布烯、头孢克肟。

③碳青霉烯类和单环β内酰胺类抗生素

亚胺培南、氨曲南、卡芦莫南钠。

④氨基糖苷类抗生素

硫酸庆大霉素、硫酸链霉素、硫酸新霉素、硫酸西索米星、硫酸奈替米星、硫酸阿米卡星、硫酸卡那霉素、硫酸妥布霉素、硫酸小诺米星。

⑤四环素类抗生素

盐酸四环素、盐酸土霉素、盐酸多西环素、盐酸米诺环素、盐酸美他环素。

⑥氯霉素类抗生素

氯霉素、甲砜霉素。

⑦大环内酯类和林可酰胺类抗生素

红霉素、罗红霉素、麦白霉素、醋酸麦迪霉素、吉他霉素、交沙霉素、乙酰螺旋霉素、阿奇霉素、克拉霉素、盐酸克林霉素、盐酸林可霉素。

⑧多肽类及其他抗生素

盐酸去甲万古霉素、盐酸万古霉素、替考拉宁、硫酸多粘菌素B、硫酸多粘菌素E、盐酸大观霉素、杆菌肽、磷霉素。

⑨磺胺类药物

磺胺嘧啶、甲氧苄啶、复方磺胺甲恶唑、磺胺嘧啶银、磺胺嘧啶锌。

⑩喹诺酮类药物

吡哌酸、诺氟沙星、氧氟沙星、左氧氟沙星、环丙沙星、妥苏沙星、培氟沙星、依诺沙星、洛美沙星、氟罗沙星、芦氟沙星、司氟沙星。

⑪其他抗菌药

呋喃妥因、呋喃唑酮、盐酸小檗碱、大蒜素、鱼腥草素钠。

A.抗结核药

异烟肼、利福平、利福喷汀、盐酸乙胺丁醇、对氨水杨酸钠、吡嗪酰胺、丙硫异烟胺。

B.抗麻风病药

氨苯砜、醋氨苯砜、氯法齐明。

C.抗真菌药

两性霉素B、灰黄霉素、制霉素、酮康唑、氟康唑、伊曲康唑、克霉唑、益康唑、咪康唑、氟胞嘧啶。

D.抗病毒药

阿昔洛韦、盐酸伐昔洛韦、阿糖腺苷、利巴韦林、齐多夫定。

（2）抗寄生虫病药

①抗疟药

磷酸氯喹、磷酸伯氨喹、乙胺嘧啶、双氢青蒿素、青蒿素、青蒿琥酯、蒿甲醚、磷酸哌喹、磷酸咯萘啶、奎宁、本芴醇、磺胺多辛。

②抗阿米巴病药

盐酸依米丁、双碘喹啉、硫酸巴龙霉素。

③抗滴虫病药

甲硝唑、替硝唑。

④抗吸虫病药

吡喹酮、硫氯酚。

⑤抗丝虫病药

枸橼酸乙胺嗪。

⑥驱肠虫药

甲苯咪唑、阿苯哒唑、枸橼酸哌嗪、双羟萘酸噻嘧啶。

⑦驱绦虫药：氯硝柳胺、盐酸左旋咪唑。

⑧抗黑热病药：葡萄糖酸锑钠、依西酸喷他脒。

2.心血管系统药物

（1）抗心绞痛药

硝酸甘油、戊四硝酯、亚硝酸异戊酯、硝酸异山梨酯、单硝酸异山梨酯、盐酸地尔硫卓、硝苯地平。

（2）抗心力衰竭药

地高辛、甲地高辛、洋地黄毒苷、毛花苷C、去乙酰毛花苷、毒毛花苷K、氨力农、米力农、泛癸利酮、三磷腺苷。

（3）抗心律失常药

硫酸奎尼丁、盐酸普鲁卡因胺、磷酸丙吡胺、盐酸美西律、盐酸莫雷西嗪、盐酸普罗帕酮、盐酸普萘洛尔、阿替洛尔、酒石酸美托洛尔、富马酸比索洛尔、盐酸索他洛尔、盐酸艾司洛尔、托西溴苄铵、盐酸胺碘酮、盐酸利多卡因、维拉帕米、苯妥英钠。

（4）抗高血压药

利舍平、盐酸可乐定、甲基多巴、硫酸胍乙啶、盐酸哌唑嗪、盐酸特拉唑嗪、甲磺酸酚妥拉明、盐酸酚苄明、盐酸拉贝洛尔、盐酸乌拉地尔、卡托普利、赖诺普利、依那普利、西拉普利、培哚普利、盐酸贝那普利、吲达帕胺、二氮嗪、米诺地尔、盐酸肼屈嗪、硫酸双肼屈嗪、硝普钠、硫酸镁、尼群地平、尼卡地平、氨氯地平、非洛地平。

（5）抗休克药

盐酸肾上腺素、硫酸美芬丁胺、重酒石酸去甲肾上腺素、重酒石酸间羟胺、盐酸去氧肾上腺素、盐酸甲氧明、盐酸异丙肾上腺素、盐酸多巴胺、盐酸多巴酚丁胺。

（6）降血脂药

非诺贝特、吉非贝齐、阿昔莫司、洛伐他汀、苯扎贝特、辛伐他汀、普伐他汀钠、烟酸、亚油酸、谷甾醇、盐酸芬氟拉明。

（7）抗血栓药

尿激酶、链激酶、华法林钠、阿司匹林、藻酸双酯钠、草酸萘呋胺。

3.消化系统药物

（1）抗消化性溃疡药

西咪替丁、雷尼替丁、法莫替丁、尼扎替丁、奥美拉唑、兰索拉唑、丙谷胺、盐酸哌仑西平、米索前列醇、恩前列素、奥诺前列素、罗沙前列醇、碳酸氢钠、氢氧化铝、硫糖铝、铝碳酸镁、碱式硝酸铋、枸

橼酸铋钾、胶体果胶铋、复方铝酸铋、替普瑞酮、甘珀酸钠、西曲酸酯、螺佐呋酮、普劳诺托、曲昔派特、麦滋林-S颗粒、尿囊素、甘草锌。

（2）助消化药

胰酶、多酶片、胃蛋白酶、干酵母、二甲硅油。

（3）胃肠解痉药

硫酸阿托品、山莨菪碱、溴丙胺太林、丁溴东莨菪碱、匹维溴铵、颠茄酊。

（4）泻药

硫酸镁、酚酞、甘油、蓖麻油、液状石蜡、欧车前亲水胶体。

（5）止泻药

地芬诺酯、洛哌丁胺、复方樟脑酊、十六角蒙脱石、乳酶生、双歧三联活菌、酪酸菌。

（6）止吐药和催吐药

止吐药：甲氧氯普胺、多潘立酮（吗丁啉）、止吐灵、氯丙嗪。

催吐药：阿朴吗啡、吐根糖浆、瓜蒂。

（7）胃肠推动药

多潘立酮、西沙必利。

（8）炎性肠病药

柳氮磺吡啶、美沙拉秦、奥沙拉秦钠。

（9）利胆药

苯丙醇、去氢胆酸、熊去氧胆酸、柳胺酚、胆酸钠、苗三硫、羟甲烟胺、亮菌甲素。

（10）肝病药

谷氨酸、谷氨酸钠、盐酸精氨酸、葡醛内酯、乳果糖、联苯双酯、醋谷胺、水飞蓟宾、甘草甜素、甘草酸二铵、谷胱甘肽、水乳梨醇、促肝细胞生长素、生长抑素、奥曲肽。

4.呼吸系统药物

（1）祛痰药

盐酸溴己新、盐酸氨溴索、羧甲司坦、氯化铵、糜蛋白酶、舍雷肽酶、美司钠、乙酰半胱氨酸、细辛脑。

（2）镇咳药

枸橼酸喷托维林、磷酸苯丙哌林、盐酸二氧丙嗪、福尔可定、磷酸可待因、氢溴酸右美沙芬、复方甘草、阿桔片、羟蒂巴酚。

（3）平喘药

硫酸沙丁胺醇、硫酸特布他林、盐酸克仑特罗、盐酸氯丙那林、丙卡特罗、沙美特罗、氢溴酸非诺特罗、盐酸曲托喹酚、盐酸妥洛特罗、氨茶碱、茶碱、复方茶碱、二羟丙茶碱、异丙托溴铵、酮替芬、曲尼司特、盐酸去氯羟嗪、丙酸倍氯米松。

5.神经系统用药

（1）抗震颤麻痹药

盐酸苯海索、甲磺酸溴隐亭、盐酸金刚烷胺、卡比多巴、苄丝肼、卡比多巴-左旋多巴、盐酸司来吉兰、甲硫酸新斯的明、溴化新斯的明、溴吡斯的明、依酚氯铵、氢溴酸加兰他敏。

（2）抗癫痫药

苯妥英钠、扑米酮、丙戊酸钠、丙戊酸镁、卡马西平、三甲双酮。

（3）脑血管病治疗药及降颅压药物

罂粟碱、桂利嗪、盐酸氟桂利嗪、麦角胺咖啡因、盐酸倍他司丁、甲磺酸双氢麦角汀、藻酸双酯钠、甘露醇、甘油果糖输液、阿米三嗪萝巴新、噻氯匹定、己酮可可碱、长春西丁。

（4）中枢神经兴奋药

①大脑功能恢复药

胞磷胆碱、甲氯芬酯、吡拉西坦、茴拉西坦、盐酸吡硫醇、尼麦角林、爱维治。

②呼吸兴奋药

尼可刹米、盐酸洛贝林、盐酸二甲弗林、盐酸多沙普仑。

（5）镇静催眠药

苯巴比妥、异戊巴比妥、司可巴比妥钠。

（6）其他

谷维素、巴氯芬。

6.治疗精神障碍药物

（1）治疗精神障碍药

盐酸氯丙嗪、奋乃静、盐酸氟奋乃静、盐酸三氟拉嗪、盐酸硫利达嗪、棕榈酸哌泊塞嗪、氟哌利多、氟哌啶醇、五氟利多、氟哌噻吨、盐酸氯普噻吨、氯氮平、舒必利、利培酮。

（2）抗焦虑药

硫必利、地西泮、奥沙西泮、硝西泮、氯硝西泮、盐酸氟西泮、劳拉西泮、艾司唑仑、三唑仑、阿普唑仑、羟嗪、氯美扎酮、佐匹克隆、盐酸氟西汀、盐酸帕罗西汀、盐酸丁螺环酮、酒石酸唑吡坦。

（3）抗躁狂药、抗抑郁药及精神兴奋药

抗躁狂药：碳酸锂。

抗抑郁药：异丙肼、异卡波肼、苯乙肼、丙咪嗪、阿米替林、氯丙咪嗪。

精神兴奋药：咖啡因、尼可刹米、土的宁。

7.镇痛、解热、抗炎、抗痛风药物

（1）镇痛药

盐酸吗啡、阿片、盐酸哌替啶、盐酸美沙酮、枸橼酸芬太尼、枸橼酸舒芬太尼、盐酸阿芬太尼、盐酸曲马朵、盐酸布桂嗪、磷酸可待因、氨酚待因、氯酚待因、双氢可待因-对乙酰氨基酚、盐酸喷他佐辛、盐酸丁丙诺啡、盐酸纳洛酮、氢溴酸烯丙吗啡、罗通定、硫酸四氢帕马丁、琥珀酸舒马普坦、苯噻啶。

（2）解热止痛抗炎及抗风湿药

阿司匹林、水杨酸镁、双水杨酯、贝诺酯、对乙酰氨基酚、氨基比林、安乃近、甲芬那酸、甲氯芬那酸、依托芬那酯、尼氟酸、吲哚美辛、阿西美辛、舒林酸、双氯芬酸、酮洛酸氨丁三醇、布洛芬、萘普生、非诺洛芬钙、酮洛芬、奥沙普秦、芬布芬、吡罗昔康、萘丁美酮、硫酸氨基葡萄糖、金诺芬、柳氮磺吡啶、盐酸青霉胺、甲氨蝶呤、环磷酰胺、硫唑嘌呤、雷公藤多苷。

（3）抗痛风药

秋水仙碱、别嘌醇、丙磺舒、苯溴马隆。

8.抗变态反应药物

盐酸苯海拉明、茶苯海明、马来酸氯苯那敏、盐酸异丙嗪、阿司咪唑、特非那定、富马酸酮替芬、盐酸赛庚啶、美喹他嗪、盐酸去氯羟嗪、二盐酸西替利嗪、氯雷他定、阿伐司汀、富马酸氯马斯汀、盐酸左卡巴斯汀、盐酸美克洛嗪、曲尼司特、色苷酸钠。

9.主要作用于泌尿系统的药物

（1）利尿药

呋塞米、依他尼酸、布美他尼、氢氯噻嗪、苄氟噻嗪、氯噻酮、甲氯噻嗪、氨苯蝶啶、阿米洛利、螺内酯、乙酰唑胺。

（2）脱水药

甘露醇、山梨醇。

（3）前列腺肥大用药

盐酸黄酮哌酯、奥昔布宁、盐酸特拉唑嗪、坦洛新、非那雄胺、前列地尔。

10.血液和造血系统药物

（1）抗贫血药

硫酸亚铁、富马酸亚铁、葡萄糖酸亚铁、琥珀酸亚铁、右旋糖酐铁、山梨醇铁、维生素B_{12}、腺苷钴胺、叶酸、亚叶酸钙。

（2）促进白细胞增生药

肌苷、鲨肝醇、利血生、盐酸小檗胺、阿法依泊汀、非格司亭、莫拉司亭。

（3）抗血小板药

噻氯匹定、双嘧达莫、阿司匹林。

（4）促凝血药

甲萘醌亚硫酸氢钠、维生素K1、甲萘氢醌、氨甲环酸、氨甲苯酸、酚磺乙胺、卡络柳钠、凝血酶、冻干人凝血酶原复合物、抗血友病球蛋白、冻干人纤维蛋白原、抑肽酶、硫酸鱼精蛋白、立止血。

（5）抗凝血药及溶栓药

枸橼酸钠、华法林钠、醋硝香豆素、肝素钠、达肝素钠、肝素钙、

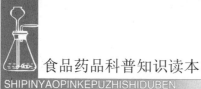

尿激酶、链激酶、曲克芦丁、蝮蛇抗栓酶、克栓酶。

（6）血容量扩充药及血浆代用品

右旋糖酐-70、右旋糖酐-40、羟乙基淀粉、人血白蛋白、聚明胶肽、琥珀酸明胶。

11.激素类及影响内分泌药物

（1）垂体激素及相关药物

促皮质素、生长抑素、奥曲肽、生长激素、绒促性素、尿促性素、戈那瑞林、曲普瑞林、醋酸亮丙瑞林、加压素、鞣酸加压素、特利加压素、醋酸去氨加压素。

（2）肾上腺皮质激素类药物

氢化可的松、醋酸可的松、泼尼松龙、泼尼松、甲泼尼龙、曲安西龙、曲安奈德、地塞米松、倍他米松、得宝松、氟西奈德、丙酸氯倍他索、丙酸倍氯米松、布地奈德、哈西奈德、醋酸去氧皮质酮。

（3）降血糖药

胰岛素、低精蛋白胰岛素、精蛋白锌胰岛素、甲苯磺丁脲、氯磺丙脲、格列本脲、格列波脲、格列齐特、格列吡嗪、格列喹酮、盐酸二甲双胍、盐酸苯乙双胍、阿卡波糖、高血糖素、甲钴胺。

（4）甲状腺用药

碘塞罗宁钠、左甲状腺素钠、甲状腺粉、丙硫氧嘧啶、甲巯咪唑、复方碘口服溶液。

（5）甲状旁腺及降钙代谢药

降钙素、依降钙素、维生素D、骨化三醇、阿法骨化醇、双氢速甾醇、依替膦酸钠、阿仑膦酸钠、细胞调控因子。

（6）雄激素及蛋白同化类固醇

甲睾酮、丙酸睾酮、庚酸睾酮、十一酸睾酮、普拉睾酮、替勃龙、司坦唑醇、苯丙酸诺龙、癸酸南诺龙、达那唑。

（7）雌激素、孕激素及避孕药

雌二醇、炔雌醇、炔雌醚、己烯雌酚、尼尔雌醇、结合雌激素、枸橼酸氯米芬、氯烯雌醚、黄体酮、醋酸甲羟孕酮、炔诺酮、孕三烯酮、醋酸甲地孕酮、炔诺孕酮、左炔诺孕酮、去氧孕烯、己酸羟孕酮、庚炔诺酮、双炔失碳酯、壬苯醇醚。

12.抗肿瘤药物

（1）烷化剂

盐酸氮芥、硝卡芥、苯丁酸氮芥、美法仑、氮甲、甲氧芳芥、塞替派、环磷酰胺、异环磷酰胺、甘磷酰芥、白消安、卡莫司汀、洛莫司汀、司莫司汀、六甲蜜胺。

（2）抗代谢药

巯嘌呤、氟尿嘧啶、替加氟、卡莫氟、羟基脲、盐酸阿糖胞苷、甲氨蝶呤、甲异靛。

（3）抗肿瘤抗生素

放线菌素D、丝裂霉素、柔红霉素、表柔比星、多柔比星、阿柔比星、吡柔比星、盐酸平阳霉素、博来霉素。

（4）抗肿瘤植物药

羟喜树碱、硫酸长春碱、硫酸长春新碱、硫酸长春地辛、高三尖杉酯碱、紫杉醇、依托泊苷、替尼泊苷。

（5）抗肿瘤激素类

枸橼酸他莫昔芬、氨鲁米特。

（6）其他抗肿瘤药

米托蒽醌、盐酸丙卡巴肼、达卡巴嗪、顺铂、卡铂、门冬酰胺酶、氯甲双磷酸二钠、美司钠、亚叶酸钙、安吖啶。

（7）免疫调节药物

基因工程干扰素-2a、基因工程干扰素-2b、胸腺刺激素、胸腺喷丁、聚肌胞、多抗甲素、香菇多糖、环孢素、硫唑嘌呤、抗淋巴细胞球蛋白、重组人白细胞介素-2。

13.维生素、矿物质、复方氨基酸制剂及其他营养药物

（1）维生素

维生素A、维生素D、维生素B_1、维生素B_2、烟酰胺、维生素B_4、维生素B_6、复方维生素B、维生素C、维生素E、烟酸、水乐维他、维他利匹特。

（2）矿物质类药

葡萄糖酸钙、碳酸钙、乳酸钙、磷酸氢钙、碳酸钙-维生素 D_3、硫酸锌、葡萄糖酸锌、安达美、派达益尔。

（3）复方氨基酸制剂及其他营养用药

复合氨基酸胶囊、14氨基酸注射液-823、15氨基酸注射液-690、17氨基酸注射液-700、18氨基酸注射液-1200、19氨基酸注射液-500、20氨基酸注射液-500、8氨基酸注射液-510、9氨基酸注射液-553、6氨基酸注射液-848、脂肪乳。

（4）肠内营养剂

爱伦多、安素。

14.调节水、电解质和酸碱平衡用药

口服补液盐、腹膜透析液、复方电解质葡萄糖-M3A、复方电解质葡萄糖-M3B、复方电解质葡萄糖-R4A、氯化钠注射液、葡萄糖、葡萄糖氯化钠注射液、复方乳酸钠葡萄糖注射液、乳酸钠林格注射液、复方乳酸钠山梨醇注射液、氯化钾、聚磺苯乙烯钠。

15.麻醉药及辅助麻醉药

（1）全身麻醉药

①吸入麻醉药

氟烷、氧化亚氮、恩氟烷、异氟烷、七氟烷。

②静脉麻醉药

硫喷妥钠、羟丁酸钠、盐酸氯胺酮、丙泊酚、依托咪酯、咪达唑仑。

（2）局部麻醉药

盐酸普鲁卡因、盐酸丁卡因、盐酸布比卡因、盐酸利多卡因。

（3）全麻用骨骼肌松药

苯磺酸阿曲库铵、泮库溴铵、哌库溴铵、维库溴铵、罗库溴铵。

（4）其他

氯化琥珀胆碱、枸橼酸芬太尼、盐酸麻黄碱。

16.诊断用药

（1）影像诊断用药

碘化油、碘番酸、碘苯酯、碘曲仑、硫酸钡、碘海醇、碘帕醇、碘普胺、泛影酸钠、泛影葡胺、钆喷葡胺、碘他拉葡胺、胆影葡胺、乙碘油。

（2）核医学诊断及治疗药

邻碘[131I]马尿酸钠、碘[131I]化钠、锝[99mTc]植酸盐、锝[99mTc]依替菲宁、锝[99mTc]双半胱乙酯。

（3）其他诊断用药

布氏菌素、旧结核菌素。

17.解毒药

（1）重金属、类金属解毒药

依地酸钙钠、二巯丁二钠、二巯丁二酸、二巯丙醇、二巯丙磺钠、甲磺酸去铁胺、盐酸青霉胺。

（2）氰化物中毒的解毒药

亚甲蓝、亚硝酸钠、亚硝酸异戊酯、硫代硫酸钠。

（3）有机磷酸酯类解毒药及其他解毒药

碘解磷定、氯解磷定、乙酰胺、盐酸纳洛酮、氟马西尼、贝美格、药用炭、氢溴酸烯丙吗啡、谷胱甘肽、精制抗蝮蛇毒血清。

18.生物制品

（1）疫苗类

流行性乙型脑炎灭活疫苗、森林脑炎疫苗、冻干麻疹活疫苗、脊髓灰质炎活疫苗、狂犬病疫苗、冻干黄热病活疫苗、流行性腮腺炎活疫苗、基因工程乙肝疫苗、甲型肝炎疫苗、风疹活病毒疫苗。

（2）菌苗类

伤寒菌苗、伤寒副伤寒甲乙菌苗、脑膜炎球菌多糖菌苗（A群）、冻干卡介苗、钩端螺旋体菌苗、吸附百日咳菌苗—白喉—破伤风类毒素混合制剂、炭疽活菌苗、冻干鼠疫活菌苗、冻干布氏活菌苗。

（3）类毒素类

吸附精制白喉类毒素、吸附精制破伤风类毒素。

（4）抗毒素及免疫血清

精制破伤风抗毒素、精制白喉抗毒素、精制肉毒抗毒素、精制抗炭疽血清、多价精制气性坏疽抗毒素、精制抗狂犬病血清。

（5）免疫球蛋白

人血丙种球蛋白、乙型肝炎免疫球蛋白、破伤风免疫球蛋白。

19.妇产科用药

垂体后叶素、缩宫素、马来酸麦角新碱、马来酸甲麦角新碱、地诺前列酮、地诺前列素、卡前列甲酯、吉美前列素、米索前列醇、米非司酮、乳酸依沙吖啶、天花粉蛋白、利托君、美帕曲星、噻康唑、制霉素、氯己定、聚甲酚磺醛。

20.口腔科用药

氯己定、西地碘、碘甘油、盐酸丁卡因、盐酸普鲁卡因、亚甲蓝、碘化油。

21.眼科用药

（1）抗感染药

磺胺醋酰钠、羟苄唑、氯霉素、红霉素、硫酸庆大霉素、金霉素、利福平、磺胺嘧啶、诺氟沙星、环丙沙星、氧氟沙星、硫酸妥布霉素、利巴韦林、阿昔洛韦、咪康唑。

（2）抗青光眼药

硝酸毛果芸香碱、水杨酸毒扁豆碱、盐酸可乐定、马来酸噻吗洛尔、卡替洛尔、双氯非那胺、地匹福林、乙酰唑胺。

（3）散瞳药

硫酸阿托品、氢溴酸东莨菪碱、复方托吡卡胺。

（4）其他

硫酸锌、色甘酸钠、地塞米松、醋酸可的松、氢化可的松、吡诺克辛钠、法可林、双氯芬酸钠、氯化氨基汞、妥拉唑林、普罗碘胺、荧光素钠、氨肽碘、透明质酸钠、血活素眼凝胶。

22.耳鼻咽喉科用药

氧氟沙星、酚甘油、硼酸酒精、地芬尼多、盐酸麻黄碱、复方薄荷脑、鱼肝油酸钠、玻璃酸酶、鱼肝油、丁苄唑啉、复方硼砂漱口片、溶菌酶、度米芬。

23.皮肤科用药

（1）抗感染药

二硫化硒、鬼臼毒素、克罗米通、升华硫、丙体-六六六、莫匹罗星、硫酸新霉素、硼酸、乳酸依沙吖啶、过氧苯甲酰、甲紫、制菌素、酮康唑、克霉唑、益康唑、咪康唑、联苯苄唑、十一烯酸、鱼石脂、地蒽酚。

（2）角质促成剂及溶解药

煤焦油、阿维A酯。

（3）止痒药：樟脑。

（4）收敛保护剂：炉甘石。

（5）皮质类固醇（激素）

地塞米松、氢化可的松、曲安奈德、氟西奈德、哈西奈德、倍氯米松、丙酸氯倍他索。

（6）其他

葡萄糖酸钙、尿嘧啶、维A酸、甲氧沙林、氨溶液、尿素、尿囊素、过氧化氢溶液、乌洛托品。

三、按来源分类

1.植物药

以植物的部分或者全体为医疗目的的医药品，分为传统植物药和现代植物药。西方习惯于将植物药称为天然药物。运用现代科学技术生产使用的植物提取物为现代植物药。欧洲共同体所定义的植物药产品不是单一药用植物，可以是多种植物药配伍，含有专一植物活性成分或是植物提取物，植物药是植物被运用于医疗目的的医药用品。

到目前为止，植物药制剂经历了三个发展阶段：第一阶段是传统的丹、丸、膏、散，第二阶段是以水醇法或醇水法为主的提取、粗处理技术与现代工业制剂技术相结合而制成中成药，第三阶段是运用现代分离技术和检测技术精制化和定量化的现代植物药。例如人参的用法，内服：煎汤，3～10g，大剂量10～30g，宜另煎兑入；或研末，1～2g；或敷膏；或泡酒；或入丸、散。具有大补元气、复脉固脱、补脾益肺、生津止渴、安神益智作用。

2.动物药

来源于动物的药物，可以是动物的全体、器官或组织等。由于

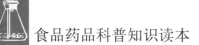
药用动物的活性成分有作用强、使用剂量小、疗效显著而且专一等优点,加以其毒副作用低,药物来源及使用广泛,群众对采药、用药有丰富的经验。中国的药用动物种类繁多,资源丰富。按入药的部位来划分,可有:①全身入药的,如全蝎、蜈蚣、海马、地龙、白花蛇等。②部分的组织器官入药的,如虎骨、鸡内金、海狗肾、乌贼骨等。③分泌物、衍生物入药的,如麝香、羚羊角等。

3.矿物药

根据矿物药的来源、加工方法及所用原料性质不同等,将矿物药分为三类。

原矿物药:指从自然界采集后,基本保持原有性状作为药用者。按中药分类规律,其中包括矿物(如石膏、滑石、雄黄)、动物化石(如龙骨、石燕)及以有机物为主的矿物(如琥珀)。

矿物制品药:指主要以矿物为原料经加工制成的单味药,多配伍应用(如白矾、胆矾)。

矿物药制剂:指以多味原矿物药或矿物制品药为原料加工制成的制剂。中药制剂里的"丹药"即属这类药(如小灵丹、轻粉)。

4.抗生素

(1)糖的衍生物:主要由氨基己糖的衍生物组成。

(2)多肽类抗生素:主要或全部由氨基酸组成,有多肽或蛋白质的某些特性。

(3)多烯类抗生素:分子结构中有多个双键。

(4)大环内酯抗生素:由一个或多个单糖组成并与碳链一起形成一个巨大的芳香内酯化合物。

(5)四环类抗生素:具有四个缩合苯环。

(6)嘌呤类抗生素:都含有嘌呤环。

5.生物制品

生物制品是以微生物、细胞、动物或人源组织和体液等为原料,应用传统技术或现代生物技术制成,用于人类疾病的预防、治疗和诊断。人用生物制品包括:细菌类疫苗(含类毒素)、病毒类疫苗、抗毒素及抗血清、血液制品、细胞因子、生长因子、酶、体内及体外诊断制品,以及其他生物活性制剂,如毒素、抗原、变态反应原、单克隆抗体、抗原抗体复合物、免疫调节及微生态制剂等。

四、处方药和非处方药

（一）怎样认识和使用处方药和非处方药

1.什么是处方药和非处方药

处方药和非处方药不是药物的本质属性,而是管理上的界定。处方药是必须凭执业医师或执业助理医师处方才可调配、购买和使用的药物,非处方药是不需要凭医师处方即可自行判断、购买和使用的药物。非处方药主要用于治疗消费者容易自我诊断、自我治疗的常见轻微疾病。非处方药在外包装盒上一般标有"OTC"字样。

2.为什么有的药既是非处方药也是处方药

众所周知,非处方药基本是从处方药转变（遴选）而来的,部分药物的适应证中,有些可以安全地用于小伤小病,即在限适应证、限剂量、限疗程的规定下,将其作为非处方药应用。而消费者难以判断的适应证,则仍作为处方药使用,如解热镇痛药、平喘药、抑酸药等。

3.处方药与非处方药相比,哪个疗效好

非处方药多是经过临床较长时间考验,疗效肯定,服用方便,安全性比处方药相对要高的药物。但疗效的比较不是一个简单的问题。一些处方药的疗效很好,但由于安全性问题或使用不方便等原因不能作为非处方药。另外,一些新上市的药物,虽然疗效很好,但尚缺乏较长时间的考察,安全性未定,也不能作为非处方药。一般新上市的处方药需经过3～5年的考验才能转为非处方药。

4.非处方药绝对安全保险吗

非处方药一般具有较高的安全性,不会引起药物依赖性、耐药性或耐受性,也不会在体内蓄积,不良反应发生率低。但是,非处方药也是药物,具有药物的各种属性,虽然其安全性相对来说高一些,但并非绝对保险。

5.既然非处方药应用安全,加大剂量服用会有问题吗

非处方药的应用安全是指在说明书的指导下,按规定剂量服用是安全的,任意加大剂量使用会产生不良反应。例如,维生素C通常用于补充人体所需营养,被认为是安全的,一般每日用量在1g以下。如超出剂量长期服用,即可引起腹泻等胃肠道不良反应,甚至会引起尿酸盐或草酸盐结石。

6.处方药与非处方药可以同时服用吗

在实际生活中,可能遇到在用非处方药治疗小伤小病时又得了大病,需要加用一些处方药,或用处方药治疗某些慢性疾病(如高血压、糖尿病)时,又得了小病,需加服一些非处方药。在这种情况下,处方药与非处方药能否同时服用,答案不能一概而定。对于前者,应告诉医生目前正在服用哪种(些)药物,由医生决定;对于后者,可以咨询药店里的执业药师,由药师告知是否可行。

7.老年人使用非处方药应注意哪些问题

①首先要明确用药目的。既要清楚自己的病情,又要了解所用药品的作用,不能随意使用药品。

②严格按剂量要求,并按时用药。老年人记忆力有所衰退,容易忘记用药,有时漏服一次药后,下次服药时自行服用双倍剂量,很容易导致不良后果。

③掌握用药技巧。口服药片或胶囊时,至少用半杯温开水(约250ml)送服,水量过少药片易滞留在食管壁上,既刺激食管,又影响疗效。此外,有的药片不宜嚼碎或压碎,有的药片则需要嚼碎或压碎后服用。这些药物的服用都必须按说明书使用。

④注意药物不良反应。首先要知道自己的药物过敏史,尤其是在使用同类药物时更应谨慎,并留心观察用药后身体是否出现反应,如皮疹、瘙痒、红斑、头晕、无力等。一旦出现严重反应。应立即停药就医。

⑤警惕药物间的相互作用。老年人往往同时服用多种药物,不少人还同时服用中药、西药。为此,在用药前应向医师或药师咨询各药之间有无配伍禁忌或协同作用。

⑥注意保存方法。应按说明书要求存放。一般应放在阴凉处。糖浆、滴眼剂应放在冰箱冷藏室内(4℃左右),勿放在冷冻层,以免药物变质。

常用非处方药

1.内科用药

(1)解表剂

具有发汗解表的作用,主要用于治疗表证。服药后宜以遍身微汗为度,切忌大汗。

表证多见于感冒、流行性感冒、上呼吸道感染、支气管炎、肺炎等呼吸道疾病,也见于多种感染的初期阶段。

①辛温解表类:用于外感风寒证,症见恶寒重,发热轻,无汗,鼻塞流涕,口不渴,苔薄白,脉浮紧。如荆防颗粒、正柴胡饮。

②辛凉解表类:用于外感风热证,症见发热重,恶寒轻,咳嗽痰稠黄,苔微黄,脉浮数。如银翘解毒丸、桑菊感冒片。

③表里双解类:用于表里同病,除外感表证外,多兼热结便秘或湿热泻痢等里证。如防风通圣丸。

④扶正解表类:有扶正、祛邪的特点,适用于体质素虚,兼感外邪所致的虚人外感。如玉屏风散、参苏丸。

(2)祛暑剂

具有祛暑、除湿等作用,主要用于治疗暑湿病。临床多见中暑、胃肠型感冒、急性肠胃炎、水土不服等。

①解表祛暑类:用于夏日受暑感寒,症见恶寒发热,头痛无汗等。如保济丸、藿香正气水。

②祛暑除湿类:用于夏伤暑湿,症见寒热头痛,胸闷恶心,吐泻腹痛等。如六合定中丸、甘露消毒丸。兼气虚则用清暑益气丸。

③健胃祛暑类:用于因中暑引起的头晕、恶心、腹痛、胃肠不适等。如十滴水。

(3)泻下剂

能通导大便,排除肠胃积滞,涤荡实热。主要用于排便困难,秘结不通,排便艰涩不畅。

①寒下剂：泄热通便。用于里热积滞证，症见大便秘结，脘腹疼痛。

②温下剂：祛寒通便。用于脏腑间有寒冷积滞，即里寒实证，症见大便秘结，脘腹冷痛，手足不温，口淡不渴。

③润下剂：润燥滑肠。用于热结肠燥便秘，或老年津枯、病后津亏和产后血虚所致便秘。

中病即止，以免过泻伤正。

（4）清热剂

有清热泻火、清热解毒、清热祛湿等作用。主要用于里热证。多指肠胃、肺胃实热或肝胆郁热所致的疾病，症见发热，不恶寒反恶热，口渴，烦躁，小便短赤，舌质红苔黄，脉洪数或弦数有力。

①清热泻火类：用于肺胃里热炽盛，症见咽喉牙龈肿痛，口舌生疮，目赤肿痛等。如牛黄解毒丸、黄连上清丸、牛黄上清丸。

②清热解毒类：用于火毒热盛证，症见局部红肿热痛，疮疡疔毒，便秘。如双黄连合剂、银黄颗粒、板蓝根颗粒。

③清热祛湿类：用于湿热所致的湿热淋痛、湿热黄疸、痢疾泄泻。如茵栀黄口服液、复方黄连素片。

药性多寒凉，易伤脾胃，损伤阳气。病去即止，用之太过会致热退寒生。

（5）温里剂

主要用于里寒证。症见畏寒肢冷，面色苍白，腰膝酸冷，大便溏泄，小便清长，舌质淡，苔白润。临床多见于急慢性胃炎、胃及十二指肠溃疡、胃痉挛、胃下垂、慢性结肠炎、心力衰竭、休克等。有温中健脾剂、回阳救逆剂、温经散寒剂之分。

温中健脾类：用于脾胃虚寒证，症见脘腹冷痛，畏寒肢冷，口淡不渴，小便清长。如附子理中丸、香砂养胃丸。

中病即止，以免温热过甚，损耗阴液。忌用于热证、阴虚证，尤其是真热假寒证。

（6）止咳平喘剂

主要用于咳嗽、气喘等病症。多见于上呼吸道感染，急、慢性支气管炎,肺炎,支气管扩张,支气管哮喘,阻塞性肺气肿等。

①散寒止咳类:风寒犯肺咳嗽,适用于寒痰咳喘证,症见痰多色白,并兼有恶寒发热、头痛鼻塞等。如通宣理肺丸。

②清肺止咳类:风热犯肺咳嗽,适用于热痰证,症见痰多色黄黏稠,并兼有发热口渴、气喘等。如蛇胆川贝液、橘红丸。

③润肺止咳类:燥泄犯肺咳嗽,适用于燥痰证,症见干咳少痰,或咯痰不爽、痰稠难出、咽干而痛。如养阴清肺丸。

④止咳平喘类:用于肺失宣降之咳喘证,症见咳喘气急,痰多或无痰。如蛤蚧定喘丸。

（7）化痰剂

①燥湿化痰类:用于湿痰证,症见痰白易咯,胸痞恶心,肢体困倦,苔白滑而腻。如二陈丸。

②清热化痰类:用于热痰证,症见咳嗽痰黄,黏稠难咯,面赤烦热、苔黄。如急支糖浆、复方鲜竹沥液。

③润燥化痰类:用于燥痰证,症见咽喉燥痛,咳嗽少痰等肺燥津伤的上燥证。如养阴清肺丸。

④温化寒痰类:用于寒痰证,症见吐痰清稀,咳嗽胸满,舌淡苔白滑。如通宣理肺丸、小青龙合剂。

（8）开窍剂

有通关开窍的作用,用于邪阻心窍所致的窍闭神昏之证。多见于脑血管意外,肝昏迷,冠心病心绞痛,心肌梗死以及感染或中毒所致的高热惊厥等。

①清热开窍类:能清热解毒,祛痰化浊,芳香开窍。用于温热邪毒、痰热秽浊所致的窍闭。如清开灵颗粒、安宫牛黄丸。

②化痰开窍类:能芳香开窍,辛香行气,化浊。用于中风或寒湿痰浊之邪闭阻心窍所致的窍闭。如苏合香丸。

（9）固涩剂

具有收敛固涩的功效,能敛汗、缩尿、固精、止泻、止带、止咳等。主要用于气血津液耗散滑脱之证,临床表现为自汗盗汗、遗精滑泄、小便失禁、久泄久痢和崩漏带下。

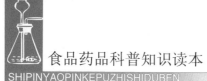

①补肾缩尿类:用于肾虚不摄、膀胱失约之小便不禁。多见小便频数,夜卧遗尿。如缩泉丸。

②涩精止遗类:用于肾虚失藏,精关不固,以致遗精滑泄,尿频遗尿等症。如金锁固精丸。

③涩肠固脱类:用于脾肾虚寒,滑脱不禁之证。如固本益肠片、固肠止泻丸、四神丸。

体质虚弱、反复泄泻者,病情严重者,泄泻病程中出现并发症者,慢性泄泻长时间不愈者,不适宜自己选择用药。

（10）补虚剂

能够补养人体气、血、阴、阳的不足,治疗各种虚证。善滋补,有恋邪之弊,凡病邪未尽、正气尚盛者不宜选用。

①补气类:用于肺脾气虚证,症见少气懒言,倦怠乏力,面色㿠白,大便溏泄或脱肛,子宫脱垂等。如补中益气丸、参苓白术散。

②补血类:用于血虚证,症见面色萎黄,气短心悸,失眠多梦,头晕,月经量少、色淡,崩漏便血。如归脾丸。

③补阴类:用于肝肾阴虚证,症见腰酸腿软,颧红潮热,盗汗口干,五心烦热,眩晕耳鸣。如六味地黄丸。

④补阳类:用于肾阳虚证,症见畏寒肢冷,腰膝酸软,虚喘耳鸣,阳痿早泄,小便频数等。如金匮肾气丸、四神丸。

（11）安神剂

能安神定志。用于心神不安的病症。常含朱砂,不宜多服、久服。

①养心安神类:用于阴血不足、心神失养之证,多见心悸怔忡,失眠健忘,虚烦不眠,盗汗,梦遗等。如天王补心丹。

②重镇安神类:用于惊狂癫痫,燥扰不宁。

（12）和解剂

疏泄调和。能舒畅气机、调和脏腑,治疗少阳病或肝脾、肠胃不和等证。

①和解少阳类:用于邪在少阳,症见寒热往来,胸胁苦满,心烦喜呕,不欲饮食,口苦咽干。如小柴胡颗粒。

②调和肝脾类：用于肝气郁结所致的胸胁胀满、疼痛,嗳气吞酸等肝脾失调、肝胃不和。如逍遥丸。

③调和肠胃类：用于胃肠功能失调,寒热夹杂,升降失司而出现的脘腹胀满、恶心呕吐、腹痛肠鸣。如左金丸。

（13）理气剂

有舒畅气机,调节脏腑的功能。用于治疗气病。气虚宜补气,气滞宜行气（以调畅气机、解郁散结为主）,气逆宜降气（以降胃止呕、降气平喘为主）。临床上气滞与气逆常同时出现。大多辛温香燥,易耗气伤阴或克伐正气,用时应中病即止。

①舒肝解郁类：用于肝郁气滞证,症见胁肋胀痛,胸闷,饮食减少,疼痛部位走窜不定或月经不调,痛经。如丹栀逍遥丸、逍遥丸。

②疏肝和胃类：用于肝胃不和证,症见胃脘不舒,肝郁气滞,脘腹胀痛,嗳气吞酸,呃逆等。如气滞胃痛颗粒、胃苏颗粒。

③理气止痛类：用于气机阻滞所致的各种痛证,症见胸闷胁痛,腹胀胃痛,妇女痛经等。如元胡止痛片、三九胃泰颗粒。

（14）理血剂

能促进血行,消散瘀血,制止出血。血病分血瘀、血溢（出血）、血虚。

①活血类：用于血行不畅,瘀血阻滞。如血府逐瘀丸。

②止血类：有凉血止血和散瘀止血之分。

（15）消导化积剂

能行气宽中,消食导滞,消痞化积,恢复脾胃正常功能。主要用于食积停滞。

（16）治风剂

能疏散外风,平息内风。用于外风和内风所致的病症。外风病是指感受风邪,停于经络、肌肉、筋骨、关节所致,症见肢体麻木不仁,筋脉挛痛,屈伸不利,或口眼歪斜,多见于头痛、感冒、骨关节炎、风湿性关节炎、类风湿性关节炎等;内风病多由肾水不足、营血虚少或热盛阴伤致肝风内动、气血逆乱,出现猝然昏倒、不省人事、口眼歪斜、半身不遂等症,多见于原发性高血压、脑血管意外、血管

性头痛等。外风宜散,内风宜息。

(17)祛湿剂

能化湿利水,化浊通淋。用于各种水湿证,以及水湿内停所致的水肿、淋浊、痰饮、癃闭等。

表1-1　内科用药

类型	药品名称	主要功能	注意事项
解表剂	感冒清热颗粒	疏风散寒,解表清热。用于风寒感冒。	可引起环孢素A血药浓度升高,不宜与滋补类或温热性中药同用。
	正柴胡饮颗粒	发散风寒,解热止痛。用于外感风寒初起、流行性感冒初起、轻度上呼吸道感染。	
	荆防颗粒	发汗解表,散风祛湿。用于风寒感冒。	风热感冒或湿热证忌用。
	九味羌活丸	疏风解表,散寒祛湿。用于外感风寒夹湿导致的恶寒发热、肢体酸痛。	
	银翘解毒丸	疏风解表,清热解毒。用于风热感冒。	
	桑菊感冒片	疏风清热,宣肺止咳。用于风热感冒初起,头痛,咳嗽,口干,咽痛。	
	感冒退热颗粒	清热解毒,疏风解表。用于上呼吸道感染,急性扁桃体炎。	
	羚羊感冒片	清热解表。用于流行性感冒,症见发热恶风,头痛头晕,胸闷,咽喉肿痛。	
	防风通圣丸	解表通里,清热解毒。用于外感内热,表里俱实,恶寒壮热,头痛咽干,初起瘰疬,风疹湿疮。	
	葛根芩连丸	解肌,清热,止泻,止痢。用于湿热蕴结所致的泄泻,症见身热烦渴,腹痛不适。	
	玉屏风散颗粒	益气,固表,止汗。用于表虚不固,自汗恶风,面色无华,或体虚易感风寒者。	热病汗出者忌用。
	参苏丸	益气解表,疏风散寒,祛痰止咳。用于受风寒所致的感冒。	

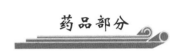

类型	药品名称	主要功能	注意事项
祛暑剂	保济丸	解表,祛湿,和中。用于暑湿感冒,症见发热头痛,腹痛腹泻,胃肠不适。亦可用于晕车晕船。	
	藿香正气水	解表化湿,理气和中。用于外感风寒、内伤湿滞或夏伤暑湿所致的感冒及胃肠型感冒,症见头痛昏重,胸膈痞闷,呕吐泄泻。	
	暑热感冒颗粒	祛暑解表,清热生津。用于感冒属暑热证者,症见发热重,恶寒轻,汗出热不退。	
	清暑解毒颗粒	清暑解毒,生津止渴,并能防止痱、疖。	
	十滴水	健胃,祛暑。用于中暑引起的头晕、恶心、腹痛、胃肠不适。	
	六合定中丸	祛暑除湿,和胃消食。用于夏伤暑湿,宿食停滞,寒热头痛,胸闷恶心,吐泻腹痛。	
	甘露消毒丸	利湿化浊,清热解毒。用于湿温时疫,邪在气分,症见发热、倦怠、胸闷、腹胀。	
	清暑益气丸	祛暑利湿,补气生津。用于体弱受暑引起的头晕发热,四肢倦怠,自汗心烦。	
泻下剂	复方芦荟胶囊	调肝养肾,清热润肠,宁心安神。用于习惯性便秘,大便燥结,或因大便数日不通引起的腹胀腹痛等。	
	当归龙荟丸	泻火通便。用于肝胆火旺,心烦不宁,头晕目眩,耳聋耳鸣,胸胁疼痛,脘腹胀满,大便秘结。	

续表

类型	药品名称	主要功能	注意事项
泻下剂	新清宁胶囊	清热解毒,泻火通便。用于实热内蕴所致的喉肿,牙痛,目赤,便秘,下痢,发热,感染性炎症。	
	清宁丸	清热泻火,消肿通便。用于火毒内蕴所致的咽喉肿痛,口舌生疮,头晕耳鸣,目赤牙痛。	
	一清胶囊	清热泻火解毒,化瘀凉血止血。用于火毒血热所致的身热烦躁,目赤口疮,咽喉肿痛、吐血、咯血、衄血。	
	苁蓉通便口服液	润肠通便。用于老年便秘,产后便秘。	
	麻仁润肠丸	润肠通便。用于胃肠积热,胸腹胀满,大便秘结。	
	麻仁丸	润肠通便。用于肠热津亏所致的便秘、习惯性便秘。	
	麻仁滋脾丸	润肠通便,健胃消食。用于胸腹胀满,大便不通,饮食无味,烦躁不宁,年老体弱、久病虚弱者的便秘。	
	通便灵胶囊	邪热导滞,润肠通便。用于热结便秘,长期卧床便秘,一时性腹胀便秘及老年习惯便秘。	
	通乐颗粒	滋阴补肾,润肠通便。用于阴虚便秘,习惯性便秘,功能性便秘,症见大便秘结,口干,咽燥,烦热等。	

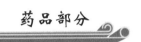

续表

类型	药品名称	主要功能	注意事项
清热剂	牛黄解毒丸	清热解毒。用于火热内盛,咽喉肿痛,牙龈肿痛,口舌生疮等。	血虚气弱、无实热者忌用。
	黄连上清丸	散风清热,泻火止痛。用于风热上攻、肺胃热盛所致的头晕目眩、暴发火眼、牙齿疼痛、口舌生疮、咽喉疼痛、耳痛耳鸣、大便秘结。	孕妇及脾胃虚寒者禁用。
	牛黄上清丸	清热泻火,散风止痛。用于热毒内盛、风火上攻所致的头痛眩晕、目赤耳鸣、咽喉肿痛、口舌生疮、大便燥结。	阴虚火旺所致的头痛眩晕、牙痛咽痛忌用。
	清胃黄连片	清胃泻火,解毒消肿。用于肺胃火盛所致的口舌生疮、齿龈、咽喉肿痛。	
	双黄连口服液	疏风解表,清热解毒。用于外感风热所致的感冒,症见发热,咳嗽,咽痛。	
	板蓝根颗粒	清热解毒,凉血利咽。用于肺胃热盛所致的咽喉肿痛、口咽干燥、腮部肿胀,急性扁桃体炎、腮腺炎。	
	银黄片	清热疏风,利咽解毒。用于外感风热、肺胃热盛所致的咽干、咽痛、喉核肿大、口渴发热、急慢性扁桃体炎、急慢性咽炎、上呼吸道感染。	
	抗病毒颗粒	清热解毒。用于病毒性感冒。	
	茵栀黄口服液	清热解毒,利湿退黄。用于湿热毒邪内蕴所致的急性、迁延性、慢性肝炎或重症肝炎。	

267

续表

类型	药品名称	主要功能	注意事项
清热剂	利胆片	清热止痛。用于胆道疾患,胁肋及胃腹部疼痛,按之剧痛,大便不通,小便短黄,身热头痛,呕吐不食等。	
	茵陈五苓丸	清湿热,利小便。用于肝胆湿热、脾肺郁结所致的湿热黄疸,症见脘腹胀痛,小便不利。	
	复方黄连素片	清热燥湿,行气止痛,止痢止泻。用于大肠湿热,赤白下痢,里急后重或暴注下泄,肛门灼热,肠炎,痢疾。	
	香连丸	清热化湿,行气止痛。用于大肠湿热所致的痢疾,肠炎,细菌性痢疾。	
温里剂	附子理中丸	温中健脾。用于脾胃虚寒,脘腹冷痛,呕吐泄泻,手足不温,肢冷便溏。	本品中有附子,不适于急性肠胃炎之泄泻兼大便不畅、肛门灼热者。
	香砂养胃丸	温中和胃。用于胃阳不足、湿阻气滞所致的胃痛、痞满,症见胃痛隐隐,脘闷不适,呕吐酸水,嘈杂不舒,不思饮食,四肢倦怠。	
	良附丸	温胃理气。用于寒凝气滞,脘痛吐酸,胸腹胀满。	
	温胃舒胶囊	扶正固本,温胃养胃,行气止痛,助阳暖中。用于慢性萎缩性胃炎及慢性胃炎所引起的胃脘冷痛、腹胀、嗳气、纳差、畏寒、无力等。	湿热中阻者忌用,胃大出血时忌用。
	小建中颗粒	温中补虚,缓急止痛。用于脾胃虚寒、脘腹冷痛、喜温喜按、嘈杂吞酸、食少心悸及腹泻与便秘交替症状的慢性结肠炎,胃及十二指肠溃疡。	

续表

类型	药品名称	主要功能	注意事项
止咳平喘剂	通宣理肺丸	解表散寒,宣肺止咳。用于风寒束表、肺气不宣所致感冒咳嗽,症见发热,恶寒,咳嗽,鼻塞流涕,头痛,无汗。	
	半夏露糖浆	止咳化痰。用于咳嗽多痰,支气管炎。	含半夏。
	杏仁止咳糖浆	化痰止咳。用于痰浊阻肺,咳嗽痰多,急慢性支气管炎。	
	蛇胆川贝液	清肺,止咳,除痰。用于肺热咳嗽,痰多。	
	蛇胆川贝枇杷膏	润肺止咳、祛痰定喘。用于外感风热引起的咳嗽痰多、胸闷、气喘等。	
	橘红片	清肺,化痰,止咳。用于咳嗽痰多,痰出不易,胸闷口干,急慢性支气管炎,哮喘。	
	养阴清肺丸	养阴润燥,清肺利咽。用于阴虚肺燥,咽喉干痛,干咳少痰或痰中带血。	
	参贝北瓜膏	平喘化痰,润肺止咳,补中益气。用于哮喘气急,肺虚咳嗽,痰多津少。	
	蛤蚧定喘丸	滋阴清肺,止咳平喘。用于肺肾两虚、阴虚肺热所致的虚痨久咳、年老哮喘、气短烦热、胸满郁闷、自汗盗汗。	咳嗽新发者忌用。
	苏子降气丸	降气化痰。用于痰多色白,咳嗽喘促,气短胸闷,动则加剧。	
	桂龙咳喘宁	止咳化痰,降气平喘。用于外感风寒、痰湿阻肺引起的咳嗽、气喘、痰涎壅盛,急慢性支气管炎。	
	固本喘咳片	益气固表,健脾补肾。用于脾虚痰盛、肾气不固所致的咳嗽、痰多、喘息气促、动则喘剧,慢性支气管炎,肺气肿,支气管哮喘。	

续表

类型	药品名称	主要功能	注意事项
化痰剂	二陈丸	燥湿化痰,理气和胃。用于痰湿停滞所致的咳嗽痰多、胸脘胀满、恶心呕吐。	
	急支糖浆	清热化痰,宣肺止咳。用于外感风热所致的咳嗽、急性支气管炎、慢性支气管炎急性发作。	
	复方鲜竹沥液	清热化痰,止咳。用于痰热咳嗽,痰黄黏稠。	
	清气化痰丸	清肺化痰。用于痰热阻肺所致的咳嗽痰多、痰黄黏稠、胸腹满闷。	
	强力枇杷露	养阴敛肺,止咳祛痰。用于支气管炎咳嗽。	含罂粟壳。
	克咳胶囊	止嗽定喘祛痰。用于咳嗽,喘急气短。	
	牛黄蛇胆川贝散	清热化痰止咳。用于外感咳嗽中的热痰咳嗽,燥痰咳嗽。	
	蛇胆陈皮胶囊	理气化痰,祛风和胃。用于痰浊阻肺,胃失和降,咳嗽,呕逆。	
	止咳橘红丸	清肺,止咳,化痰。用于痰热阻肺引起的咳嗽痰多,胸满气短,咽干喉痒。	
	川贝止咳露	止嗽祛痰。用于肺热咳嗽,痰多色黄。	
	二母宁嗽丸	清肺润燥,化痰止咳。用于燥热蕴肺,痰黄而黏不易咳出,胸闷气短,久咳不止,声哑喉痛。	
	清肺抑火丸	清肺止嗽,化痰通便。用于痰热阻肺所致的咳嗽,痰黄黏稠,口干咽痛,大便干燥。	
	治咳川贝枇杷露	镇咳祛痰。用于感冒及支气管炎引起的咳嗽。	
	蜜炼川贝枇杷膏	清热润肺,止咳平喘,理气化痰。用于肺燥咳嗽,痰多,胸闷,咽喉痛痒,声音沙哑	

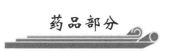

续表

类型	药品名称	主要功能	注意事项
化痰剂	枇杷止咳颗粒	止嗽化痰。用于咳嗽,支气管炎。	
	小青龙合剂	解表化饮,止咳平喘。用于风寒水饮,恶寒发热,无汗,咳喘痰稀。	
	祛痰止咳颗粒	健脾燥湿,祛痰止咳。用于慢性支气管炎及支气管炎合并肺气肿、肺心病所引起的痰多、咳嗽、喘息等。	
	杏苏止咳糖浆	宣肺气,散风寒,镇咳祛痰。用于风寒感冒,咳嗽气逆。	
	镇咳宁糖浆	止咳平喘祛痰。用于风寒束肺所致的咳嗽、气喘、咯痰,支气管炎、支气管哮喘见上述症候者。	
开窍剂	清开灵颗粒	清热解毒,镇静安神。外感风热时毒、火毒内盛所致的高热不退、烦躁不安、咽喉肿痛、舌质红绛、苔黄、脉数,上呼吸道感染、病毒性感冒、急性化脓性扁桃体炎、急性咽炎、急性支气管炎见上述症候者。	
	安宫牛黄丸	清热解毒,镇静开窍。用于热病,邪入心包,高热惊厥,神昏谵语,中风昏迷及脑炎、脑膜炎、脑出血、败血症见上述症候者。	
	紫雪散	清热开窍,止痉安神。用于热入心包,热动肝风证,症见高热烦躁,神昏谵语,惊风抽搐,斑疹吐衄,尿赤便秘等。	
	牛黄清心丸	清心化痰,镇惊祛风。用于风痰阻窍所致的头晕目眩、痰涎壅盛、神志混乱、言语不清、惊风抽搐、癫痫。	含朱砂、雄黄。
	苏合香丸	芳香开窍,行气止痛。用于痰迷心窍所致的痰厥昏迷、中风偏瘫、肢体不利,以及中暑,心胃气痛。	
	礞石滚痰丸	逐痰降火。用于痰火扰心所致的癫狂惊悸,或咳喘痰稠、大便秘结。	

续表

类型	药品名称	主要功能	注意事项
固涩剂	缩泉丸	补肾缩尿。用于肾虚之小便频数,夜卧遗尿。	肝经湿热或阴虚所致之尿频、遗尿者不宜使用。
	金锁固精丸	固肾涩精。用于肾精不固,遗精滑泄,神疲乏力,四肢酸软,腰痛耳鸣。	
	锁阳固精丸	温肾固精。用于肾阳不足所致的腰膝酸软、头晕耳鸣、遗精早泄。	
	固本益肠片	健脾温肾,涩肠止泻。用于脾虚或脾肾阳虚所致的慢性泄泻,症见慢性腹痛腹泻,大便清稀或有黏液,食少腹胀,腰酸乏力,形寒肢冷,舌淡苔白。	湿热痢疾、泄泻及泄泻时腹部热胀痛者忌用。
	涩肠止泻散	收敛止泻,健脾和胃。用于脾胃气虚所致的泄泻,急慢性肠炎,过敏性肠炎,消化不良。	
	四神丸	温肾散寒,涩肠止泻。用于肾阳不足所致的泄泻,症见肠鸣腹泻,五更溏泄,食少不化,久泻不止,面黄肢冷。	
补虚剂	补中益气丸	补中益气,升阳举陷。用于脾胃虚弱、中气下陷所致的泄泻、脱肛、阴挺,症见体倦乏力,食少腹胀,便溏久泄,肛门下坠或脱肛,子宫脱垂。	不宜与藜芦或其制剂同服。阴虚内热、外感表证、食积胀满者忌用。
	参苓白术散*	健脾胃,益肺气。用于脾胃虚弱,食少便溏,气短咳嗽,肢倦乏力。	温热内蕴所致泄泻、厌食、水肿及痰火咳嗽忌用,泄泻兼有大便不畅、肛门有下坠感者忌用,不宜与感冒药同时服用。
	参芪片	补益元气。用于气虚体弱,四肢无力。	

类型	药品名称	主要功能	注意事项
补虚剂	香砂六君丸	益气健脾和胃。用于脾虚气滞,消化不良,嗳气食少,脘腹胀满,大便溏泄。	阴虚内热胃痛及湿热痞满泄泻忌用。
	薯蓣丸*	调理脾胃,益气和营。用于气血两虚、脾肺不足所致的虚劳、胃脘痛、痹症、经闭、月经不调。	
	当归补血口服	补养气血。用于身体虚弱,气血两亏。	阴虚火旺者忌用。
	八珍颗粒	补气益血。用于气血两虚,面色萎黄,食欲不振,四肢乏力,月经过多。	
	人参养荣丸*	温补气血。用于心脾不足,气血两亏,形瘦神疲,食少便溏,病后虚弱。	
	人参归脾丸	益气补血,健脾养心。用于心脾两虚、气血不足所致的心悸怔忡、失眠健忘、食少体倦、面色萎黄,以及脾不统血的便血、崩漏、带下诸证。	热邪内伏、阴虚脉数、痰湿壅盛、感冒患者忌服。宜饭前服用。
	归脾丸	益气健脾,养血安神。用于心脾两虚,气短心悸,失眠多梦,头晕,肢倦乏力,食欲不振,崩漏便血。	阴虚火旺者忌用
	十全大补膏*	温补气血。用于气血两虚,面色苍白,气短心悸,头晕自汗,体倦乏力,四肢不温,月经量多。	
	六味地黄丸	滋阴补肾。用于肾阴亏损,头晕耳鸣,腰膝酸软,骨蒸潮热,遗精盗汗,消渴。	体实及阳虚忌服。宜饭前服用。
	知柏地黄丸	滋阴降火。用于阴虚火旺,潮热盗汗,口干咽痛,耳鸣遗精,小便短赤。	气虚发热及实热者忌用。
	左归丸	滋肾补阴。用于真阴不足,腰膝酸软,盗汗,神疲口燥。	
	大补阴丸	滋阴降火。用于阴虚火旺,潮热盗汗,咳嗽咯血,耳鸣遗精。	

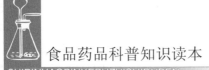
续表

类型	药品名称	主要功能	注意事项
补虚剂	麦味地黄丸	滋肾养肺。用于肺肾阴亏,潮热盗汗,咽干咳血,眩晕耳鸣,腰膝酸软,消渴。	
	杞菊地黄丸	滋肾养肝。用于肝肾阴亏,眩晕耳鸣,羞明畏光,迎风流泪,视物昏花。	
	河车大造丸	滋阴清热,补肾益肺。用于肺肾两亏,虚劳咳嗽,骨蒸潮热,盗汗遗精,腰膝酸软。	
	金匮肾气丸	温补肾阳,化气行水。用于肾虚水肿,腰膝酸软,小便不利,畏寒肢冷。	
	桂附地黄丸	温补肾阳。用于肾阳不足,腰膝酸冷,肢体水肿,小便不利或反多,痰饮咳嗽,消渴。	不宜与赤石脂及其制剂同用。
	五子衍宗丸	补肾益精。用于肾虚精亏所致的阳痿不育、遗精早泄、腰痛、尿后余沥。	
	济生肾气丸	温肾化气,利水消肿。用于肾阳不足,水湿内停所致的肾虚水肿、腰膝酸重、小便不利、痰饮咳喘。	
	消渴丸	滋阴养肾,益气生津。用于气阴两虚型消渴证(非胰岛素依赖型糖尿病),症见口渴喜饮,多尿,多食,易饥,消瘦。	服用本品时禁加服磺酰脲类抗糖尿病药物。本品含格列本脲。
	生脉饮*	益气复脉,养阴生津。用于气阴两亏,心悸气短,脉微自汗。	

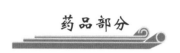

续表

类型	药品名称	主要功能	注意事项
安神剂	天王补心丹	滋阴养血,补心安神。用于心阴不足,心悸健忘,失眠多梦,大便干燥。	
	柏子养心丸	补气,养血,安神。用于心气虚寒,心悸易惊,失眠多梦,健忘。	
	养血安神丸	养血安神。用于头眩,失眠多梦,心悸头晕。	
	安神健脑液	益气养血,滋阴生津,养心安神。用于气血两亏、阴津不足所致的失眠多梦、神疲健忘、头晕头痛、心悸乏力、口干津少。	
	安神补脑丸	生精补髓,益气养血,强脑安神。用于肾精不足、气血两亏所致的头晕、乏力、健忘、失眠、神经衰弱。	
	安神补心丸	养心安神。用于心血不足,虚火内扰所致的心悸失眠、头晕耳鸣。	
	枣仁安神丸	养血安神。	
	解郁安神颗粒	疏肝解郁,安神定志。用于情志不舒,肝郁气滞等精神刺激所致的心烦、焦虑、失眠健忘,以及更年期综合征,神经官能症等。	
	朱砂安神丸	清心养血,镇惊安神。	
	泻肝安神丸	清肝泻火,重镇安神。	

续表

类型	药品名称	主要功能	注意事项
和解剂	小柴胡颗粒	解表散热,疏肝和胃。用于外感病属邪犯少阳证者,症见寒热往来,胸胁苦满,食欲不振,心烦喜呕,口苦咽干。	风寒感冒、肝火偏盛、肝阳上亢者忌用。
	逍遥丸	舒肝健脾,养血调经。用于肝郁脾虚所致的郁闷不舒,胸胁胀痛,头晕目眩,食欲减退,月经不调。	
	加味逍遥丸	舒肝清热,健脾养血。用于肝郁血虚,肝脾不和,两胁胀痛,头昏目眩,倦怠食少,月经不调,脐腹胀痛。	
	柴胡疏肝散	疏肝理气,消胀止痛。用于肝气不舒,胸胁痞满,食滞不清,呕吐酸水。	
	左金丸	泻火,疏肝,和胃,止痛。用于肝火犯胃,脘胁疼痛,口苦嘈杂,呕吐酸水,不喜热饮。	脾胃阴虚、胃痛及肝阴不足胁痛者忌用。
	加味左金丸	疏肝和胃。用于嗳气吞酸,胃痛少食。	
	舒肝和胃口服液	舒肝解郁,和胃止痛。用于肝胃不和,两胁胀痛,胃脘疼痛,食欲不振,呃逆呕吐,大便失调。	
	护肝片	疏肝理气,健脾消食。具有降低血清丙氨酸氨基转移酶的作用。用于慢性肝炎及早期肝硬化。	

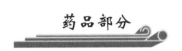

续表

类型	药品名称	主要功能	注意事项
理气剂	气滞胃痛颗粒	疏肝理气,和胃止痛。用于肝郁气滞,胸痞胀满,胃脘胀痛。	
	胃苏颗粒	理气消胀,和胃止痛。用于气滞型胃脘痛,症见胃脘胀痛,窜及两肋,得嗳气或矢气则舒缓,情绪郁怒则加重。	
	越鞠丸	理气解郁,宽中除满。用于胸脘痞闷,腹中胀痛,饮食停滞,嗳气吞酸。	
	胃逆康颗粒	疏肝泄热,和胃降逆。用于肝胃不和郁热证所致的胸脘胁痛、嗳气呃逆、吐酸嘈杂、脘胀纳呆、口苦口干。	
	木香顺气丸	行气化湿,健脾和胃。用于脘腹胀痛,恶心,嗳气。	
	舒肝平胃丸	舒肝,消滞。用于胸胁胀满,倒饱嘈杂,呕吐酸水,胃脘疼痛,食滞不消。	
	沉香舒气丸	舒气化郁,和胃止痛。用于肝郁气滞,肝胃不和所致的胃脘胀痛、两胁胀痛或刺痛、烦躁易怒、呕吐吞酸。	
	元胡止痛片	理气,活血,止痛。用于气滞血瘀所致的胃痛、胁痛、头痛及痛经。	
	三九胃泰	消炎止痛,理气健胃。用于浅表性胃炎,糜烂性胃炎。	
理血剂	复方丹参片	活血化瘀,理气止痛。用于气滞血瘀所致的胸痹,症见胸闷、心前区刺痛,冠心病、心绞痛见上述症候者。	
	血府逐瘀丸	活血祛瘀,行气止痛。用于瘀血内阻所致的头痛或胸痛、内热瞀闷、失眠多梦、心悸怔忡、急躁善怒。	空腹红糖水送服。

续表

类型	药品名称	主要功能	注意事项
理血剂	麝香保心丸	芳香温通,益气强心。用于气滞血瘀所致的胸痹,症见心前区疼痛、固定不移、心肌缺血所致的心绞痛,心肌梗死见上述症候者。	
	冠心苏合丸	理气、宽胸、止痛。用于寒凝气滞、心脉不通所致的胸痹,症见胸闷、心前区疼痛、冠心病心绞痛见上述症候者。	
	速效救心丸	行气活血,祛瘀止痛。能增加冠脉流量,缓解心绞痛。用于气滞血瘀型冠心病,心绞痛。	
	地奥心血康	活血化瘀,行气止痛。能扩张冠脉血管,改善心肌缺血。用于预防和治疗冠心病、心绞痛以及瘀血内阻之胸痹、眩晕、气短、心悸、胸闷或胸痛。	
	通心络胶囊	益气活血,通络止痛。用于冠心病心绞痛属心气虚发、血瘀阻络者,症见胸部憋闷、刺痛、绞痛而固定不移,心悸自汗,气短乏力,舌质紫暗等。	
	槐角丸	清肠疏风,凉血止血。用于血热所致的肠风便血,痔疮肿痛。	
	三七胶囊	散瘀止血,消肿止痛。用于咯血,吐血,衄血,便血,崩漏,外伤出血,胸腹刺痛,跌扑肿痛。	

类型	药品名称	主要功能	注意事项
消导化积剂	保和丸	消食导滞，和胃。用于食积停滞，脘腹胀满，嗳腐吞酸，不欲饮食。	
	枳实导滞丸	消积导滞，清利湿热。用于饮食积滞、湿热内阻所致的脘腹胀痛、不思饮食、大便秘结、痢疾里急后重。	
	香砂枳术丸	健脾开胃，行气消痞。用于脾虚气滞，脘腹胀闷，食欲不振，大便溏软。	
	六味安消散	和胃健脾，消积导滞，活血止痛。用于脾胃不和、积滞内停所致的胃痛胀满、消化不良、便秘、痛经。	
	沉香化滞丸	理气化滞。用于食积气滞所致的胃痛，症见脘腹胀满，恶心，嗳气，欲食不下。	
	槟榔四消丸	消食导滞，行气泄水。用于食积痰饮，消化不良，脘腹胀满，嗳气吞酸，大便秘结。	
	健脾丸	健脾开胃。用于脾胃虚弱，脘腹胀满，食少便溏。	急性肠炎腹泻，口干、舌少津不适用。
	开胃山楂丸	健脾胃，助消化。用于饮食积滞，脘腹胀满，食后疼痛，消化不良。	泛酸，上腹有灼热感不宜用。
	健胃消食片	健胃消食。用于脾胃虚弱所致的食积，症见不思饮食，嗳腐酸臭，脘腹胀满，消化不良。	
	加味保和丸	健胃理气，利湿和中。用于饮食不消，胸膈满闷，嗳气呕恶。	
	开胃健脾丸	开胃健脾。用于脾胃不和，消化不良，食欲不振，嗳气吞酸。	

续表

类型	药品名称	主要功能	注意事项
治风剂	川芎茶调散	疏风止痛。用于外感风邪所致的头痛或恶寒发热,鼻塞。	
	正天丸	疏风活血,通络止痛。用于外感风邪、瘀血阻络引起的头痛、神经痛。	
	通天口服液	活血化瘀,祛风止痛。用于瘀血阻滞、风邪上扰所致的偏头痛,症见头部胀痛或刺痛,痛有定处,反复发作,头晕目眩,或恶心呕吐、恶风。	
	大活络丸	祛风止痛,除湿豁痰,舒筋活络。用于缺血性中风引起的偏瘫,风湿痹症所致的关节疼痛、筋脉拘挛,腰腿疼痛及跌打损伤所致的行走不便及胸痹心痛证。	
	都梁丸	祛风散寒,活血通络。用于风寒之邪引起的鼻塞、偏正头痛,或伴寒热。	
	芎菊上清丸	清热解毒,散风止痛。用于外感风邪引起的恶风身热,偏正头痛,鼻流清涕,牙疼喉痛。	
	清眩丸	散风清热。用于风热头晕目眩,偏正头痛,鼻塞牙痛。	
	松岭血脉康胶囊	平肝潜阳,镇心安神。用于肝阳上亢所致的头痛、眩晕、急躁易怒、心悸失眠,高血压及原发性高血脂症见上述症候者。	
	天麻钩藤颗粒	平肝息风,清热安神。用于肝阳上亢所致的头痛、眩晕、耳鸣、眼花、震颤、失眠,高血压见上述症候者。	
	牛黄降压片	清心化痰,平肝安神。用于心肝火旺,痰热壅盛所致的头晕目眩、头痛失眠、烦躁不安,高血压见上述症候者。	
	脑立清丸	平肝潜阳,醒脑安神。用于肝阳上亢,头晕耳鸣,口苦,心烦难寐。	
	全天麻胶囊	平肝熄风止痉。用于肝风上扰所致的眩晕、头痛、肢体麻木、癫痫抽搐。	
	脑血栓片	活血化瘀,醒脑通络,潜阳息风。用于瘀血阻络、肝阳上亢所致的中风先兆,以及脑血栓所致的中风失语、口眼歪斜、半身不遂。	

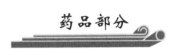

类型	药品名称	主要功能	注意事项
治风剂	华佗再造丸	活血化瘀,化痰通络,行气止痛。用于痰瘀阻络之风的恢复期和后遗症,症见半身不遂,拘挛麻木,口眼㖞斜,言语不清。	
	天麻头痛片	养血祛风,散寒止痛。用于风寒头痛,血虚头痛,血瘀头痛。	
	眩晕宁片	健脾利湿,益肝补肾。用于痰湿中阻、肝肾不足引起的头晕。	
祛湿剂	五苓散	温阳化气,利湿行水。用于阳不化气、水湿内停所致的水肿,症见小便不利,水肿腹胀,呕逆泄泻,渴不思饮。	
	复方金钱草颗粒	清热利湿,利尿排石,消炎止痛。用于泌尿系结石、尿路感染属湿热下注者。	
	排石颗粒	清热利水,通淋排石。用于下焦湿热所致的石淋及泌尿系结石。	
	萆薢分清丸	愤青化浊,温肾利湿。用于肾不化气,清浊不分,小便频数,时下白浊。	
	癃闭舒胶囊	温肾化气,清热通淋,活血化瘀,散结止痛。用于肾气不足、湿热瘀阻所致的癃闭,尿频、尿急、尿赤、尿痛、尿细如线、小腹拘急疼痛。	
	野菊花栓	抗菌消炎。用于前列腺炎及慢性盆腔炎。	
	热淋清颗粒	清热泻火,利水通淋。	
	石淋通片	清除利尿,通淋排石。用于湿热下注所致的热淋、石淋,症见尿频,尿急,尿痛或尿砂石,以及尿路结石、肾盂肾炎见上述症候者。	
	血脂康胶囊	除湿祛痰,活血化瘀,健脾消食。用于脾虚痰瘀阻滞症的气短、乏力、头晕头痛、胸闷腹胀、食少纳呆,高血脂症等。	

*不宜与藜芦、五灵脂、皂角及其制剂同时服用,并忌茶和白萝卜。

2.外科用药

表1-2　外科用药

药品名称	主要功能	内、外服
消炎利胆片	清热,祛湿,利胆。用于肝胆湿热引起的口苦,胁痛和急性胆囊炎、胆管炎。	内
马应龙麝香痔疮膏	清热解毒,活血消肿,去腐生肌。用于湿热瘀阻所致的各类痔疮、肛裂,症见大便出血、疼痛、有下坠感。	外
消痔软膏	凉血止血,消肿止痛。用于炎性、血栓性外痔及Ⅰ、Ⅱ期内痔瘀阻或湿热壅滞证。	外
地榆槐角丸	疏风润燥,凉血泻热。用于脏腑实热,大肠火盛,肠风便血,痔疮瘘疮,湿热便秘。	内
季德胜蛇药片	清热解毒,消肿止痛。用于毒蛇、毒虫咬伤。	内
连翘败毒丸	清热解毒,消肿止痛。用于疮疖溃烂、灼热、流脓流水,丹毒疱疹,疥癣痛痒。	内
金花消痤丸	清热泻火,解毒消肿。用于肺胃热盛所致的痤疮(粉刺)、口舌生疮、胃火牙痛、咽喉肿痛、目赤、便秘、尿黄赤。	内
当归苦参丸	凉血,祛湿。用于血燥湿热引起的头面生疮、粉刺疙瘩、湿疹刺痒、酒渣鼻赤。	内
温毒清胶囊	养血润燥,化湿解毒,祛风止痒。用于皮肤瘙痒症属血虚湿蕴皮肤证者。	内
如意金黄散	清热解毒,消肿止痛。用于热毒瘀滞肌肤所致的疮疡肿痛、丹毒流注。亦可用于跌打损伤。	外
口腔溃疡散	消溃止痛。用于复发性口腔溃疡,疱疹性口腔溃疡。	内
内消瘰疬丸	软坚散结。用于瘰疬痰核或肿或痛。	内

3.妇科用药

（1）理血剂

能活血祛瘀、调理月经。主要用于月经不调、经闭、痛经。分为养血疏肝类和活血调经类。

（2）清热剂

能清热、祛湿、止带。

（3）扶正剂

能益气养血、滋补肝肾、补虚扶正。主要用于气血两虚所致的月经不调，胎元不固所致的先兆流产以及肝肾阴虚所致的更年期综合征。分养血理气、益气养血、滋阴安神等几类。

表1-3　妇科用药

类型	药品名称	主要功能
理血剂	妇科十味片	养血疏肝，调经止痛。用于血虚肝郁所致的月经不调、痛经，症见经行后错，经水量少、有血块，行经小腹疼痛，血块排出痛减，经前双乳胀痛、烦躁、食欲不振。
	加味逍遥丸	舒肝清热，健脾养血。用于肝郁血虚，肝脾不和，两胁胀痛，头昏目眩，倦怠食少，月经不调，脐腹胀痛。
	妇科得生丸	解郁调经。用于肝气不舒，胸满胁痛，经期提前或错后，行经腹痛。
	益母草膏	活血调经。用于血瘀所致的月经不调、产后恶露不绝，症见月经量少，淋漓不净，产后出血时间过长，产后子宫复旧不全。
	复方益母草膏	调经养血，化瘀生新。用于血瘀气滞引起的月经不调，经行腹痛，量少色暗。
	调经活血片	调经活血，行气止痛。用于月经不调，经行腹痛。
	调经丸	理气和血，调经止痛。用于气滞血瘀，月经不调，行经腹痛。
	七制香附丸	开郁顺气，调经养血。用于气滞经闭，胸闷气郁，两胁胀痛，饮食减少，四肢无力，腹内作痛，湿寒白带。
	固经丸	滋阴清热，固经止带。用于阴虚血热，月经先期，经血量多，色紫黑，赤白带下。

续表

类型	药品名称	主要功能
理血剂	痛经丸	温经活血,调经止痛。用于下焦寒凝血瘀所致的痛经、月经不调。
	妇女痛经丸	活血调经止痛。用于气血凝滞,小腹胀痛,经期腹痛。
	调经止痛片	补气活血,调经止痛。用于月经错后,量少,经期腹痛。
清热剂	妇科千金片	清热除湿,益气化瘀。用于湿热瘀阻所致的带下病、腹痛,症见带下量多,色黄质稠、抽秽,小腹腰痛,腰骶酸痛,神疲乏力,慢性盆腔炎,子宫内膜炎,慢性宫颈炎。
	抗妇炎胶囊	活血化瘀,清热燥湿。用于湿热所致的盆腔炎、阴道炎、慢性宫颈炎,症见赤白带下,阴痒,出血,痛经。
	盆炎净胶囊	清热利湿,和血通络,调经止带。用于湿热下注,白带过多,盆腔炎。
	妇炎康片	活血化瘀,软坚散结,清热解毒,消炎止痛。用于慢性附件炎,盆腔炎,阴道炎,膀胱炎,慢性阑尾炎,尿路感染。
	经带宁胶囊	清热解毒,除湿止带,调经止痛。用于热毒瘀滞所致的经期腹痛,经血色暗、血块,赤白带下,量多气臭。
	白带丸	清热除湿止带。用于湿热下注所致的带下病。
	三金片	清热解毒,利湿通淋,益肾。用于下焦湿热所致的热淋、小便短赤、淋沥涩痛、尿急频数。
	千金止带丸	健脾补肾,调经止带。用于脾肾两虚所致的月经不调,带下病。
扶正剂	艾附暖宫丸	理气养血,暖宫调经。用于血虚气滞、下焦虚寒所致的月经不调、痛经,症见经行错后,经量少,有血块,小腹疼痛,喜热。
	女金丸	益气养血,理气活血,止痛。用于气血两虚所致的月经不调,症见月经先后无定期,量多,淋沥不净,经行腹痛。
	定坤丹	滋补气血,调经疏郁。用于气血两虚,气滞血瘀所致的月经不调、行经腹痛、崩漏下血、赤白带下、血晕血脱、骨蒸潮热。

类型	药品名称	主要功能
扶正剂	四物合剂	养血调经。用于血虚所致的面色萎黄,头晕眼花,心悸气短,月经不调。
	妇康宁片	调养经血,理气止痛。用于气血两亏,经期腹痛。
	八珍益母丸	益气养血,活血调经。用于气血两虚兼血瘀所致的月经不调。
	乌鸡白凤丸	补气养血,调经止带。用于气血两虚,身体瘦弱,腰膝酸软,月经不调,崩漏带下。
	当归养血丸	益气养血调经。用于气血两虚所致的月经不调。
	更年安片	滋阴清热,除烦安神。用于肾阴虚所致的绝经前后诸证,烘汗热出,眩晕耳鸣,手足心热,烦躁不安。
	更年宁心胶囊	滋阴清热,安神除烦。用于更年期综合征属阴虚火旺,症见潮热面红,自汗盗汗,心烦不宁,失眠多梦,腰膝酸软。
散结剂	乳癖消片	软坚散结,活血消痈,清热解毒。用于痰热互结所致的乳癖、乳痛,症见乳房结节,数目不等,大小形态不一,质地柔软,或产后乳房结块红热肿痛,乳腺增生病,乳腺炎早期。

4.眼科用药

表1-4　眼科用药

药品名称	主要功能
明目上清片	清热散风,明目止痛。用于暴发火眼,红肿作痛,头晕目眩,眼睑刺痒,大便燥结,小便赤黄。
明目蒺藜丸	清热散风,明目退翳。用于上焦火盛所致的暴发火眼,云蒙障翳,羞明多眵,眼边赤烂,迎风流泪。
拨云退翳丸	散风清热,退翳明目。用于风热所致的目翳外障,视物不清,隐痛流泪。
麝珠明目滴眼液	退翳明目。用于老年性初、中期白内障。

续表

药品名称	主要功能
珍视明滴眼液	清热解痉,退翳明目。用于肝阴不足、肝气偏盛所致的不能久视,轻度眼胀,眼痛,青少年视力减退、假性近视、视力疲劳,轻度青光眼。
明目地黄丸	滋阴养肝明目。用于肝肾阴虚,目涩畏光,视物模糊,迎风流泪。
石斛夜光丸	滋阴补肾,清肝明目。用于肝肾两亏,阴虚火旺,内障目暗,视物昏花。

5.耳鼻喉科用药

表1-5 耳鼻喉科用药

药品名称	主要功能
耳聋左慈丸	滋肾平肝。用于肝肾阴虚的耳鸣耳聋、头晕目眩。
鼻炎康片	清热解毒,宣肺通窍,消肿止痛。用于急慢性鼻炎,过敏性鼻炎。
藿胆片	芳香化浊,通鼻窍,去肝胆之火,有消肿或减轻浓涕、鼻塞和头痛的功能。用于鼻窦炎,鼻炎。
藿胆丸	芳香化浊,清热通窍。用于湿浊内蕴、肝经郁火所致的鼻塞、流清涕或浊涕、前额头痛。
鼻炎滴剂	散风清热通窍。用于风热蕴肺型急、慢性鼻炎。
辛夷鼻炎丸	祛风清热解毒。用于鼻炎。
鼻炎片	祛风宣肺,清热解毒。用于急慢性鼻炎风热蕴肺证,症见鼻塞,流涕,发热,头痛。
鼻窦炎口服液	疏散风热,清热利湿,宣通鼻窍。用于风热犯肺、湿热内蕴所致的鼻塞不通、流黄稠涕,急慢性鼻炎、鼻窦炎见上述症候者。
黄氏响声丸	疏风清热,化痰散结,利咽开音。用于风热外束,痰热内盛所致的急慢性喉瘖,症见声音嘶哑,咽喉肿痛,咽干灼热,咽中有痰或寒热头痛。

药品名称	主要功能
桂林西瓜霜	清热解毒,消肿止痛。用于风热上攻、肺胃热盛所致的乳蛾、喉痹、口糜,症见咽喉肿痛,喉核肿大,口舌生疮,牙龈肿痛或出血;急慢性咽炎,扁桃体炎,口腔炎,口腔溃疡。
西瓜霜润喉片	清咽利音,消肿止痛。用于咽喉肿痛,声音嘶哑,喉痹喉蛾,口糜,口舌生疮,牙痛。
复方草珊瑚含片	疏风清热,消肿止痛,清利咽喉。用于外感风热所致的喉痹,症见咽喉肿痛,声音嘶哑。
利咽解毒颗粒	清肺利咽,解毒退热。用于外感风热所致的咽痛,咽干,喉核红肿,两腮肿痛,发热恶寒;急性扁桃体炎、急性咽炎、腮腺炎见上述症候者。
复方南板蓝根颗粒	清热解毒,消肿止痛。用于腮腺炎、咽炎、乳腺炎、疮疖肿痛属热毒内盛者。
清咽丸	清热利咽,生津止咳。用于肺胃热盛所致的咽喉肿痛,声音嘶哑,口干舌燥,咽干不利。
铁笛丸	润肺利咽,生津止渴。用于阴虚肺热津亏所致的咽干声哑,咽喉疼痛,口渴烦躁。
金果含片	养阴生津,清热利咽。用于肺热阴伤所致的咽部红肿,咽痛,口干咽燥。

6.骨伤科用药

表1-6 骨伤科用药

药品名称	主要功能	备注
接骨七厘片	活血化瘀,接骨止痛。用于跌打损伤,续筋接骨,血瘀疼痛。	
伤科接骨片	活血化瘀,消肿止痛,舒筋壮骨。用于跌打损伤,闪腰岔气,伤筋动骨,瘀血肿痛,损伤红肿。	
云南白药胶囊	化瘀止血,活血止痛,解毒消肿。用于跌打损伤,瘀血肿痛,吐血、咳血、便血、痔血、崩漏下血,疮疡肿毒及软组织挫伤,闭合性骨折,支气管扩张及肺结核所致的咯血,溃疡病出血。	
云南白药酊	活血散瘀,消肿止痛。用于跌打损伤,风湿麻木,筋骨及关节疼痛,肌肉酸痛,冻伤。	
云南白药膏	活血散瘀,消肿止痛,祛风除湿。用于跌打损伤,瘀血肿痛,风湿疼痛。	外
云南白药气雾剂	活血散瘀,消肿止痛。用于跌打损伤,瘀血肿痛,肌肉酸痛及风湿疼痛。	外
活血止痛散	活血散瘀,消肿止痛。用于跌打损伤,瘀血肿痛。	
舒筋活血丸	舒筋活络,活血止痛。用于跌打损伤,闪腰岔气,筋断骨折,瘀血疼痛。	含马钱子
颈舒颗粒	活血化瘀,温经通窍止痛。用于神经根型颈椎病瘀血阻络证,症见颈肩部僵硬,疼痛,侧上肢窜痛。	
跌打丸	活血散瘀,消肿止痛。用于跌打损伤,筋断骨折,瘀血肿痛,闪腰岔气。	
狗皮膏	祛风散寒,活血止痛。用于风寒湿邪、气血瘀滞所致的痹病,症见四肢麻木,腰腿疼痛,筋脉拘挛,跌打损伤,闪腰岔气,局部肿痛;或寒湿瘀滞所致的脘腹冷痛,行经腹痛,寒湿带下。	
红药气雾剂	活血逐瘀,消肿止痛。用于跌打损伤,局部瘀血肿胀,筋骨疼痛。	

288

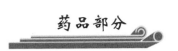

药品名称	主要功能	备注
麝香壮骨膏	镇痛消炎。用于风湿痛,关节痛,腰痛,神经痛,肌肉酸痛,扭伤,挫伤。	
仙灵骨葆胶囊	滋补肝肾,活血通络,强筋壮骨。用于肝肾不足、瘀血阻络所致的骨质疏松症。	
养血荣筋丸	养血荣筋,祛风通络。用于跌打损伤日久引起的筋骨疼痛、肢体麻木等陈旧性疾患。	
强力天麻杜仲丸	散风活血,舒筋止痛。用于中风引起的筋脉掣痛、肢体麻木、行走不便、腰酸腿痛、头晕头痛等。	
尪痹颗粒	补肝肾,强筋骨,祛风湿,通经络。用于久痹体虚,关节疼痛,局部肿大,僵硬畸形,屈伸不利。	
益肾蠲痹丸	温补肾阳,益肾壮督,搜风剔邪,蠲痹通络。用于类风湿性关节炎,症见发热,关节疼痛肿大、屈伸不利,肌肉疼痛、瘦削或僵硬、畸形。	
追风透骨片	祛风除湿,通经活络,散寒止痛。用于风寒湿痹,肢节疼痛,肢体麻木。	
独活寄生丸	养血舒筋,祛风除湿。用于风寒湿痹所致的腰膝冷痛,屈伸不利。	
天麻片	祛风除湿,通络止痛,补益肝肾。用于风湿瘀阻,肝肾不足所致的痹病,症见肢体拘挛,手足麻木,腰酸腿痛。	
二妙丸	燥湿清热。用于湿热下注,足膝红肿热痛,下肢丹毒,阴囊湿痒。	

7.儿科用药

表1-7　儿科用药

类型	药品名称	主要功能
感冒类	小儿感冒颗粒	疏风散表,清热解毒。用于小儿风热感冒、流行性感冒。
	小儿感冒宁胶囊	疏散风热,清热止咳。用于春、秋、冬季小儿感冒发热、汗出不爽、鼻塞流涕、咳嗽咽痛。
	小儿退热口服液	疏风解表,解毒利咽。用于小儿风热感冒、发热恶风、头痛目赤、咽喉肿痛、痄腮、喉痹。
	小儿热速清口服液	清热解毒,泻火利咽。用于小儿外感风热感冒,症见高热,头痛,咽喉肿痛,鼻塞流黄涕,咳嗽,大便干结。
	金银花露	清热解毒。用于暑热口渴,小儿痱毒。
咳嗽类	健儿清解液	清热解毒,祛痰止咳,消滞和中。用于口腔糜烂,咳嗽咽痛,食欲不振,脘腹胀痛。
	小儿肺热咳嗽口服液	清热解毒,宣肺化痰。用于热邪犯肺所致的发热、汗出、微恶风寒,咳嗽,痰黄,或兼喘息,口干而渴。
	儿童清肺口服液	清肺解表,化痰止咳。用于小儿风寒束表、肺经痰热所致的面赤身热、咳嗽气喘、痰多黏稠、咽痛声哑。
	小儿止咳糖浆	润肺清热,止咳化痰。用于内热发热,咳嗽黄痰,口干舌燥,腹满便秘,久嗽痰盛。
积滞类	小儿消食片	消食化滞,健脾和胃。用于脾胃不和,消化不良,食欲不振,便秘,食积,疳积。
	健儿消食口服液	健脾益胃,理气消食。用于小儿饮食不节损伤脾胃引起的纳呆食少、脘腹胀满、手足心热、自汗乏力、大便不调,以及厌食、恶食等。
	健脾消食丸	健脾,消食化积。用于小儿脾胃不健引起的乳物停滞、脘腹胀满、食欲不振、面黄肌瘦、大便不调。
厌食症	小儿化食口服液	消食化滞,泻火通便。用于小儿胃热停食,肚腹胀满,恶心呕吐,烦躁,口渴,大便干燥。
	肥儿宝颗粒	利湿消积,驱虫助食,健脾益气。用于小儿疳积,暑热腹泻,纳呆自汗,烦躁不眠。
	健儿口服液	健脾开胃,促进消化,增强食欲。用于儿童消化不良,消化不良性腹泻,厌食,消瘦,疳积,营养不良。
脾虚泄泻	启脾丸	健脾和胃。用于脾胃虚弱,消化不良,腹胀便稀。
	龙牡壮骨颗粒	强筋壮骨,和胃健脾。用于治疗和预防小儿佝偻病、软骨病,对小儿多汗、夜惊、食欲不振、消化不良、发育迟缓等也有治疗作用。

五、按剂型分类

（一）按物态分类

将剂型分为固体、半固体、液体和气体等类。

1.固体剂型入散剂、颗粒剂（冲剂）、丸剂、片剂、胶剂等，半固体剂型如内服膏滋、外用膏剂、糊剂，液体剂型如汤剂、合剂（含口服液剂）、糖浆剂、酒剂、酊剂、露剂、注射液等，气体剂型如气雾剂、烟剂等。

由于物态相同，其制备特点和医疗效果亦有相同之处。例如，固体剂型多需经粉碎和混合，半固体剂型多需要熔化和研匀，液体剂型多需经提取；疗效方面以液体、气体剂型为最快，固体剂型较慢。

这种分类法在制备、贮藏和运输上较有意义，但是过于简单，缺少剂型间的内在联系，实用价值不大。

（二）按制法分类

将主要工序采用同样方法制备的剂型列为一类。例如，浸出药剂是将用浸出方法制备的汤剂、合剂、酒剂、酊剂、流浸膏剂与浸膏剂等归纳为一类，无菌制剂是将用灭菌方法或无菌操作法制备的注射剂、滴眼剂等列为一类。

（三）按分散系统分类

此法按剂型分散特性分类，便于应用物理化学原理说明各类剂型的特点。分类如下：

1.真溶液类剂型：如芳香水剂、溶液剂、醑剂、甘油剂及部分注射剂等。

2.胶体溶液类剂型：如胶浆剂、火棉胶剂、涂膜剂等。

3.乳浊液类剂型：如乳剂、静脉乳剂、部分搽剂等。

4.混悬液类剂型：如合剂、洗剂、混悬剂等。

5.气体分散体剂型：如气雾剂等。

6.固体分散体剂型：如散剂、丸剂、片剂等。

（四）按给药途径与方法分类

将采用同一给药途径和方法的剂型列为一类。分类如下：

1.经胃肠道给药的剂型：有汤剂、合剂（口服液）、糖浆剂、煎膏

剂、酒剂、流浸膏剂、散剂、颗粒剂（冲剂）、丸剂、片剂、胶囊剂等,经直肠给药的有灌肠剂、栓剂等。

2.不经胃肠道给药的剂型

A.注射给药的,有注射剂(包括肌内注射、静脉注射、皮下注射、皮内注射及穴位注射)。

B.皮肤给药的,有软膏剂、膏药、橡胶膏剂、糊剂、搽剂、洗剂、涂膜剂、离子透入剂等。

C.黏膜给药的,有滴眼剂、滴鼻剂、含漱剂、舌下片、吹入剂、栓剂、膜剂及含化丸等。

D.呼吸道给药的,有气雾剂、吸入剂、烟剂等。

这类分类方法与临床用药结合得比较紧密,并能反映给药途径与方法对剂型制备的特殊要求。

表1-8 药品剂型分类表

剂型		包含的剂型
口服剂型（肠胃道给药）	片剂	普通片剂(片剂、肠溶片、包衣片、薄膜衣片、糖衣片、浸膏片、分散片、划痕片)肠溶胶囊缓释片、缓释包衣片、控释片
	胶囊剂	硬胶囊、软胶囊(胶丸)、缓释胶囊、控释胶囊
	口服液体剂	口服溶液剂、口服混悬剂、口服乳剂、胶浆剂、口服液、乳液、乳剂、胶体溶液、合剂、酊剂、滴剂、混悬滴剂、糖浆剂(含干糖浆剂)、膏剂、胶剂
	丸剂	丸剂、滴丸
	颗粒剂	颗粒剂、肠溶颗粒剂、干混悬剂
	口服散剂	散剂、药粉、粉剂

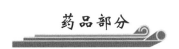

剂型		包含的剂型
外用剂型（皮肤给药）	外用散剂	散剂、粉剂、撒布剂、撒粉
	软膏剂	软膏剂、乳膏剂、霜剂、糊剂、油膏剂、乳胶剂、凝胶剂
	贴剂	贴剂、贴膏剂、膜剂、透皮贴剂、硬膏剂
	外用液体剂	外用溶液剂、洗剂、漱口剂、含漱液、胶浆剂、搽剂、酊剂、油剂
黏膜给药剂型	栓剂	栓剂、肛门栓、阴道栓
	滴眼剂	滴眼剂、滴眼液
	眼膏剂	眼膏剂
	滴耳剂	滴耳剂、滴耳液
	滴鼻剂	滴鼻剂、滴鼻液
	贴膜剂	粘贴片、贴膜剂
	口含片	口含片、舌下片
其他给药剂型	喷剂	喷剂、喷鼻剂、喷粉剂、喷雾剂
	气雾剂	气雾剂
	吸入剂（呼吸给药）	雾化吸入剂、雾化吸入液、吸入性粉剂、干粉吸入剂、吸入性溶液剂、吸入性混悬液
注射剂	注射剂	注射剂、注射液、注射用溶液剂、静脉滴注用注射液、注射用混悬液、注射用无菌粉末、注射用乳剂、雾化剂静脉注射针剂、水针、粉针剂、针剂、无菌粉针、冻干粉针

第二章　用药安全概述

第一节　用药安全的概念

　　药品是人们日常生活中一个重要的组成部分。用药安全则是药品使用的前提。那么,什么是用药安全呢。简言之,是符合用药目的,同时保证药品质量,合理使用药品直到疾病治疗结束的整个过程。

　　我们在用药安全概念中提到的几个要求,实际上是生活用药当中经常遇到的问题。首先,为什么用药。疾病与健康相对,用药的目的是为了改善和消除疾病症状,恢复健康。药品的使用应与疾病症状相符,也就是说在使用药品之前,需要确认自己的身体状况和疾病表现,这就是符合用药目的。其次,保证药品质量。一般情况下,不同的药品剂型,药品贮存要求会有所区别。以最常见的口服剂型来说,它要求药品包装无破损,否则药品直接与空气接触,易发生氧化变质,变质的药品会对身体造成损害。因此,确保药品质量是非常必要的。第三,用药的目的是改善和消除疾病症状。所以药品应用的过程会持续直到治疗结束,达到用药目的。在此期间,既需要关注药品疗效,同时也需留意药品不良反应的表现。综合考虑药品作用特点,这就是合理用药。

　　由此可见,安全用药是保证合理治疗的基础。它同时兼顾人的特点和药的特点,减弱疾病发展趋势,使人回到健康的轨道,从而提高生活质量。

第二节 用药安全原则

我们从用药安全的概念出发,结合实际中药品使用情况,确定以下原则,以作生活中用药的参考。

一、正确判断身体是否有疾病表现

疾病简单来说是指异常的生命活动。多数情况下,疾病的发生会伴有身体的不适,随着病情发展,症状会越来越显著。如何正确判断身体是否有疾病表现,其中一个可行的方法就是与自身正常情况作对比。有一些症状可以直接感受到,比如咳嗽、疼痛、咽干、腹泻、便秘等。而当症状或体征不明确时则需要借助医疗仪器的检查,与正常参考值做比较,比如血压、体温、血糖等。自身的主观感受通常是发现疾病的预警。如果病情比较简单,可采取相应可行的方法处理;如果病情比较复杂,则应及时咨询医生,以便进一步确诊和治疗。总之,当确定身体有异常表现,应尽早干预,以免疾病发展,延误最佳治疗时机。

二、针对疾病特点对因对症用药

当病情较为简单时,解决方法之一是药物应用。非处方药不需要医生开具处方,可根据自身需要和判断购买使用。疾病的发生由各种病因引起,随着疾病进展会有不同程度的临床表现。药物的治疗作用有对因治疗和对症治疗两种。对因治疗能够消除致病因子,对症治疗能够改善和消除疾病症状,二者相辅相成。以流行性感冒为例,该病由流感病毒引起,有发热、头痛、四肢酸痛、咳嗽等症状。针对流感,我们的用药目的同时包括了两点,既要抑制体内流感病毒,又要解除流感的不适表现。它需要抗病毒药、解热镇痛药、止咳药等多种药物协同完成,消除致病因子和临床表现,恢复健康。当然,由于个体差异的存在,药物的对因对症治疗除需要结合疾病特点,也需要因人而异,有个体化的治疗方案。

三、结合疾病表现和药物特点合理选药

疾病确定后,正确和合理选药十分必须。药品具有两重性的

特点,既有防治疾病作用,同时用药过程中也会产生不良反应。而药品和人体之间具有相互作用,人体对药品也有一定的处置能力。因此,选择适当的药品需多方权衡。第一,对自身评估。除了确定自身疾病表现之外,还应回顾既往病史,有无药物过敏史,有无家族遗传史。这些内容的回顾有助于判断药品禁忌、药物过敏,是确保安全用药的前提。第二,对药品评估。药品的选择不仅考虑药效的大小,还应考虑不良反应的多少。总体的原则是药效能够达到治疗目的,不良反应在身体可承受范围之内。有任何的偏颇都不属于合理有效的药物治疗。药品在经过人体吸收后,随血液运行到病灶所在的位置,药效发挥后,再经由肝脏和肾脏完成代谢和排泄的过程。这种相互关系的平衡,建立在对人体和药品的双重评估上,它的平衡有利于安全用药的执行与实施,是实际用药中应参考的基本准则。

四、结合自身恢复情况选择是否停药

药品的应用一般都有相应的疗程。疗程的长短是通过疾病的程度与进程来确定的。疗程结束也就意味着疾病的好转或消除。除慢性疾病和需终身服药的情形外,是否停药基本是根据自身恢复程度来看的。身体不适和异常的消失可作为停药的指征。停药的剂量控制根据药物特点和疾病临床表现来选择。有些药物随着疗程的趋近,剂量会逐步减少直到停药,也可避免药物停药反应的发生。还有部分药物在停药时则不会有这样的递减规律,主要以症状消除作为参考。慢性疾病在长疗程用药中,有时也会涉及停药。该种情形是指疾病得到控制,身体的某些生理指标已经在正常范围内,考虑停药。后续治疗是否继续用药则视身体恢复而定。

第三节　用药时常犯的一些错误

一、吃药之前不看说明书

很多人在吃药之前都没有阅读说明书的习惯,认为知道药品的用法即可。其实药品说明书中包括了很多重要内容,阅读药品说明书,了解药品特点,做到心中有数是很有必要的。药品说明书分别有药品组成、性状、适应症、用法用量、不良反应、注意事项等表述。它对于药品有一个全面详细的解释,尤其是药品适应症、用法用量、不良反应和注意事项这几项说明,清晰地指出了什么样的情况适合使用,在使用时应注意什么问题,这是用药安全的基本要求。所以,应该培养吃药之前先看说明书的习惯,对于合理用药和自身健康的保护都是很有利的。

二、重复用药

药品的使用在剂量上会根据病情程度有相应变化。一般来说,药品的剂量随着病情的加重会逐步增加。药品应用的种类也会由一种增加至多种。这就使得"多吃一些药,病会好的快些"的想法出现。其中,有一个问题被忽略了,那就是重复用药。以感冒发热为例,为了尽快退热,抗感冒药的使用有可能有两种甚至是三种,但是大多数抗感冒药属于复方制剂,含有的药品成分有相同的部分。比如对乙酰氨基酚,是一种退热药物,同时使用两种或三种抗感冒药,以及用药次数的影响,对乙酰氨基酚的退热作用就会明显增强,导致出汗的增加。而汗液过多会造成脱水的出现,尤其是年老体虚者,这样反而出现不符用药目的的后果。因此,药物合用应该在合适剂量范围内,否则会由于重复用药造成药物作用过强而引起不良后果。

三、过分迷信抗生素

抗生素的应用在现代社会可以说是非常普遍。它在预防和治疗感染性疾病上扮演着重要的角色。与此同时,抗生素的应用人们同样关注另一个话题——不要滥用抗生素。可见抗生素在疾病治疗上并不是万能的。它的本质是抑制或杀灭病原体,起到对因治疗的作用。在感染性疾病症状的治疗中,诸如退热、抗炎、消肿,抗生素没有这样的作用。正确认识和看待抗生素的应用,明确它的本质,对于合理用药很必要。抗生素针对的是病原体感染,如果治疗目的中没有防治感染这点,就可以不用抗生素。人体本身有

一定的抗病能力,滥用抗生素反而会使病原体产生耐药性,导致药效减弱,为后续治疗增加困难。所以不迷信抗生素,对它有科学认识,才能正确应用抗生素。

四、不按量服药

在药品说明书当中,有一项内容是药品的用法和用量。药品的用法和用量是经过了大量的科学实验和临床研究确定的。在此基础上规定和建议的药品使用剂量,既能够达到有效的治疗作用,又在人体不良反应的承受范围之内,有理论和实践依据,是用药当中必须要参考的数据。由于个体差异的存在,医生在医嘱中会根据患者的实际情况对药品使用剂量做出修改。除这点外,个人在用药当中,不应随意增加或减少药量,否则会直接影响到药效和不良反应的表现。比如高血压的治疗,高血压发生的程度有轻重之分,中度和重度高血压在降压药的使用剂量上会有所增加,以有效控制血压水平。随意减少降压药的剂量,不仅减弱了降压效果,影响血压的控制,也会造成血压波动,易引起血管损伤,甚至会出现严重并发症引起脑出血的发生。按量服用药品,不随意更改药品使用剂量,才能够安全用药。

五、不按时服药

与按量服药同样重要的还有按时服药。药品的服用时间各有各自的要求,有些需饭前服,有些需饭后服,有些早晨服,有些则要求睡前服。建议饭后服的药品是因为这些药品经消化器官吸收,对胃肠黏膜有一定刺激性,饭前服易引起恶心、上腹不适等胃肠反应,给身体带来痛苦。建议饭前服的药品,其中一点,是为了在空腹状态下药品吸收得更好,饭后服则会延缓药物吸收,影响药效。同样的,治疗失眠的药物一般应睡前服,其他时间则会影响正常的工作和生活。可见,按时服药是配合药物作用特点以达到理想药效,减轻不良反应的可行方法。相反,不按时服药则会影响药物作用发挥,给身体带来不适甚至痛苦。按时服药能够促进疾病的治愈,做到这点也并不难。实际用药中,给自己这样的提示是有益的。

六、使用过期药品

就像食品过期,质量不再有保证,药品也是如此。过期的药品有时从表面看来和处于有效期的药品可能没有大的差别。但其实药品质量已经发生了变化,药效减弱甚至是失效。有些人觉得应用过期药品也没什么,身体不会有损害,但这是一种侥幸心理。药品不在保质期内,除了有药效减弱、失效的问题,还有药品变质的问题。药效减弱会使治疗效果下降,药品变质后仍然使用会对人体造成损害,表现出毒性。我们都知道,食品过期会逐渐发霉变质,误食轻则腹泻,重则中毒。过期药品也会对人体产生不良影响。应重视这个问题,做到有效期内使用药品,从而避免出现不必要的结果。

第三章　常见疾病与用药安全

第一节　感冒

一、概述

感冒可分为普通感冒与流行性感冒两种类型。各种导致全身或呼吸道局部防御功能降低的原因,如受凉、淋雨、气候突变、过度疲劳等可使原已存在于上呼吸道的或从外界侵入的病毒或细菌迅速繁殖,从而诱发本病。感冒全年皆可发病,冬、春季较多。儿童的发生率高于成人,是常见的急性呼吸道感染性疾病。

二、临床表现

普通感冒多由鼻病毒引起,起病较急,潜伏期1~3天不等。主要表现为鼻部症状,如喷嚏、鼻塞、流清水样鼻涕,也可表现为咳嗽、咽干、咽痛,一般无全身症状。发热少见,较轻。还有轻度畏寒、头痛、肌肉酸痛、不适等症状表现。体检可见鼻腔黏膜充血、水肿、有分泌物。

流行性感冒为流感病毒所致的急性呼吸道传染性疾病,传染性强,常有较大范围的流行。该病起病急,全身症状重,畏寒、高热、全身酸痛症状明显,鼻咽部症状较轻。必要时可通过病毒分离或血清学明确诊断。

三、药物治疗

临床当中治疗感冒可选择的药物较多。对于流行性感冒可通过注射流感疫苗进行预防,早期应用抗流感病毒药物如金刚烷胺、奥司他韦疗效显著。普通感冒有自限性,病程7~12天之后会自愈。患普通感冒后,应注意休息、营养,必要时使用对症药物缓解鼻塞、流鼻涕等症状。

大多数治疗感冒的药物都属于复方制剂,含有相似的药物成分,应用前需详细阅读说明书。现以新康泰克(红色装)、快克为代表介绍。

1.新康泰克(红色装)美扑伪麻片

新康泰克为抗感冒药的复方制剂,有红色装和蓝色装两种,二者在药物组成成分上有差别,属于甲类非处方药。红色装的主含成分为对乙酰氨基酚,有解热镇痛作用;盐酸伪麻黄碱,能够消除鼻黏膜充血,减轻鼻塞、流涕症状;氢溴酸右美沙芬,有止咳作用;马来酸氯苯那敏,可消除感冒引起的流泪、流涕、喷嚏等过敏症状。红色装所含药物成分可有效解除感冒的发热、头痛、四肢酸痛、咳嗽、流鼻涕、鼻塞等症状。该药的剂型为片剂,可口服。用量成人及儿童各异,需参照药品规格及说明书。

该药主要不良反应为困倦,有时轻度头晕、乏力、恶心、上腹不适、口干、食欲缺乏和皮疹,停药后可自行恢复。

2.快克复方氨酚烷胺胶囊

快克为抗感冒药的复方制剂,属于甲类非处方药。其主要药物成分为对乙酰氨基酚,有解热镇痛作用;金刚烷胺,可抗亚甲一型流感病毒,抑制病毒繁殖;马来酸氯苯那敏,可减轻流鼻涕、打喷嚏、鼻塞等感冒过敏症状;咖啡因,为中枢兴奋药,能增强对乙酰氨基酚的解热镇痛作用,并能减轻其他药物所致的嗜睡、头晕等中枢抑制作用;人工牛黄,能解热镇惊。这些药物配伍应用,可增强药效。快克适用于缓解普通感冒、流行性感冒引起的发热、头痛、四肢酸痛、打喷嚏、流鼻涕、鼻塞、咽痛等症状。也可用于流行性感冒的预防和治疗。成人和小儿分别有不同包装、规格、药品成分、剂型的快克制剂,用法用量也不相同。应用时应当注意这点,仔细分辨。

四、用药注意事项

1.用药3~7天,症状未缓解,请咨询医师或药师。

2.服用药品期间不得饮酒或含有酒精的饮料。

3.肝肾功能不全者慎用,孕妇及哺乳期妇女慎用。

4.运动员慎用,服药期间不得驾驶车、船,从事高空作业及操作精密仪器。

5.心脏病、高血压、甲状腺疾病、糖尿病、前列腺肥大、青光眼、抑郁症及哮喘患者以及老年人应在医师指导下使用。

6.儿童须在成人监护下使用,请将药品放在儿童不易接触的地方。

7.如与其他药物同时使用可能发生药物相互作用,详情咨询医师或药师。

8.对本品任一组分过敏者禁用,过敏体质者慎用。

第二节　消化系统疾病与用药安全

一、腹泻

（一）概述

腹泻,俗称"拉肚子",是指排便次数明显超过平日习惯的频率,粪质稀薄,水分增加,每日排便量超过200g,或含有未消化食物,或脓血、黏液。腹泻常伴有排便急迫感、肛门不适、失禁等症状。腹泻分急性和慢性两类。急性腹泻发病急剧,病程在2~3周之内;慢性腹泻指病程在两个月以上或间歇期在2~4周的复发性腹泻。

（二）临床表现

1.急性腹泻

急性腹泻的病因可分为病原体感染、食物中毒、不良的生活习惯三类。

人们在食用了被细菌污染的食品或饮用被细菌污染的饮料后,可能发生肠炎或菌痢,出现不同程度的腹痛、腹泻、呕吐、发热等症状。除细菌外,病毒感染也可造成腹泻的发生,症状与细菌性感染相似。

食物中毒是由于进食被细菌及其毒素污染的食物或摄食未熟的扁豆引起的急性中毒性疾病。变质食品污染水源是主要传染源,不洁手、餐具和带菌苍蝇是主要传播途径。患者可出现呕吐、腹泻、腹痛、发热等急性胃肠道症状。

喜食生冷食物,常饮冰啤酒,饮食不规律,进食过多等不良生活习惯引起胃肠功能紊乱或者由于胃动力不足导致食物在胃内滞留,也会导致腹泻的发生。另外,夏季炎热人们喜欢待在空调房内或开着空调睡觉,腹部很容易受凉,致使肠蠕动加快导致腹泻。

2.慢性腹泻

慢性腹泻的病程在两个月以上。病因比急性的更复杂,包括四类,分别是肠道感染性疾病、肠道非感染性炎症、肿瘤和小肠吸收不良。它的诊断除了要明确症状表现外,还需做更进一步的检查,以判断、确诊病因和病情。患者应及时就医,以免延误病情和诊治。

(三)药物治疗

腹泻的治疗,病因治疗和对症治疗都很重要。在未明确病因之前要慎重使用止痛药及止泻药,以免掩盖症状造成误诊,延误病情。腹泻病因的确诊可通过体格检查判断。常见的检查项目有血常规、生化检查、粪便检查、X线检查等。当病情较为简单时,可选择药物治疗。

1.病因治疗

抗感染治疗,根据感染的病原体种类不同,选择相应的抗微生物药。

2.对症治疗

(1)腹泻时会有水分和电解质丢失,可适当喝一些盐水。

(2)止泻剂,蒙脱石散

蒙脱石散,甲类非处方药。口服后可均匀覆盖肠腔表面,对消化道内的病毒、病菌及其产生的毒素有固定、抑制作用。能够修复、提高黏膜屏障对攻击因子的防御功能。适用于成人及儿童的急慢性腹泻。

成人、儿童用药剂量各异,参照说明书"用法用量"一项。

安全性好,偶见便秘。

如需服用其他药物,须与本品间隔一段时间。

(3)微生态制剂,双歧杆菌

双歧杆菌制剂有双歧杆菌三联活菌肠溶胶囊、双歧杆菌四联活菌片等。双歧杆菌三联活菌肠溶胶囊又名贝飞达,为乙类非处方药。它是复方制剂,由长型双歧杆菌、嗜乳酸杆菌、粪肠球菌经适当配合而成的活菌制剂。三者组成了一个在不同条件下都能生长、作用快而持久的联合菌群,在整个肠道黏膜表面形成一道生物屏障,阻止致病菌对人体的侵袭,抑制有害菌产生内毒素,维持人体肠道正常的生理功能。主治因肠道菌群失调引起的急慢性腹泻,也可用于治疗中型急性腹泻、慢性腹泻及消化不良。

未见不良反应。

用药注意事项:

①双歧杆菌为活菌制剂,应冷藏保存(2~10℃)。

②儿童用药请咨询医师或药师,婴幼儿服用时可将胶囊内容物用温水或温牛奶冲服。

③避免与抗菌药同服。

④对本品过敏者禁用,过敏体质者慎用。

⑤本品性状发生改变时禁止使用。

⑥抗酸药、抗菌药与本品合用可减弱其疗效,应分开服用。

⑦铋剂、鞣酸、药用炭、酊剂等能抑制、吸附或杀灭活菌,不应合用。

⑧如与其他药物同时使用可能会发生药物相互作用,详情请咨询医师或药师。

二、便秘

(一)概述

便秘是指排便次数减少、粪便量减少、粪便干结、排便费力等。须结合粪便的性状、本人平时排便习惯和排便有无困难,作出有无便秘的判断。正常排便需具备以下条件:足够食物量,适量维生素、水分,肠道内肌肉张力正常,排便反射正常,参与排便的肌肉功能正常。其中任何一个环节出现异常,就会引起便秘的发生。

便秘可分为器质性和功能性两类。

1.器质性便秘的病因

(1)肠管器质性病变:肿瘤、炎症或其他原因引起的肠腔狭窄或梗阻。

(2)直肠、肛门病变:直肠内脱垂、痔疮,直肠前膨出。

(3)内分泌或代谢性疾病:糖尿病、甲状腺功能低下。

(4)神经系统疾病:中枢性脑部疾患、脑卒中、脊髓损伤等。

(5)药物性因素:铁剂、阿片类药、抗抑郁药、抗组胺药等。

(6)其他还包括神经心理障碍、结肠神经肌肉病变等。

2.功能性便秘的病因尚不明确,其发生与多种因素有关

(1)进食量少或食物缺乏纤维素或水分不足,对结肠运动的刺激减少。

(2)因工作紧张、生活节奏过快,工作性质和时间变化,精神因素等干扰了正常的排便习惯。

(3)结肠运动功能紊乱所致,常见于肠易激综合征。系由结肠及乙状结肠痉挛引起。除便秘外同时具有腹痛或腹胀,部分病人可表现为便秘与腹泻交替。

(4)腹肌及盆腔肌张力不足,排便推动力不足,难于将粪便排出体外。

(5)滥用泻药,形成药物依赖,造成便秘。

(6)老年体弱,活动过少,肠痉挛导致排便困难。

(二)临床表现

便秘可以影响各年龄段的人。女性多于男性,老年多于青壮年。因便秘发病率高,病因复杂,患者常有许多苦恼,便秘严重时,会影响生活质量。

便秘常表现为:便意少,便次也少;排便艰难、费力;排便不畅,大便干结、硬便,排便不净感;伴有腹痛或腹部不适,部分患者还伴有失眠、烦躁、多梦、抑郁、焦虑等精神心理障碍。

便秘的"报警"征象包括便血、贫血、消瘦、发热、黑便、腹痛等和肿瘤家族史。如果出现报警征象应马上去医院就诊,做进一步检查。

(三)药物治疗

便秘发生后首先需要排除是否为器质性疾病所导致的便秘,然后根据便秘轻重、病因和类型,采用综合治疗。功能性便秘可选择一般生活治疗和药物治疗,以恢复正常排便生理。重视生活治疗,采取合理的饮食习惯,如增加膳食纤维含量,增加饮水量以加强对结肠的刺激,并养成良好的排便习惯,如晨起排便,有便意及时排便,避免用力排便,同时应增加活动,积极调整心态,这些对获得有效治疗均极为重要。

泻药有容积性、接触性、润滑性三类。常用有硫酸镁、硫酸钠、酚酞、开塞露、液状石蜡、乳果糖等。下面以开塞露、酚酞片为代表说明。

1.开塞露(含甘油)

开塞露(含甘油)为乙类非处方药,同时也是外用药。给药方法为直肠给药,成人儿童用药量有所不同,参照说明书。该药能润滑并刺激肠壁,软化大便,使易于排出,用于便秘的治疗。

2.酚酞片

酚酞片,主要作用于结肠,口服后在小肠碱性肠液的作用下慢慢分解,形成可溶性钠盐,从而刺激肠壁内神经丛,直接作用于肠平滑肌,使肠蠕动增加,同时又能抑制肠道内水分的吸收,使水和电解质在结肠蓄积,产生缓泻作用。其作用缓和,很少引起肠道痉挛。用于治疗习惯性顽固性便秘。

3.用药注意事项

开塞露(含甘油):

(1)对本品过敏者禁用,过敏体质者慎用。

(2)本品性状发生改变时禁止使用。

(3)儿童必须在成人监护下使用,并需要将本品放在儿童不同接触的地方。

（4）如正在使用其他药品,使用本品前请咨询医师或药师。

酚酞片:

（1）由酚酞引起的过敏反应临床上罕见,偶能引起皮炎、药疹、瘙痒、灼痛及肠炎、出血倾向等。

（2）阑尾炎、直肠出血未明确诊断、充血性心力衰竭、高血压、粪块阻塞、肠梗阻禁用。

（3）长期应用可使血糖升高、血钾降低。

（4）长期应用可引起对药物的依赖性。

（5）幼儿慎用,婴儿禁用。

（6）孕妇慎用,哺乳期妇女禁用。

（7）本品如与碳酸氢钠及氧化镁等碱性药并用,能引起粪便变色。

三、消化性溃疡

（一）概述

消化性溃疡是以胃或十二指肠形成慢性溃疡为特征的一种常见病,多发病。溃疡的形成有各种因素,其中酸性胃液对黏膜的消化作用是溃疡形成的基础,因此得名。多见于成人,男性多于女性。患者有周期性上腹疼痛,反酸、嗳气等症状,容易反复发作,呈慢性经过。十二指肠溃疡较胃溃疡多见。

（二）临床表现

上腹部周期性疼痛是溃疡病的主要临床表现。节律性溃疡疼痛与饮食之间的关系具有明显相关性。十二指肠溃疡的疼痛多出现于中上腹部,或在脐上方或在脐上方偏右处,空腹易发生,进食或服抗酸药后缓解。胃溃疡疼痛的位置也多在中上腹,但稍偏高处,或在剑突下和剑突下偏左处,好发于餐后0.5h到2h,经1~2h逐渐缓解,疼痛性质多呈钝痛、灼痛或饥饿样痛,一般较轻而能耐受,持续性剧痛提示溃疡穿透或穿孔。

除上腹部周期性疼痛外,尚可有唾液分泌增多、烧心、反胃、嗳酸、嗳气、恶心、呕吐等其他胃肠道症状。

（三）治疗

近年来的实验与临床研究表明,胃酸分泌过多、幽门螺杆菌感

染和胃粘膜保护作用减弱等因素是引起消化性溃疡的主要环节。它的确诊可通过内镜检查、X线钡餐检查、幽门螺杆菌（HP）感染的检测、胃液分析等方法完成。作为一种反复发作的慢性病，病程长者可达一二十年。有的病人尽管一再发作，却可以不发生并发症。有的病人若注意调理或经过治疗而逐步恢复。高龄患者一旦并发大量出血、穿孔或幽门梗阻，病情较凶险，少数患者可发生癌变，则预后较差。

消化性溃疡的治疗建议从生活、饮食和药物三方面着手。

1.生活

生活、精神因素对消化性溃疡的发生、发展均有重要影响。因此乐观的情绪、规律生活、避免过度紧张与劳累，无论在本病的发作期或缓解期均很重要。当溃疡活动期，症状较重时，卧床休息几天乃至1~2周。

2.饮食

细嚼慢咽，避免急食；有规律地定时进食，以维持正常消化活动的节律；急性活动期以少吃多餐为宜，每天进餐4~5次即可。当症状得到控制，应鼓励较快恢复到平时的一日三餐；饮食宜注意营养，但无需特殊食谱。餐间避免零食，睡前不宜进食；在急性活动期，应戒烟酒，并避免咖啡、浓茶和辣椒及醋等刺激性调味品或辛辣的饮料，以及损伤胃粘膜的药物；饮食不宜过饱。

3.药物

以引起消化性溃疡发生的主要环节为依据，可以把抗消化性溃疡药分为两类。

减弱攻击因子作用的药物，分别有抗酸药、胃酸分泌抑制药、抗幽门螺杆菌药。增强保护因子作用的药物，胃粘膜保护药。

抗酸药，为弱碱性化合物，能够中和胃酸，如氢氧化铝。胃酸分泌抑制药，能够抑制胃酸分泌，其药物作用机制不同。有H2受体拮抗药，雷尼替丁；质子泵抑制药，奥美拉唑；M受体拮抗药，哌仑西平；促胃液素受体拮抗药，丙谷胺。抗幽门螺杆菌药，一类本身即为抗溃疡性药，如胶体次枸橼酸铋，奥美拉唑；另一类为抗菌药,如阿莫西林、甲硝唑、庆大霉素、克拉霉素等。

胃粘膜保护药,能够增强黏膜屏障功能。如胶体次枸橼酸铋、硫糖铝。以上药物常联合用药,以增强治疗效果。

现对其中的奥美拉唑、雷尼替丁、枸橼酸铋钾说明。

(1)奥美拉唑肠溶胶囊

奥美拉唑为质子泵抑制剂,口服后能够分布于胃粘膜壁细胞,通过抑制 H^+-K^+-ATP 酶(质子泵)的活性,抑制胃酸分泌,作用强而持久。用于胃溃疡、十二指肠溃疡、应激性溃疡、反流性食管炎和卓艾综合征(胃泌素瘤)。与阿莫西林和克拉霉素或甲硝唑与克拉霉素合用,可有效地杀灭幽门螺杆菌。药品用量随疾病而异,参考说明书。

用药注意事项:

本品耐受性较好,不良反应包括:

①消化系统:可有口干、轻度恶心、呕吐、腹胀、便秘、腹泻、腹痛等;丙氨酸氨基转移酶(ALT)和胆红素可有升高,一般是轻微和短暂的,大多不影响治疗。

②神经精神系统:可有感觉异常、头晕、头痛、嗜睡、失眠、外周神经炎等。

③代谢:长期应用奥美拉唑可导致维生素 B_{12} 缺乏。

④其他:可有皮疹、男性乳房发育、溶血性贫血等。

⑤对本品过敏者,严重肝、肾功能不全者及婴幼儿禁用。

⑥虽然本品在动物实验中无致畸作用,但孕妇一般禁用,哺乳期妇女也应慎用。

⑦用药前后及用药时应当检查或监测的项目:A. 疗效监测。治疗消化性溃疡时,应进行内镜检查了解溃疡是否愈合;治疗幽门螺杆菌相关的消化性溃疡时,可在治疗完成4~6周进行幽门螺杆菌吹气实验(UBT),以了解幽门螺杆菌是否已根除。B. 毒性监测。应定期检查肝功能。长期服用者,应定期检查胃粘膜有无肿瘤样增生,用药超过3年者还应监测血清维生素 B_{12} 水平。

⑧治疗胃溃疡时,应首先排除癌症的可能后才能使用本药。

因用本药治疗可减轻其症状,从而延误治疗。

⑨为防止抑酸过度,在治疗一般性消化性溃疡时,建议不要长期大剂量使用本药。

⑩药物相互作用参考说明书。

(2)雷尼替丁

盐酸雷尼替丁胶囊,甲类非处方药,为强效组胺H2受体拮抗剂。能够有效地抑制胃酸分泌,降低胃酸和胃酶活性,从而用于胃溃疡和十二指肠溃疡的治疗。口服易吸收。

用药注意事项:

①常见不良反应有恶心、皮疹、便秘、乏力、头痛、头晕等。

②对肾功能、性腺功能和中枢神经的不良作用较轻。

③少数患者服药后引起轻度肝功能损伤,停药后症状即消失,肝功能也恢复正常。

④8岁以下儿童禁用,8岁以上儿童用量请咨询医师或药师。

⑤孕妇及哺乳期妇女禁用。

⑥老年患者与肝肾功能不全患者慎用。

⑦如服用过量或出现严重不良反应,请立即就医。

⑧对本品过敏者禁用,过敏体质者慎用。

(3)枸橼酸铋钾

枸橼酸铋钾胶囊(丽珠得乐),甲类非处方药。本品为胃黏膜保护剂,在胃酸条件形成弥散性的保护层覆盖于溃疡面上,防止胃酸、酶及食物对溃疡的侵袭,促进溃疡黏膜再生和溃疡愈合。本品还具有降低胃蛋白酶的活性、增加粘蛋白分泌、促进黏膜释放前列腺素等作用,从而保护胃黏膜。另外本品对幽门螺杆菌有杀灭作用,因而可促进胃炎的愈合。可用于适应症为胃溃疡、十二指肠溃疡的治疗。

用药注意事项:

在常规剂量下和服用周期内本药比较安全,但也可能出现一般不良反应:

①消化系统:服用本药期间,口中可能带有氨味,并可使舌苔

及大便呈灰黑色,易与黑粪症状混淆;个别病人服用时可出现恶心、呕吐、食欲减退、腹泻、便秘等症状。上述表现停药后可自行消失。

②神经系统:少数病人可出现轻微头痛、头晕、失眠等,但可耐受。

③其他:个别病人可出现皮疹。

④对本药过敏者禁用。

⑤孕妇及哺乳期妇女禁用。

⑥严重肾功能不全者禁用。

⑦下列情况需慎用:A.肝功能不全者。B.儿童。C.急性胃黏膜病变时。

⑧如服用过量或发生严重不良反应时应立即就医。

⑨服本品期间不得服用其他铋制剂,且不宜大剂量长期服用,长期使用本药的患者应注意体内铋的蓄积。

⑩应用于杀灭幽门螺杆菌时,需与两种抗生素合用,具体方案应遵医嘱。

⑪治疗期间不应饮用含酒精饮料或碳酸的饮料,少饮咖啡、茶等。

⑫大剂量服用本药会导致可逆性肾病,并于10日内发作。

⑬用药过量的治疗:应急救,洗胃、重复服用活性炭悬浮液及轻泻药,监测血、尿中铋浓度及肾功能,对症治疗。当血铋浓度过高并伴有肾功能絮乱时,可用二巯西二酸或二巯丙醇的络合疗法治疗,严重肾衰竭者需进行血液透析。

第三节　心血管系统疾病与用药安全

一、高血压

(一)概述

高血压是严重危害人类健康的心血管疾病,发病率高达10%～20%,并可引起心、脑、肾等并发症。按照世界卫生组织的标

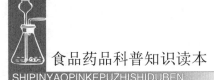
准,成人在安静时,收缩压即通常所说的高压≥140mmHg和／或舒张压即通常所说的低压≥90mmHg即可诊断为高血压。根据病因的不同分为原发性高血压和继发性高血压两类。原发性高血压约占高血压患者总数的95%,与遗传、环境等有关。另有5%是继发性高血压,是由于某种疾病或药物所引起的高血压。根据血压升高程度的不同,进一步将高血压分为1级、2级、3级高血压,也称轻、中、重度高血压。

表3-1 高血压的分类、分级标准

分类	收缩压(mmHg)		舒张压(mmHg)
1级高血压(轻度)	140~159	和／或	90~99
2级高血压(中度)	160~179	和／或	100~109
3级高血压(重度)	≥180	和／或	≥110

（二）临床表现及并发症

1.一般症状

原发性高血压多见于中老年,起病隐匿,进展缓慢,病程长达数年至数十年。初期症状不明显,一半患者因体检或因其他疾病测血压后,才偶然发现血压升高。常见症状有头痛、头晕、心悸等。

2.主要的并发症

主要是心、脑、肾、眼及血管等并发症。高血压性心脏病与血压升高加重心脏负荷有关。患者可有心慌、呼吸困难等症状。高血压可致脑部小动脉痉挛,出现头痛、头胀、眼花、耳鸣、失眠、乏力等。早期一般无泌尿系统症状,伴随病情进展,可出现夜尿增多及尿液检查异常。视网膜病变是高血压的常见并发症,临床常见眼底出血、渗出等。高血压是导致动脉粥样硬化的重要因素,可引起冠心病、脑血栓。

（三）药物治疗

1.降压药物应用基本原则

（1）小剂量。初始治疗时通常应采用较小的有效治疗量,根据需要逐渐增加剂量找到最佳有效量。

（2）优先选择长效制剂。尽可能使用每天给药1次而有持续24h降压作用的长效药物,从而有效控制夜间血压和晨峰血压,更有效预防心脑血管并发症。

（3）联合用药。在单药治疗效果不满意时,可以采用两种或两种以上降压药物联合治疗。

（4）个体化。根据患者具体情况、药物有效性和耐受性,兼顾患者经济条件及个人意愿,选择适合患者的降压药物。

2.降压药物的应用

目前临床常用的降压药物可归纳为五大类,即利尿剂、β受体阻断剂、钙通道阻滞剂、血管紧张素转化酶抑制剂（ACEI）、血管紧张素Ⅱ受体阻断剂。

（1）钙通道阻滞剂。常用的药物有硝苯地平等。此类药物可与其他4类药物联合应用,尤其适用于老年高血压、伴有稳定型心绞痛、冠状动脉或颈动脉硬化的高血压患者。常见的不良反应为反射性引起心跳加快。

（2）血管紧张素转化酶抑制剂。常用的药物有卡托普利等。此类药物尤其适用于伴有慢性心衰、糖尿病肾病、非糖尿病肾病、蛋白尿或微量白蛋白尿的高血压患者。常见的不良反应是刺激性干咳,不能耐受可改用血管紧张素Ⅱ受体阻断剂。

（3）血管紧张素Ⅱ受体阻断剂。常用的药物有氯沙坦、厄贝沙坦等。适应症同ACEI,也可用于不能耐受ACEI的患者。不良反应少见。

（4）利尿剂。常用的药物有氢氯噻嗪、吲达帕胺等。此类药物尤其适用于老年高血压、伴有心力衰竭的高血压患者。排钾利尿剂常见的不良反应是低血钾,长期应用应定期监测血钾,并适量补钾,痛风、糖尿病、高脂血症患者禁用。

（5）β受体阻断剂。常用的药物有普萘洛尔等。此类药物尤其适用于伴有快速型心律失常、冠心病、心绞痛的高血压患者。β受体阻断剂禁用于哮喘的患者。长期应用者突然停药可使血压骤升,所以此类药物停药应逐渐减量最后停药。

（四）用药注意事项与患者教育

高血压的非药物治疗和患者的自我调整也非常重要，包括提倡健康生活方式，消除不利于心理和身体健康的行为和习惯，减少高血压以及心血管病的发病危险。

1.控制体重。体重降低对于血管、改善胰岛素抵抗、糖尿病、血脂异常和左心室肥厚均有益。

2.限盐摄入。膳食中约80%钠盐来自烹调用盐和各种腌制品，所以应减少烹调用盐，每人每日食盐量不超过6g。

3.补充钾盐。每日吃新鲜蔬菜和水果。

4.减少脂肪摄入。减少食用油摄入，每人每日不超过25g，少吃或不吃肥肉。

5.戒烟限量饮酒。

6.加强体育锻炼，减轻精神压力，保持心情愉悦。

7.高血压的患者有规律地监测血压也是非常关键的，最好是家里自备血压计，可以使用水银血压计或电子血压计。

8.在没有医师建议的情况下，不能随意开始或停止服药或改变剂量。

9.高血压患者出现胸闷、气短或使用降压药出现不良反应且不能耐受时，应及时到医院就诊。

二、冠心病

（一）概述

冠心病全称为冠状动脉粥样硬化性心脏病。由于脂质代谢异常，血液中的脂质沉着在原本光滑的动脉内膜上，在动脉内膜形成一些分散的类似粥样的脂质物质堆积而成的白色斑块，称为动脉粥样硬化病变。当冠状动脉发生严重粥样硬化造成管腔狭窄或阻塞，导致心肌缺血缺氧或坏死的心脏病，简称冠心病。

冠心病是动脉粥样硬化导致器官病变的最常见的类型，也是严重危害人类健康的常见病。本病多发生于40岁以上成人，男性的发病率高于女性，经济发达国家发病率较高。近年来发病呈年轻化趋势，已成为威胁人类健康的主要疾病之一。冠心病可分为五种临床类型:无症状性心肌缺血型、心绞痛型、心肌梗死型、缺血性心肌病型、猝死型。其中最常见的是心绞痛型,我们主要介绍心绞痛型冠心病的用药安全。

(二)临床表现

心绞痛是由于冠状动脉粥样硬化引起心肌急剧的、短暂的缺血缺氧的临床综合征。

1.胸部压迫窒息感、闷胀感、剧烈的烧灼样疼痛,一般疼痛持续 1～5min,偶有长达15min,可自行缓解。

2.疼痛通常可放射至左上肢。

3.疼痛在心脏负荷加重(例如体力活动增加、过度精神刺激和受寒)时出现,在休息或舌下含服硝酸甘油数分钟后即可消失。

4.疼痛发作时,可伴有(也可不伴有)虚脱、出汗、呼吸短促、焦虑、心悸、恶心或头晕症状。

(三)药物治疗

1.发作时的治疗

(1)发作时立刻休息。

(2)药物治疗:①硝酸甘油舌下含服,1～2min即开始起效,约半小时作用消失。②硝酸异山梨酯舌下含服,2～5min即开始起效,作用持续2～3h。硝酸酯类的不良反应有头痛、面色潮红、心率反射性加快和低血压等,首次含用硝酸甘油时,应注意可能发生低血压。

2.缓解期的治疗

(1)调整生活方式,避免各种诱因如过度劳累、激动等。

(2)药物治疗

①抗血小板药物:阿司匹林可以抑制血小板聚集防止血栓形成,所有患者只要没有用药禁忌症都应该服用。主要的不良反应为胃肠道不良反应。

②β受体阻断剂:阻断β受体,心率减慢、心肌收缩力减弱、降低血压,从而降低心肌耗氧量以减少心绞痛发作。长期服用可显著降低心血管事件发生率及死亡率。常见的不良反应为心动过缓、

房室传导阻滞。常用的药物有美托洛尔。

③血管紧张素转化酶抑制剂（ACEI）或血管紧张素Ⅱ受体拮抗剂（ARB）：可显著降低冠心病患者的心血管死亡。合并高血压、糖尿病的患者建议使用ACEI。常用的药物有卡托普利、依那普利、雷米普利等。最常见的不良反应是刺激性干咳，不能耐受者可使用ARB。

（四）用药注意事项

1.使用硝酸酯类药物治疗心绞痛时可与β受体阻断剂合用，不仅可以增强疗效而且可以减少不良反应的发生率。

2.在使用硝酸酯类药物时需要监测血压。

3.严重心动过缓、房室传导阻滞者以及支气管哮喘禁用β受体阻断剂。

4.使用ACEI出现刺激性干咳应立即停药，可以换用ARB。

第四节　糖尿病

一、概述

1.什么是糖尿病

糖尿病是由于胰岛素分泌绝对或相对不足所致的以高血糖为主要特征的糖、脂肪、蛋白质、水和电解质等一系列代谢紊乱综合征。糖尿病的类型可分为两种：①1型糖尿病（胰岛素依赖型）是由于胰岛B细胞受损导致胰岛素绝对缺乏。②2型糖尿病（非胰岛素依赖型）是由于胰岛B细胞功能低下导致胰岛素相对缺乏。2型糖尿病约占糖尿病患者总数的95%。

2.糖尿病的诊断标准

糖尿病：有典型糖尿病症状（多饮、多食、多尿、消瘦或体重减轻，即所谓的"三多一少"）加上以下任意一项：

（1）任意时间血糖≥11.1mmoL/L（200mg/dl）。

（2）空腹（禁食时间大于8h）血糖≥7.0mmoL/L（126mg/dl）。

（3）75g葡萄糖负荷后2h血糖≥11.1mmoL/L（200mg/dl）。

如果无糖尿病症状,则需另日重复检查上述血糖。儿童糖尿病诊断标准与成人一致。

二、临床表现及并发症

1.临床表现

(1)许多糖尿病患者并无明显症状,部分可有多饮、多食、多尿和体重减轻、疲乏无力等。

(2)1型糖尿病的特点有:①任何年龄均可发病,但30岁前最常见。②起病急,多有典型的"三多一少"症状。③血糖显著升高,经常反复出现酮症酸中毒。④血中胰岛素水平很低甚至检测不出。⑤患者胰岛功能基本丧失,需要终生应用胰岛素替代治疗。⑥成人晚发自身免疫性糖尿病,发病年龄在20~48岁,患者消瘦,易出现大血管病变。

(3)2型糖尿病的特点有:①一般有家族遗传病史。②起病隐匿、缓慢,无症状的时间可达数年至数十年。③多数人肥胖或超重、食欲好,精神体力与正常人并无差别。④多在体检时发现。

2.主要并发症

(1)急性并发症。包括糖尿病酮症酸中毒、高渗性非酮体高血糖症、低血糖症(血糖低于2.8mmoL/L)、糖尿病非酮症高渗昏迷。多病情危重,处理不当会引起死亡。

(2)慢性并发症。冠心病、出血或缺血性脑血管病、糖尿病肾病、糖尿病视网膜病变及糖尿病足病等。

三、药物治疗

治疗糖尿病的药物作用机制各异,优势不同,在选药时依据糖尿病的分型、体重、血糖控制情况、并发症、药物敏感或抗药性、药物不良反应、个体差异等因素综合考虑。

1.1型糖尿病的药物治疗

1型糖尿病主要用胰岛素治疗,可以与α-葡萄糖苷酶抑制剂、双胍类降血糖联合使用。

2.2型糖尿病的药物治疗

(1)2型肥胖型糖尿病患者首选二甲双胍。

（2）2型非肥胖型糖尿病患者在有良好的胰岛B细胞储备功能时可应用促胰岛素分泌素磺酰脲类降血糖药。其中格列本脲在临床上应用广泛,作用快而强。

（3）单纯餐后血糖高,而空腹和餐前血糖不高,首选α-葡萄糖酐酶抑制剂,如阿卡波糖等。

（4）餐后血糖升高为主,伴餐前血糖轻度升高,首选胰岛素增敏剂,如罗格列酮等。

四、用药注意事项

1.药物治疗中应根据患者的整体情况,用药个体化。需注意各药的禁忌症和不良反应,尤其是降血糖药可诱发低血糖和休克,一旦出现低血糖,立即喝糖水、吃甜点,严重者静脉注射葡萄糖溶液。

2.注射胰岛素时应注意

（1）注射部位应有计划地更换,以免发生皮下脂肪萎缩。

（2）未开启的胰岛素应冷藏保存,冷冻后的胰岛素不可再应用。

（3）使用中的胰岛素笔芯不宜冷藏,可与胰岛素笔一起使用或随身携带,但在室温下最长可保存4周。

第四章　特殊人群用药安全

第一节　儿童用药

儿童发育可分为新生儿期、婴幼儿期和儿童期三个阶段：出生后28天内为新生儿期，出生后1个月至3岁为婴幼儿期，3~12岁为儿童期。

一、儿童用药特点

1.儿童处在生长发育时期，神经系统、内分泌系统及许多脏器发育尚不完善，肝、肾的解毒和排毒功能以及血脑屏障的作用也都不健全，更容易受到药物的伤害。

2.糖皮质激素类药物如地塞米松、泼尼松等应慎用，长期应用会导致儿童发育迟缓、身材矮小、免疫力低下。

3.四环素可引起牙釉质发育不良和牙齿变黄，8岁以下儿童应禁用。

4.氟喹诺酮类如氟哌酸等可影响幼年动物软骨发育，导致承重关节损伤，因此应避免用于18岁以下儿童。

二、儿童用药注意事项

1.严格控制剂量

由于小儿的年龄、体重逐年增加，体质强弱各不相同，用药的适宜剂量也有较大差异。目前儿童剂量的计算方法很多，有年龄折算法、体重折算法、体表面积折算法等。我们介绍一种比较常用的体重折算法：①若已知儿童的每千克体重剂量，直接乘以体重即可。②如不知道儿童每千克体重剂量，可按下列公式计算：小儿剂

量=成人剂量×小儿体重（kg）/70。③如不知道儿童的体重是多少，可按下列公式计算：

1～6个月小儿体重（kg）=月龄×0.6＋3

7～12个月小儿体重（kg）=月龄×0.5＋3

1～10岁小儿体重（kg）=年龄×2＋8

2.注意给药间隔时间

在疗效不好时，切不能给药次数过多。比如说孩子发烧不退切不能不停地给退烧药，退烧药给药间隔时间不能低于4h。在使用退烧药的同时可以采用物理降温的办法，比如使用退热贴、酒精擦拭皮肤、洗温水澡等。

3.注意重复用药现象

儿童是感冒的易感人群，而感冒药多为复方制剂的非处方药物。药店里销售的感冒药种类繁多，不同生产厂家的感冒药在成分和剂量上既有相同之处，又有不同之处，无法准确计算剂量，造成了有些药物成分的重复使用。如感冒药的主要成分对乙酰氨基酚和抗组胺药的重复使用，极易导致药物过量，产生不良的后果。因此，在购买和使用非处方儿童感冒药物时，必须要仔细阅读药品说明书，特别注意药品的组成成分和含量，避免重复用药。

4.避免滥用抗生素

流行病学调查证明，90%以上的上呼吸道感染是由于病毒感染引起的。因此，上呼吸道感染时常规应用抗生素是不合理的，而且还会造成病原体对药物产生耐药性及不良反应的威胁以及药物的浪费。不要孩子一生病，就不管什么原因随便使用抗生素。孩子发烧了，最好到医院做血常规，确定是病毒感染还是细菌感染，细菌感染白细胞数目会增多。如果是细菌感染用抗生素才起作用，如果是病毒感染要用抗病毒药。

5.根据小儿特点，选择合适的给药途径

（1）能吃奶时，尽量采用口服给药。

（2）早产儿多次肌内注射可发生神经损伤，较大儿可肌注。

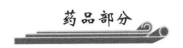

（3）婴幼儿静脉滴注时，一定按规定的速度进行，切不可过快过急。

（4）婴幼儿外用药的用药时间不宜过长。

6.将买回来的药品放在儿童够不着的干燥的阴暗处

三、儿童禁用的药物

表4-1　儿童禁用药

药物	禁用范围	药物	禁用范围
四环素类	8岁以下儿童	吗啡	6个月以下幼儿
氯霉素	新生儿	芬太尼	1岁以下幼儿
磺胺类	新生儿	左旋多巴	2岁以下幼儿
去甲万古霉素	新生儿	硫喷妥钠	3岁以下幼儿
呋喃妥因	新生儿	丙磺舒	6个月内幼儿
氟喹诺酮类	18岁以下儿童	依他尼酸	2岁以下幼儿
氟哌啶醇	18岁以下儿童	苯海拉明	婴儿
吲哚美辛	婴儿	酚酞	早产儿、新生儿
地西泮	14岁以下儿童		

第二节　老年人用药

中国早在1999年就进入了老龄化社会。2010年我国65岁及以上老年人数达1.19亿，占全国总人数的8.87%，成为世界上唯一老年人口过亿的国家。预测2042年我国老年人口将超过30%。所以，老年人的合理用药显得尤为重要。

一、老年人用药特点

1.老年人胃肠功能减退，所以吸收药物的能力减弱。

2.老年人的肝脏功能减退，所以代谢药物的能力减弱。

3.老年人的肾脏功能减退，所以排泄药物的能力减弱。

二、老年人用药常见的误区及用药注意事项

1.吃药跟着广告走

近年来，新药广告频频可见，因此有些老年患者在用药上也经

不起广告的诱惑，一味求新。有些疾病例如高血压、糖尿病等是不能彻底治愈的，可能有些药物的广告说是可以治愈的，过分夸大了新药的用途。

2.自己开药方治病

药物在治病的同时，也会对人体造成损害。老年人更要重视科学用药。有些人凭着自己多年吃药得来的一些"经验"，自行判断购买使用药品，这样做很容易导致没病变成了有病，小病变成了大病，慢性病变成了久治不愈的重疾病。如果有病了，应在医师和药师的正确指导下用药。

3.身体稍有不适就用药

老年人机体随着年龄的增长各器官功能也相应地减退，出现一系列老年病，如脑萎缩、骨关节的退行性改变。事实上这些疾病即使用药也根本改变不了什么。不少老年人认为疾病能够痊愈，全是药物的作用。其实药物只是人体战胜疾病的一种武器，要驱除疾病，全靠人体自身的免疫力，而药物只是起一个增援部队的作用。因此，老年人不要随便用药，以免产生耐受性或耐药性，到真正需要用药的时候用了药却不起作用。老年人应尽量不用药或少用药。

4.认为用药品种越多，效果越好

老年人体弱多病，往往多数人还同时患有几种疾病，认为把药都吃了就好了，这是不科学的。老年人同时用药不能超过五种。联合用药越多，不良反应的发生率越高。要明确治疗目标，抓住主要矛盾，选择主要药物治疗。

5.认为滋补药有益无害

不少老年人，特别是有些退休后享受公费医疗的老年人去医院看病，往往要求医生开营养滋补类药物来吃，以为凡是滋补药都能强身健体，多吃有益无害。其实不少老年人所患的疾病并非全都是"虚症"，如果滥用补药，会违背中医学的用药原则，扰乱人体的阴阳平衡，引起新陈代谢失调。老年人用药剂量应适当减少，从小剂量开始，逐渐加大剂量至找到合适的剂量。一般使用成人剂量的 1/2 到 3/4,最好根据患者的肝肾功能来调整药物的剂量。

三、老年人应慎用的药物

1.镇静催眠药。如安定,易引起中枢抑制神志模糊,久用可导致老年抑郁症。

2.老年人发热使用阿司匹林等,易引起虚脱,大剂量或久用易导致消化道出血。

3.久用广谱抗生素。如四环素、土霉素等易引起二重感染,链霉素、庆大霉素等易引起毒性反应,应尽量不用。

4.老年人常患有骨质疏松,如果再用糖皮质激素类药,如可的松等,可引起骨折和股骨头坏死,故应尽量不用,更不能长期大剂量使用。如必须使用,须补充钙剂和维生素 D。

第三节　妊娠、哺乳期妇女用药

孕妇用药直接关系到下一代的身心健康。胎儿在发育过程中,其器官功能尚不完善,如用药不当,就会产生不良影响。1957年妊娠早期妇女服用沙利度胺(反应停)后发生近万例海豹畸胎,引起世界对药物致畸作用的重视。因此,为防止诱发畸胎,在妊娠初始 3 个月妇女应尽量避免服用药物,尤其是已确定或怀疑有致畸作用的药物。如必须用药,应在医师和药师的指导下,选用一些无致畸作用的药物。对致畸性尚未充分了解的新药,一般避免使用。此外,许多药物从母亲的乳汁中排泄,间接影响婴儿的生长发育,也有可能引起中毒,所以哺乳期妇女用药应考虑药物对乳儿的影响。

一、妊娠妇女用药

(一)药物对妊娠期不同阶段胎儿的影响

根据妊娠各阶段的特点,一般将妊娠分为三个阶段:①妊娠头 3 个月,即妊娠 12 周末之前称为妊娠早期;②妊娠中期的 4 个月,即妊娠 13 ~ 27 周末,称妊娠中期;③妊娠最后 3 个月,即妊娠 28 周之

后,称妊娠晚期。妊娠早期是胚胎器官和脏器的分化时期,最容易受外来药物的影响引起胎儿畸形。妊娠中期和妊娠晚期又称胎儿形成期,为胎儿发育的最后阶段,器官形成过程已经大体完成并继续发育,某些药物可导致胎儿发育异常。

1.妊娠早期

细胞增殖早期大约为受精后18天左右,此阶段,胚胎的所有细胞尚未进行分化,细胞的功能活力也相等,对药物无选择性的表现。因此在受精后半个月(末次月经的第14～28天)以内,这个时期药物对胚胎的影响是"全或无",即要么没有影响,要么有影响导致流产,一般不会导致胎儿畸形。

受精后3周至3个月(末次月经5～14周)是胚胎器官和脏器的分化时期,胎儿心脏、神经系统、呼吸系统、四肢、性腺及外阴相继发育。此期如受到药物影响可能产生形态或功能上的异常而造成畸形。这一时期药物的致畸作用与器官形成的顺序有关:妊娠3～5周(末次月经的5～7周),中枢神经系统、心脏、肠、骨骼及肌肉等均处于分化期,致畸药物在此期间可影响上述器官或系统。如沙利度胺可引起胎儿肢体、耳、内脏畸形,雌孕激素、雄激素可引起胎儿性发育异常,叶酸拮抗剂可导致颅面部、腭裂等。

2.胎儿形成期

器官形成过程已经大体完成,牙、中枢神经系统或女性生殖系统还在继续分化发育,药物的不良影响主要表现在上述系统、各器官发育迟缓和功能异常,其他器官一般不致畸,但根据致畸因素的作用强度及持续时间也可影响胎儿的生理功能和发育成长。如妊娠5个月后用四环素可使婴儿牙齿变黄,牙釉质发育不全,骨生长障碍;妊娠期妇女服用安定等中枢类抑制药,可抑制胎儿的神经活动,甚至影响大脑发育;分娩前应用氯霉素可引起灰婴综合征。

(二)妊娠期妇女用药注意事项

1.用药必须明确适应症。既不能滥用,也不能有病不用,因为

孕妇的疾病同样会影响胎儿,更不能自选自用药物,一定在医生的指导下使用已证明对胎儿无害的药物。

2.可用可不用的药物应尽量不用或少用。尤其是妊娠的头3个月,能不用的药或暂时可停用的药物,应考虑不用或暂停使用。

3.已肯定的致畸药物禁止使用。如孕妇病情危重,则慎重权衡利弊后,方可考虑使用。

(三)妊娠期妇女禁用的药物

表4-2　妊娠期妇女禁用药

类别	药物
抗感染药物	链霉素、依托红霉素、琥乙红霉素、氯霉素(孕晚期禁用)、诺氟沙星、环丙沙星、氧氟沙星、左氧氟沙星、依诺沙星、洛美沙星、莫西沙星、加替沙星、磺胺嘧啶(临近分娩禁用)、磺胺甲噁唑(临近分娩禁用)、磺胺异噁唑(临近分娩禁用)、甲硝唑(前3个月禁用)、呋喃唑酮、利巴韦林、伐昔洛韦、甲苯咪唑、左旋咪唑(孕早期禁用)、乙胺嘧啶
神经系统用药	左旋多巴、溴隐亭(孕早期禁用)、卡马西平、扑米酮、夸西泮、咪达唑仑、苯巴比妥、异戊巴比妥、水合氯醛、地西泮(前3个月禁用)、奥沙西泮、氟西泮、氯硝西泮、三唑仑、艾司唑仑、尼美舒利、米索前列醇、赖氨酸阿司匹林(孕晚期禁用)、麦角胺、贝美格、吡拉西坦
循环系统用药	地尔硫卓(注射剂禁用)、美托洛尔(孕晚期禁用)、阿托伐他丁、洛伐他丁、普伐他丁、氟伐他丁、非诺贝特、普萘洛尔(孕中晚期禁用)、吲达帕胺(妊娠高血压禁用)、卡他普利、依那普利、福辛普利、卡维地洛、尼群地平、赖诺普利(孕中晚期禁用)、厄贝沙坦(孕中晚期禁用)、肼屈嗪、利血平、呋塞米、布美他尼(前3个月禁用)
呼吸系统用药	厄多司坦、喷托维林、氟派斯丁、非诺特罗、曲尼司特
消化系统用药	雷贝拉唑钠、哌仑西平、枸橼酸铋钾、胶体果胶铋、碱式碳酸铋、胶体酒石酸铋、米索前列醇、复方铝酸铋、硫酸钠、蓖麻油、地芬诺酯、复方樟脑酊、乙型肝炎疫苗注射剂
泌尿系统用药	布美他尼、醋甲唑胺、鞣酸加压素

二、哺乳期妇女用药

（一）药物在乳汁中的排泄

哺乳期妇女用药后药物进入乳汁，但其中的含量很少不超过母亲摄入量的1%～2%，故一般不至于给乳儿带来危害。乳汁是弱酸性的，弱碱性药物（如红霉素）在乳汁中的排泄量大，哺乳期妇女应考虑对乳儿的危害，避免滥用。

（二）哺乳期妇女用药注意事项

1.选药慎重，权衡利弊

如所用药物弊大于利则应停药或选用其他药物或治疗措施。对可用可不用的药物应尽量不用；必须用药者应慎用，疗程不要过长，剂量不要过大。

2.非用不可，选好替代

如哺乳期的母亲患病必须用药时，则应选择母亲和婴儿危害和影响小的药物替代。如哺乳期的母亲患泌尿道感染时，不用磺胺类药，而用氨苄西林代替，这样既可以有效治疗乳母泌尿道感染，又可减少对婴儿的危害。

3.代替不行，人工哺育

如果乳母必须使用某种药物进行治疗，而此种药物对婴儿会带来危害时，可考虑暂时吃奶粉。

第四节　驾驶员用药

在日常各项工作中，驾驶员（包括驾驶飞机、车船、操作机械、农机具和高空作业人员）常因服药而影响其正常反应，出现不同程度的疲倦、嗜睡、困乏和精神不振、视物模糊、辨色困难、多尿、平衡力下降等，影响其反应能力，容易出现危险和人身事故。

一、驾驶员应慎用的药物

（一）可引起驾驶员嗜睡的药物

1.抗过敏药　可拮抗致敏物质组胺，同时也可产生中枢抑制，引起镇静催眠，服药后表现为神志不清、嗜睡。中枢抑制作用强的抗过敏药主要包括苯海拉明和异丙嗪。在感冒药的复方制剂中有苯海拉明和异丙嗪的,驾驶员应慎用。

2.镇静催眠药　所有的镇静催眠药对中枢都有抑制作用,可诱导睡眠。常用的镇静催眠是安定。

3.质子泵抑制剂　常用于治疗消化性溃疡的奥美拉唑、兰索拉唑、洋托拉唑服后偶有疲乏、嗜睡反应。

(二)可使驾驶员出现眩晕或幻觉的药物

1.镇咳药右美沙芬可引起嗜睡、眩晕,喷托维林可引起头晕、眼花、全身麻木。

2.解热镇痛药双氯芬酸服后可出现腹痛、呕吐、眩晕,发生率约1%,极个别人出现感觉或视觉障碍、耳鸣。

3.抗病毒药金刚烷胺服后会出现幻觉、精神错乱、眩晕、嗜睡、视力模糊。在感冒药快克中有金刚烷胺,故驾驶员应慎用。

4.降血糖药过量引起低血糖反应,出现眩晕、心悸和大汗等表现。

(三)可使驾驶员视物模糊或辨色困难的药物

1.解热镇痛药布洛芬服后偶见头晕、头痛,少数人可出现视力降低和辨色困难;吲哚美辛服后可出现视力模糊、耳鸣、复视。

2.东莨菪碱可扩大瞳孔,出现视物模糊;阿托品可使睫状肌麻痹,导致驾驶员视物模糊。

3.抗心绞痛药硝酸甘油服后可出现视力模糊。

4.抗癫痫药卡马西平、苯妥英钠、丙戊酸钠在发挥抗癫痫作用的同时,可引起视力模糊、复视或眩晕。

二、防范措施

服药后出现不良反应的时间和程度不易控制,迄今在科学上也难以克服。对驾驶员来说,生病时既要服药,又要保证驾驶安全,因此采取必要的防范措施,坚持合理用药就显得格外重要。

1.开车前4h慎用上述药物,或服后休息6h再开车。

2.对易产生嗜睡的药物,服用的最佳时间为睡前半小时,既减少对日常生活带来的不便,也能促进睡眠。在白加黑感冒片的黑

片中含有苯海拉明,会引起嗜睡,所以,白天吃白片,黑夜吃黑片。

　　3.改用替代药。如抗过敏药选用无中枢抑制作用的氯雷他定等。感冒时选用不含镇静药和抗过敏药的日片。

　　4.糖尿病患者使用降血糖药后出现低血糖时,可进食少量食物或糖果。

　　5.千万不要饮酒或含酒精饮料,乙醇是一种中枢神经抑制剂,可增强镇静催眠药的毒性。

　　6.注意药品的通用名和商品名,有时同一药品有不同的商品名,如感冒药。

第五章 有关药品质量的认识

第一节 合格药品的获得

药品直接关系着人民群众的身体健康和生命安全,确保药品安全就是最大的民生。药品是预防、治疗、诊断人的疾病,有目的地调节人的生理机能并规定有适应证或者功能主治、用法和用量的物质。作为一种特殊的商品,药品的质量安全直接关系到人们的健康和生命。

因此,药品安全不得有半点马虎。我们必须确保药品的安全、有效、均一、稳定。首先必须保证是合格的药品才能生产和销售。

一、药品是如何获准的

（一）概述

首先需要省级药监部门验收核发药品生产许可证,仿制原料药注册申报后,取得生产批件,再申请GMP认证,最后才能合法生产、销售该药品。

（二）申请生产许可证

药品生产许可证办理条件:

（1）具有依法经过资格认定的药学技术人员、工程技术人员及相应的技术工人,企业法定代表人或者企业负责人、质量负责人无《药品管理法》第七十六条规定的情形。

（2）具有与其药品生产相适应的厂房、设施和卫生环境。

（3）具有能对所生产药品进行质量管理和质量检验的机构、人员以及必要的仪器设备。

（4）具有保证药品质量的规章制度。

（三）药品注册

药品注册，是指国家食品药品监督管理总局根据药品注册申请人的申请，依照法定程序，对拟上市销售药品的安全性、有效性、质量可控性等进行审查，并决定是否同意其申请的审批过程。

（四）申请GMP认证

"GMP"是英文 Good Manufacturing Practice 的缩写，中文意思是"药品生产质量管理规范"，是一种特别注重在生产过程中实施对产品质量与卫生安全的自主性管理制度。它是一套适用于制药、食品等行业的强制性标准，要求企业从原料、人员、设施设备、生产过程、包装运输、质量控制等方面按国家有关法规达到卫生质量要求，形成一套可操作的作业规范，帮助企业改善企业卫生环境，及时发现生产过程中存在的问题，加以改善。

药品GMP认证是国家依法对药品生产企业（车间）和药品品种实施GMP监督检查并取得认可的一种制度，是国际药品贸易和药品监督管理的重要内容，也是确保药品质量稳定性、安全性和有效性的一种科学的先进的管理手段。1998年国家药品监督管理局成立后，建立了国家药品监督管理局药品认证管理中心。自1998年7月1日起，未取得药品GMP认证证书的企业，卫生部不予受理生产新药的申请；批准新药的，只发给新药证书，不发给药品批准文号。各级药品经营单位和医疗单位要优先采购、使用有药品GMP认证证书的药品。药品GMP认证的药品，可以在相应的药品广告宣传、药品包装和标签、说明书上使用认证标志。GMP认证为卫生行政部门提供监督检查的依据，为建立国际标准提供基础，满足顾客的要求，便于国际贸易；使生产经营人员认识药品生产的特殊性，由此产生积极的工作态度，激发对药品质量高度负责的精神；使药品生产企业对原料、辅料、包装材料的要求更为严格，有助于生产企业采用新技术、新设备，从而保证药品质量。

二、药品是如何生产的

（一）概述

现代制药工业开始于19世纪。当时陆续发现了一些有特效的药物,并可以大规模制造,使过去严重危害人类健康的许多疾病,如恶性贫血、风湿热、伤寒大叶肺炎、梅毒、结核病等的发生率和危害性大大下降。制药工业的研究也有力地促进了医学发展。1899年使用阿司匹林以来,问世的66种疗效很高的药品中,有57种是在制药工业的实验室中发现和生产的。

药品生产,指将原料加工制备成能供医疗用的药品的过程。药品生产的全过程可分原料药生产阶段和将原料药制成一定剂型(供临床使用的制剂)的制剂生产阶段。

(二)药品生产类别

1.原料药生产

原料药有植物、动物或其他生物产品,无机元素、无机化合物和有机化合物。原料药的生产根据原材料性质的不同、加工制造方法不同,大体可分为:

(1)生药加工制造

生药一般来自植物和动物的生物药材,通常为植物或动物机体、器官或其分泌物。主要经过干燥加工处理。我国传统用中药的加工处理称为炮制,中药材必须经过蒸、炒、炙、锻等炮制操作制成中药饮片。

(2)药用无机元素和无机化合物的加工制造

主要采用无机化工方法,但因药品质量要求严格,其生产方法与同品种化工产品并不完全相同。

(3)药用有机化合物的加工制造

①从天然物分离提取制备

从天然资源制取的药品类别繁多,制备方法各异,主要包括以植物为原料的药品的分离提取和以动物为原料的药品的分离提取。

②化学合成法制备药品

随着科学技术和生产水平的不断提高,许多早年以天然物为来源的药品,已逐渐改用合成法或半合成法进行生产。如维生素、

甾体、激素等。

化学合成法所得产品往往价格较低廉、纯度高、质量好,且原料易得,生产操作也便于掌握。

③生物技术获得的生物材料的生物制品

生物技术包括普通的或基因工程、细胞工程、蛋白质工程、发酵工程等。生物材料有微生物、细胞、各种动物和人源的细胞及体液等。

2.药物制剂的生产

由各种来源和不同方法制得的原料药,需进一步制成适合于医疗或预防用的形式,即药物制剂(或称药物剂型),才能用于患者。各种不同的剂型有不同的加工、制造方法。

(三)药品生产特点

药品生产属于工业生产,具有一般工业生产的共性。由于药品品种很多,产品质量要求高,法律控制严格,因此药品生产具有以下特点:

1.原料辅料品种多,消耗大

无论化学原料药及其制剂,或抗生素、生化药品、生物制品,或中成药,从总体看,投入的原料、辅料的种类数大大超过其他轻化工产品的生产。其范围从无机物到有机物、从植物到动物到矿物,几乎是无所不及,无所不用。如一吨原料只能产出数公斤甚至数克原料药。

药品生产的废气、废液、废渣相当多,"三废"处理工作量大,投资多。

2.机械化、自动化程度要求高

药品生产所用机器体系与其他化工工业有很多不同之处。药品品种多,生产工艺各不相同,产品质量要求很高,而产量与一般化工产品相比却少得多。因此,所使用的生产设备要便于变动、清洗,材料应对药品不产生化学或物理的变化,密封性能好以防止污染或变质等。

3.卫生要求严格

生产车间的卫生洁净程度及厂区的卫生状况都会对药品质量产生较大影响,同一品种或不同品种的不同批次的药品之间都互为污染源。因此,药品生产对生产环境的卫生要求十分严格,厂区、路面及运输等不得对药品的生产造成污染,生产人员、设备及药品的包装物等均不得对药品造成污染。

4.药品生产的复杂性、综合性

药品品种规格、剂型多,其生产技术涉及药学、化学、生物学,医学、化学工程、电子等领域的最新成果。在药品生产过程中的许多问题,都须综合运用科学知识和技术来解决。

科技水平越高、越全面,生产发展就越快。现代制药工业的发展,很大程度取决于科学技术水平。在药品生产企业的管理中对药物科技工作的管理特别重要,药物研究成果有效迅速转化为生产力,是发展制药工业的关键环节。

5.产品质量要求严格、品种规格多、更新换代快

由于药品与人们生命安危、健康长寿有密切的关系,对药品的质量要求特别严格。世界各国政府都制定由本国生产的每一种药品的质量标准,以及管理药品质量的制度和方法,使药品生产企业的生产经营活动置于国家严格监督管理之下。

由于人体和疾病的复杂性,随着医药学发展,药品品种和规格日益增多。现在药品已达数万多种。人们要求高效、特效、速效、毒副反应小、有效期长、价格低的药品不断增长,促使药品更新换代快,有的药品生产企业的产品5年便更新换代。

6.生产管理法制化

药品与人们的健康和生命息息相关,政府制定法律法规加强药品质量监督管理。《药品管理法》规定,对生产药品实行许可证制度,进行准入控制。并规定全面推行《药品生产质量管理规范》(GMP)。该规范对药品生产系统各环节的质量保证和质量控制作了明确严格的规定,将药品生产置于法制化管理之下。药品生产必须依法管理,违反者将承担法律责任。

(四)药品生产企业

生产药品的专营企业或者兼营企业,是应用现代科学技术,自主地进行药品的生产经营活动,实行独立核算,自负盈亏,具有法人资格的基本经济组织,属工业企业。

三、药品的流通渠道

(一)概述

药品市场的流通渠道,是指由生产商通过批发商销售给零售商(包括医院药房)的流通过程。但由于医药不分业,中国药品流通领域有3个环节:药品批发环节、药品零售企业(包括药店)和医院门诊药房(包括个体诊所)。药品流通渠道又大致包括这样一条环节链:药品生产厂家—药品招标机构—药品批发公司—药品代理商—医院—患者。其中,具有控制药品流向、稳定货源、持续供货等重要职能的药品批发商,是一个不可或缺的流通环节。

(二)我国医药渠道的具体模式

随着医药流通渠道的变革、人们意识的进步,新的医药流通渠道模式不断涌现,常见的有以下几种:

1.传统的多级批发流通渠道模式

在传统的多级批发流通模式里,分销渠道系统是由各自独立的公司组成。各级分销单位作为一个独立法人,销售行为以追求自身利益最大化为目标,对整个渠道的表现缺乏关心,即使关心也缺乏控制和调节能力,所以这种渠道模式解决渠道冲突的能力较差。

其流通渠道模式如下:

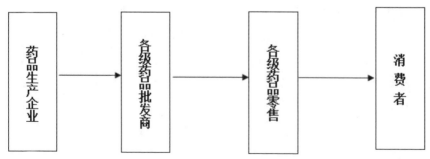

2.医药生产企业主导的批发零售式渠道模式

在传统的医药流通模式里,医药流通企业或部门一般被视作药品生产企业的延伸,其价值创造功能并不被接受和认可,药品生产企业是整个医药市场的主导力量。药品生产企业为了最大限度地完成销售目标,他们会不遗余力地借用下游销售企业,组建营销渠道,这实际上是一个前向一体化的过程,这样药品生产企业最大化地利用了流通领域的资源,并实现了其在渠道功能上的优势地位。

在这种营销渠道模式下,生产商、批发商以及零售商构成一个有机整体,生产商在整个渠道中拥有较大的权利,可以在一定程度上控制产品的经营权,统筹安排终端工作,从而生产商可以获得较多的利润。

其流通渠道模式如下:

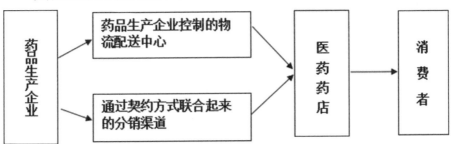

3.以流通企业为主导的流通渠道模式

纵观世界发达国家的医药流通发展情况不难发现,医药流通的发展越来越趋向于专业化方向。在激烈的市场竞争中,逐渐形成了专业化的、高效的医药专门营销机构,他们能够从专业化的角度促进医药行业的发展和变革。所以,随着医药流通企业的发展和壮大,连锁企业成为一种发展模式,结果是形成了以流通企业为主导的渠道流通模式。

医药流通企业主导的药品流通模式的优势在于通过专业化分工提高了效率,从而形成渠道成员在价格和利润方面的优势。一方面,医药流通企业采用专业化经营,经营效率提高,所以能够获得高于一般流通渠道成员的利润优势,他们进一步把这种利润优

势转化为价格优势,吸引顾客群的集中。另一方面,医药流通企业掌握了大量的客户资源,市场占有率方面的优势使得他们在与医药生产企业谈判时处于优势地位,能够获得比一般渠道成员更低的进货价格,所以,这又巩固了其利润空间。这样的一种良性循环一旦形成,医药流通环节的变革将会给消费者带来最大的利益。

其流通模式渠道如下:

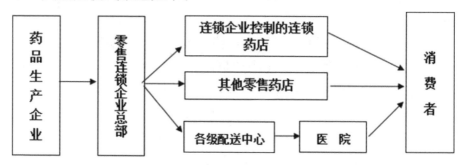

四、药品的正常获得方式

(一)购买药品时应注意的事项

1.到有《药品经营许可证》的药店购药,并要求药店开具票据。

2.仔细查看药品标签或说明书。标签或说明书必须注明药品的通用名称、成分、规格、生产企业、批准文号、产品批号、生产日期、有效期、适应症或者功能主治、用法、用量、禁忌、不良反应和注意事项。产品批号、生产日期、有效期标识不全的药品不能购买。

3.不要盲目随从广告。《药品管理法》对药品广告作出了严格规定。如药品广告需包含企业名称、产品批准文号、产品使用注意事项、广告批准文号等基本内容,不得有"根治""安全无副作用""疗效最佳"等绝对化用语及违反科学规律的明示或暗示"包治百病""适应所有症状"等内容,不得含有治愈率、有效率及获奖的内容,宣传内容不得超出批准适应症的范围等。若您发现神乎其神的药品广告,就要留心该广告可能存在虚假内容,误导患者。

4.不要轻信销售人员的推荐之辞。用药前最好咨询医生,请医生开具处方,到药店购药。

5.慎重对待做活动售药、赠药、邮购药品。谨防一些不法药商利用集会、赠药以及邮购等手段,兜售假劣药品和保健品,欺骗患者。

(二)如何鉴别药品真假

鉴别药品真假的基本方法:

1.包装鉴别

药品大包装标签应注明药品名称、规格、贮藏、生产日期、生产批号、有效期、批准文号、生产企业以及使用说明书规定以外的必要内容,包括包装装量、运输注意事项或其他标记等。中包装标签应注明药品名称、主要成分、性状、适应症或者功能主治、用法用量、不良反应、禁忌症、规格、贮藏、生产日期、生产批号、有效期、批准文号、生产企业等内容。

内包装标签要根据其尺寸的大小,尽可能包含药品名称、适应症或者功能主治、用法用量、规格、贮藏、生产日期、生产批号、有效期、生产企业等内容,必须标注药品名称、规格及生产批号。

2.外观鉴别

片剂:外观应光洁完整,大小厚薄均匀,无花斑、黑点,无碎片,无霉菌生长,无异臭等。那些变黄,有色片颜色加深并有斑点,有表面凸凹不平、裂片、粘连、异臭现象的,糖衣片若已全部褪色或糖衣面发黑,出现严重花斑、发霉、糖衣层裂开、粘连等情况,可疑为假劣药品。

胶囊剂:分为硬胶囊、软胶囊两类。硬胶囊为两节圆筒紧密相套,软胶囊是指密封的软质囊材。两种胶囊在外观上应整洁、大小相等。凡黏结变形、发霉变质、变色褪色、断裂漏粉、漏液者可疑为假劣药品。

散剂:应色泽均匀,无生霉、吸潮现象。

颗粒剂:应均匀、干燥、无吸潮、发霉、结块、异臭等现象。可通过观察有无潮解、异味、结块、发霉、生虫以及色泽不一致现象来判断真伪。对中成药冲剂要求真空包装,严密无漏粉。

注射剂:应无变色、无沉淀物、装量一致、无渗漏。对于那些药液颜色变深、浑浊,出现黑白点、絮状物、霉点以及说明书上未注明

的固体结晶现象的水针剂,那些油液浑浊,有沉淀、分层、颜色变深的油针剂,可疑为假劣药品。

(三)遇到药品问题如何进行有效投诉

1.若您怀疑购买的药品、医疗器械有质量问题,可向食品药品监督管理部门投诉。按照有关法律规定,食品药品监督管理部门负责查处制售假劣药品、医疗器械的违法行为。

2.若您对所购药品、医疗器械的价格有疑问,可向物价部门咨询。按照法律规定,价格违法行为由物价部门查处。

3.如果是涉及药品、医疗器械广告、药品回扣问题,可向工商部门投诉。按照有关法律规定,上述问题由工商部门查处。

4.对药品、医疗器械购销活动中的回扣涉及医疗机构负责人、采购人员和医务人员,或因错用、误用药品、医疗器械引起的纠纷、医疗事故等问题,可向卫生部门投诉。按照法律规定,上述问题由卫生部门查处。

5.若您怀疑保健品、消毒品、化妆品有质量问题,可向卫生监督局(所)反映。按法律规定,上述问题由卫生监督局(所)查处。

6.如果是涉及医保用药政策方面的问题,请向劳动和社会保障部门咨询。

7.因药品、医疗器械问题造成了人身、财产损害的,受害人还可以通过司法途径要求民事赔偿。

五、药品相关信息的获得方式

在这个药品泛滥的社会,新药仿制药中药不断被研发出,廉价药品越来越少,而假药事件频发,怎么查询药品、查询药品说明书及价格和真伪?

1.首先,了解药品的相关知识。如药品批准文号,目前市场上药品批准文号为:国药准字H(Z、S、J)+8位阿拉伯数字组成,其中H代表化学药品,Z代表中药,S代表生物制品,J代表进口药品分包装。进口药品注册证号由字母H(Z、S)+8位阿拉伯数字组成,其中H代表化学药品,Z代表中药,S代表生物制品。凡在中国境内销售和使用的药品,包装、标签所用文字必须以中文为主。有关药品批准文号可以到国家食品药品监督管理局网站上查询。

2.方法步骤

(1)查询药品批准文号并记录下来

观察药品包装,找到药品批准文号或者药品名称(国药准字号也叫药品批准文号);上药监局网站数据查询,一药一号是药品生产合法性的标志,是药品身份的证明,是识别真假药的重要依据。

(2)网站查询

进入国家药监局网站—点击数据查询—点击国产药品—输入药品名称或批准文号—点击查询。

进入药智数据库—点击药品注册与受理数据库—输入药品名称—点击搜索。

(3)手机查询

如果你使用的是智能手机,可以下载一个快拍二维码软件应用,直接用快拍二维码照射药品的条形码,就会显示药品的相关信息,如果是假药就不能显示。

3.药品查询信息推广

药品质量查询系统作为为民服务实事项目之一,是涉药单位服务社会、提升诚信信誉的一项重要举措,该套查询系统通过以下渠道对药品质量进行查询。

(1)是与国家药品电子监管网数据库连接,电子监管附码药品在质量查询机上对电子监管码进行扫描,就可以查出该药品的基本信息,同时会显示该药品现在具体位置。对上游企业及时、准确的核注核销起到监督的作用。

(2)是与涉药单位使用的药品经营系统数据库相连接,企业按照要求在计算机系统中对药品采购、验收、存储、销售,消费者拿到药品对条形码进行扫描,检验药品是否已经纳入监管,对涉药单位电子化经营起到监督作用。

(3)是与国家食品药品监督管理局网站数据库信息相连接,可以在查询网站,查出经过国家批准的药品、医疗器械、保健食品等信息。

六、药品的储藏要求

（一）大量库存的药品储藏与保管

1.保持药品与地面之间有一定距离的设施,避光、通风设备,监测和调控温、湿度设备,符合安全用电要求的照明设施,防尘、防潮、防污染、防虫、防鼠以及防火等设施。

2.药库内应当划分合格药品区、待验药品区、不合格药品区等专用场所。各区实行色标管理,合格药品区为绿色,待验药品区为黄色,不合格药品区为红色。

3.库存药品与地面、墙、顶之间应有相应的间距或隔离措施。药品与墙、屋顶(梁)的间距不小于30cm,与地面间距不小于10cm。药品垛堆之间应有一定距离。

4.库存药品应按照药品属性分类存放。药品与非药品分开存放,中药饮片分库存放,化学药品、中成药分类存放,易串味药品单独密闭存放。

5.根据药品贮藏条件的要求,将需要保存在-20℃以下的药品放冰箱冻格保存,将需要在2～8℃、冷处、冷暗处保存的药品存放在冷库里,将阴凉处、凉暗处、25℃以下保存的药品存入阴凉库,室温保存的药品存放在室温库。湿度在45%～75%药品的贮藏条件直接影响药品质量,因此一定要按其要求在相应的环境下进行保管。

6.药房、药库每月盘点,盘点内容除药品剂型、规格、数量外,还有药品的效期、效期内药品有无变质现象。对盘点后发现账、物不符合,要及时查找原因,予以更正;对效期较近的药品及时报告,减少医院损失;对效期内药品变质的及时报废。必要时可随时进盘点。对每月盘点不符、报废的药品进行申报,制作盘点单上交财务。

7.对麻醉药品、医用毒性药品、精神药品及疫苗、危险品按规定进行储存、保管和运输。

（二）家庭用药的储存

避光、干燥、阴凉、密封是保存药品的四大要素。贮存药品时应仔细阅读药品说明书,并按说明书要求保存药品,通常注意以下几点:

1.合理贮存:药物常因光、热、水分、空气、酸、碱、温度、微生物等外界条件影响而变质失效。因此,家庭保存的药物最好分别装入棕色瓶内,将盖拧紧,放置于避光、干燥、阴凉处,以防变质失效。部分易受温度影响的药品,如胎盘球蛋白、利福平眼药水等,可放入冰箱冷藏室内保存;酒精、碘酒等制剂,则应密闭保存。

2.注明有效期与失效期:药品均有有效使用期和失效期,过了有效期便不能再使用,否则会影响疗效,甚至会带来不良后果。散装药应按类分开,并贴上醒目的标签,写明存放日期、药物名称、用法、用量、失效期,每年应定期对备用药品进行检查,及时更换。

3.注意外观变化:对于贮备药品使用时应注意观察外观变化。如片剂产生松散、变色,糖衣片的糖衣粘连或开裂,胶囊剂的胶囊粘连、开裂,丸剂粘连、霉变或虫蛀,散剂严重吸潮、结块、发霉,眼药水变色、混浊,软膏剂有异味、变色或油层析出等情况时,则不能再用。

4.妥善保管:内服药与外用药应分别放置,以免忙中取错。药品应放在安全的地方,防止儿童误服。

5.家庭小药箱必备基础药3～6个月应清理一次。

(三)注意事项

许多家庭中都会储备一些常用药物,特别是家中有需要照顾的老人和小孩时,药箱中的品种就会多起来。为了保障家人的用药安全,应对其进行合理的管理。以下介绍一下家庭药物贮存过程中的常见注意事项。

1.分类存放

将成人与小儿的药分开、内服药与外用药分开、急救用药与常规用药分开,并做好标记,以免拿错、误服,发生危险。毒性药品必须单独存放,最好加锁保管。注意药品的有效期。药品的内外包装要与药品一同保存,每次用药后都要将剩余的药品放回原包装,以便于定期检查药品的有效期。

药品的有效期是指药品在一定的贮存条件下能保持其质量的期限。例如,某药品的有效期至2006年7月,则表示该药品可使用到2006年7月31日。再如,有效期至2006/07/08,则该药可使用至2006年7月8日。进口药品常以"expiry date"(截止日期)表示失效期,或

以"use before"（在……之前使用）表示有效期。各国药品有效期的标注方法不完全相同，应注意识别。美国药品多按月－日－年顺序排列：9/10/2001 或 Sep. 10th 2001，即 2001 年 9 月 10 日；欧洲国家药品多按日－月－年顺序排列：10/9/2001 或 10th Sep. 2001，即 2001 年 9 月 10 日；日本药品按年－月－日排列：2001-9-10，即 2001 年 9 月 10 日。

2.了解药品的贮存条件

药品一般应放在干燥、避光和温度较低的地方。药品说明书中常温保存是指 10~30℃保存，阴凉处保存是指在不超过 20℃的地方保存，凉暗处保存是指在避光且不超过 20℃的地方保存，冷藏处保存是指在 2~10℃冰箱中保存。大部分生物制品如胰岛素、人血白蛋白、干扰素类、疫苗、活菌制剂等必须 2~8℃冷藏。

常见的维生素 C 片、硝酸甘油片等怕光药品注意遮光密闭保存。胶囊剂、冲剂、栓剂等通常应注意防热保存。医用酒精、碘酒等易挥发药品应拧紧瓶盖，防止其挥发或氧化周围物品。液体外用药如滴眼液、洗剂等在夏季最好放置在冰箱中冷藏，以获得较长的保存时间。外用的乳膏保存温度过低可引起基质分层，影响软膏的均匀性与药效，故只需在室温下保存即可。

3.保留药品的包装和标签

应妥善保留药品的原包装和说明书等，使药品名称、用途、用法、用量、不良反应及注意事项、有效期等内容可随时查阅。

不要轻易撕去药品内包装上标记药名和规格等文字标签，以免无法辨认药品。零散药品如果需要用小瓶密封，应标明药名、规格、有效期等，以免发生用药错误。

4.及时清理过期失效药品

定期检查家中药品的有效期，一旦发现过期药品，应立即清理，以免误服。服用过期药品可能对人体造成直接危害。

若发现可能因贮存不当所致的药片（丸）发霉、粘连、变色、松散、有异味，或药品溶液出现絮状物、非正常沉淀等现象时，即使在有效期内也应淘汰，并及时补充新药备用。

过期药品随意丢弃可能会污染环境，若被不法分子收购，可能会调换包装,再次销售,危害社会。应将家中的过期失效药品交到附近的定点药店,再由药监部门集中处理。

第二节　药品质量的意义

谈到药品,人们马上联想到疾病。在前面的章节中给出了"药品"的概念,从定义看,药品主要具有三个基本要素:第一是必须具有给人体起到预防、治疗、诊断疾病的用途,第二是必须有调节人体机能的目的,第三要明确规定其针对的适应症和功能主治以及实际应用中的使用量和使用方法。从以上描述可见,在第一要素中就将药品这个客体和另一个宿主(疾病)紧密联系在一起,二者又和"人"这个主体捆绑在一起。由此可见,药品是防病治病的物质基础和必要条件,是人类同疾病作斗争的有力武器。

药品不同于其他商品,直接关系着每一个用药者的身体健康和生命安危,关系到千家万户的幸福和安宁,甚至在一定期间内会影响到社会的稳定和经济的发展。之所以如此,是因为药品具有的两重性,药品可以防病治病,但多数药品具有不同程度的毒副作用,老百姓常说"凡药就有三分毒",说的就是这个道理。另外,药品有很强的专属性,人们生病以后常常听到的一句话是"要对症治疗",说的就是这个事实。从这两方面可见药品质量的重要性。以下从三个方面介绍药品质量的主要性质。

一、药品的安全性

药品的安全性:使用安全、毒副作用小。

在上古时期的神话传说中,炎帝神农氏为"宣药疗疾",救人性命,使百姓益寿延年。他跋山涉水,行遍三湘大地,尝遍百草,了解百草的平毒寒温之药性,为民找寻治病解毒良药。据说被他尝过的花、草、根、叶就有三十九万八千种。神农在尝百草的过程中,识别了百草,发现了具有攻毒祛病作用的中药,故先民封他为"药神"。炎帝神农氏终因误尝断肠草而死,葬于长沙茶乡之尾。这可能是我们华夏大地最早关于药品和药品安全性的典故。不论是百

姓还是医者,对症用药和服用安全有效的药品同样重要。

现今,关于药品质量安全的示例更是比比皆是。20世纪发生在欧洲的"反应停"事件,书写了近代人类生育史上的灾难,造成这场疾苦的关键原因就是药品质量的安全性。20世纪60年代前后,欧洲多个国家的医生都在使用沙立度胺(商品名为反应停),这种药治疗妇女妊娠反应,很多人吃了药后的确不吐了,恶心的症状得到了明显的改善,于是它成了"孕妇的理想选择"(当时的广告用语)。但随即而来的是,许多出生的婴儿都是短肢畸形,形同海豹,被称为"海豹肢畸形"。

1961年,这种症状终于被证实是孕妇服用"反应停"所导致的,于是,该药被禁用,然而,受其影响的婴儿已多达1.2万名。经过媒体的进一步披露,人们才发现,这起灾难的产生是因为在"反应停"出售之前,有关机构并未仔细对其可能产生的副作用进行审查检验。也就是说,大量的孕妇在服用了并不安全的药品后,导致了家庭的悲剧和社会的混乱。

我们一直以为,随着现代医药科学的进步,制造业经济的发展以及监管体质的健全,类似药品安全性事件会少有发生,但事与愿违。十多年前,发生在国内的"齐二药事件"引起国人对药品监管职能和用药安全性极大的担忧和高度的信任危机。让我们一起来回顾一下,以警示管理者和广大民众,关注药品,关注药品质量。

2006年4月,多名患者在中山三院接受治疗时被注射了后来认定为假药的"齐二药"亮菌甲素注射液,先后出现肾衰竭等中毒反应,9人相继离世。亮菌甲素注射液适应症为用于急性胆囊炎、慢性胆囊炎发作、其他胆道疾病并发急性感染及慢性浅表性胃炎、慢性浅表性萎缩性胃炎,一般为肌内注射或静脉滴注。胆囊炎没有要了这些患者的命,对症治疗的用药反倒让他们失去了宝贵的生命。后经查证,是生产企业用二甘醇代替了丙二醇投料所致,这个二甘醇是能带来肾毒性的。

人吃五谷生百病,药品是治病救人的必需品。作为一个有着约13.9亿人口的发展中国家,面对城市化、老龄化、环境污染等因素带来的种种健康问题,安全、有效、合理的用药对个人、家庭乃至整个社会是何等的重要。保证药品安全,事关国家经济发展和社会稳定的大局。因为药品安全性问题涉及多层次、多环节,所以,必须在国家、社会、企业、民众多层面上得到广泛关注和重视,才得以保证全民用药安全。

首先,作为药品监管的职能部门,以国家食品药品监督管理总局为核心的多级药品监管部门,要心无旁骛地做好食品药品监管工作,包括药品上市前的注册审批,这一环节涉及药品的非临床研究和临床实验结果的真实性和准确性以及完整性,如有疏忽,就会给后续的临床用药埋下祸根,国外的"反应停"事件就是典型例子。在对药品生产、经营、使用环节的许可和监管中,要保持检查监管到位,以专业性的功底、侦探式的手段、敏锐的洞察,将潜在的影响药品安全的因素和事件控制在萌芽状态或免于发生。一旦发生,能以最快速度,公开透明的处理方式,通过技术手段,及时研判事件的导因,以科学、理性的态度解决问题,给公众正面解释,避免不必要混乱发生。在"齐二药事件"中,药品监管部门及时启动应急方案,通过技术支撑将问题快速突破,广东药检所在前期大量实验数据基础上,通过进一步的红外光谱仪观测分析,最终确定齐药二厂生产的亮菌甲素注射液里含有大量工业原料二甘醇,导致患者急性肾衰竭死亡。在药害事件中,我们的药品检验技术及时发挥专业特长,将药品安全性的危害降到最低。

对上市药品的不良反应跟踪评价,能进一步减少不安全药品对人体的危害。在过去医药科学和制药技术相对落后的情况下,不仅对于疑难症,就是常见病的临床用药选择面也很窄。在那种条件下,用药品种非常局限,临床选择首先考虑的是治疗效果。随着药品可选择性增加,以及对药品性质和治疗机理进一步研究,在逐步改善或淘汰那些用药安全隐患大于治疗效果的品种。比如苯乙双胍(用于治疗成人非胰岛素依赖型糖尿病及部分胰岛素依赖型糖尿病)曾经在很长时间内属于我国临床治疗糖尿病的常用药。但是经过国家食品药品监督管理总局组织再评价,认为苯乙双胍可导

致乳酸酸中毒,发生率较高,临床价值有限,在我国使用风险大于效益,决定停止苯乙双胍原料药及其制剂在我国的生产、销售和使用,撤销药品批准证明文件。国家食品药品监督管理总局于2016年11月24日发布公告,要求已上市销售的苯乙双胍原料药及其制剂由生产企业负责召回,召回工作应于2016年12月31日前完成,召回产品在企业所在地食品药品监督管理部门监督下销毁。这也是我国药品监管职能部门对药品安全性监管的有力手段和有效措施。

其次,作为药品生产、经营、使用的企业和单位,应行使主体责任。尤其是药品生产企业,应该严格按照批准的生产工艺进行生产,保证原料、辅料以及包材的质量,做好成品的全项目检验,将不合格药品截留在生产环节。药品经营企业应该按照药品特性控制存储条件,保障药品在运输和销售过程中不发生变质。使用环节的药品安全性主要因素是配伍和调剂的风险,主要依靠医师和药师的处方合理性和调配的准确性来保证。

另外,作为药品的终端环节,使用者或者是患者,要避免药品安全性造成的伤害。第一是不能随意自行用药,尤其是处方药,一定要经得医师或药师诊断和指导,要对症用药。即使是非处方药,也要认真阅读说明书,按照用法和用量使用。民间有句话"久病成医",说的是长时间生病用药对药品相对熟悉,但并不代表能够保证用药安全可靠。在我们身边,也曾发生过医生因用药不正确或不规范对自身造成伤害的例子。有一个医生的家属谈起过,一次,这名大夫感冒了,为了尽快好起来回到工作岗位上,他在短时间内服用了康泰克、速效胶囊和感冒灵冲剂,结果,感冒没有治好,反倒把自己撂倒了,引发头晕目眩、大量出汗、恶心等一系列反应,原因是这些预防和治疗感冒的药品中有相同成分(乙酰氨基酚、马来酸氯苯那敏),按照说明书提示的用量,一种单用会发挥正常作用,副作用(比如嗜睡)也是机体可以承受的,集中使用,副作用严重叠加,甚至会有生命危险。还有一些老年人过惯了节俭的生活,家中常备一些常用药,一段时间不用会过了有效期,但是仍然不舍得丢弃,这也会造成用药安全的隐患。所以,在常用药品的使用和管理上一定要引起足够重视。

因为所有药物对患者既有帮助又有损害,因此安全性是相对的。安全性越大即有效剂量和产生严重不良反应的剂量之间范围越宽,药物的适用性越大。如果一个药物的常用有效剂量同时亦是中毒剂量,医生们除了为救命别无选择不得不用外,一般情况下均不会使用。

二、药品的有效性

药品的有效性:疗效确切、稳定性好。

我们都有常识,人体用药时,大都是在需要的情况下,这种需要包括预防、治疗或为配合诊断。既然是需要,主要诉求就是效果,尤其对于一些急症,在病发期间,老百姓常说,能有灵丹妙药该多好。现实中很难找到灵丹妙药,但是,经过长期的医药学专业技术人员的努力,正有越来越多疗效可靠、稳定性好的药品面世,配合更多先进的医疗技术为患者减轻病痛。比如放、化疗用药。但是,我们也应客观、理性地看待药品,不能以为所有的药品都能达到预期目的。

药品有效性的获得是通过严谨、科学、漫长的实验途径而来,这是一个比较深奥的科学论题,在每一个药品上市之前,都凝聚着大量医药科研人员的心血和辛劳,还有那些被用于动物实验的小生命。近年来,学术界将每年的4月24日定为纪念日,谨以纪念为生命科学研究而献身的实验动物。

那么,药品的有效性是如何保障呢?对于化学药品首先源于药品的研发过程,科学家将疾病机理和化学物质的特性结合起来,经过动物实验,然后经过临床实验,在大量的实验数据基础上,最终判断一个药品的有效性,同时还要关注药品的不良反应。有许多药物的有效性是在使用过程中不断拓展的。比如,常用药阿司匹林,这种从3500年前"柳树皮可以止痛"发展而来的药物与青霉素、安定并称医药史上三大经典药物,几乎每一次人类出现新的重大疾病,阿司匹林的新作用就会被发现,并被迅速大规模推广。因发现阿司匹林作用机理而获得1982年诺贝尔医学奖的约翰·文博士说:"尽管阿司匹林是一种古老的药物,但我们每天都可能在它身上发现新的东西。"

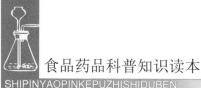
阿司匹林(乙酰水杨酸)是从水杨酸转化而来,它的发明者,29岁的德国化学家霍夫曼对这个药物并不陌生。很早的时候,霍夫曼饱受风湿之痛的父亲就服用水杨酸解热镇痛,只是它引起的呕吐和胃部不适让人难以忍受。他父亲早就在问他能否找到一种办法,让水杨酸既能达成药效,又减除这么大的副作用。霍夫曼梳理了一系列论文,终于找到了一种方法,生产出稳定又副作用较小的乙酰水杨酸(ASA,阿司匹林的主要成分),阿司匹林很快便作为解热镇痛的首选药物。比其他产品研发人员幸运的是,他背后有一家强大的公司。拜耳做了其他制药公司不屑于做的两件事情,一是为化学品乙酰水杨酸取了个商标名"阿司匹林",二是为其生产过程在很多国家注册了专利权。

20世纪40年代,美国加利福尼亚州耳鼻喉科医生 Lawrence Craven 注意到一个奇怪的事情,他给那些扁桃体发炎的病人使用相对大剂量阿司匹林,会导致他们流血过多。这让他联想起阿司匹林也许能够增加血液供应,而增加血流供应是保护心脏的一个途径。于是他从1948年开始,利用阿司匹林治疗他的年迈的男性病人,帮助他们减少心脏病发病几率。在那个年代,阿司匹林能够保护心脏被认为是一种荒谬的说法,因为人们服用水杨酸用于解热镇痛的时候,很多人会呼吸急促、心跳加速。最早阿司匹林在拜耳的实验室里被合成时,在实验室里停留了很久,也正是因为当时拜耳的医学总监拿不准其对心脏的作用。为了解决这个问题,一位拜耳的科学家仔细地考察了历史上服用水杨酸的剂量,发现当使用较小剂量的阿司匹林时,其对心脏副作用会较小。后来拜耳又委托几个德国医生悄悄做了临床试验,在证明对心脏足够安全之后,才敢正式开发这个药物。

一直到20世纪50年代,拜耳对阿司匹林对心脏的作用都仍然高度警惕。直到1971年,科学家发现阿司匹林能够保证血液中的血小板凝结,这样便能够保持心脏的血液供应,以保护心脏。这种药品的影响力,加上它异常便宜的价格,让更多的学术界人员致力于此药物的临床研究。很快阿司匹林预防心血管疾病的学术证明不断出现。

现在我国市场能购买到的阿司匹林药品有多种剂型、多个规格、许多厂家。剂型包括普通片剂、肠溶片、肠溶胶囊、泡腾片以及栓剂，仅阿司匹林肠溶片的规格就有25mg、40mg、50mg、100mg、300mg，批准文号更是多达300多个。不同剂型、不同规格都是围绕阿司匹林的解热镇痛、非甾体抗炎和抗血小板凝集的作用机理在临床得到很好的使用。人们一般将25mg规格的阿司匹林肠溶片简称为"小阿"，是许多心脑血管疾病患者的常用药。

对于药品的有效性，作为使用者应有正确的理解。其一，就目前我国药品审批管理制度而言，非常严谨慎重，凡经过审批，取得批准文号或进口注册证的药品，是按照《药品注册管理办法》以及一系列补充规定核查认可的，药品的安全、有效和质量可控是能够得到保证的。获得批准文号的药品生产企业还必须在生产条件通过GMP认证的前提下，才能进行规范生产。生产企业要具备对原辅料检验的条件，严格按照审批工艺进行生产，做好各环节的验证、记录，对中间体、半成品、成品按照内控标准和国家标准进行全项目检验，检验合格后方可投放市场，这也是我国现行《药品管理法》的规定。

至于说同一品种有多个生产厂家，药品名称众多、价格不一，这属于正常的市场经济运行。改革开放以来，我国在总体经济快速提高的大形势下，医药经济也得到迅猛发展，改变了过去缺医少药的困难局面。化学药、抗生素基本为仿制药，但是我国拥有非常丰富的中医药传统资源，与现代技术结合后，绽放出更绚烂的华彩。目前，我国的中成药剂型丰富、品种繁多，已获得批准文号的将近六万个，有许多品种是由经典处方转化而来。

对于药品有效性的理解，还应该具备基本的科学理念。任何药物在发挥作用的过程中，都要经过药物和生物体相互作用才能呈现疗效。药物要达到效果，必须经历三个过程：从给药到药物在体内溶出，使药物处于可吸收的状态；药物在体内经过吸收、分布、代谢和排泄，使药物在血浆内产生一定浓度，从而有可能达到作用部位产生作用；药物以一定的有效浓度进入作用部位并与机体某种成分相互作用，最终实现疗效。从专业角度讲，划分为药剂学过

程、药代动力学过程、药效动力学过程。从以上基本理论可得出，药品有效性首先依靠药物选择的准确性和合理性，其次是药品的质量，再次是机体自身代谢功能。我们经常听到患有相同疾病的人们针对用药效果方面的疑问，就是源于个体差异。另外，正确的服用方法也是关键。比如缓释、控释、迟释等剂型，不能和普通片剂一样掰开服用。缓释、控释剂型与普通剂型比较，药物治疗作用持久、毒副作用低、用药次数减少。由于设计要求，药物可缓慢释放进入体内，可避免超过治疗血药浓度范围的毒副作用，又能保持在有效浓度范围之内以维持疗效。是一种先进的技术，在工艺上有特殊设计，制剂构成和普通剂型有很大不同，由骨架或分层构成，缓释片剂或胶囊一定要完整服用后才能起到缓释效果。

三、药品质量可控性（按照质量标准检验，符合规定的要求）

药品质量关系到病人的安危，因此至关重要。符合质量标准要求，才能保证疗效，不符合标准要求，则意味着疗效得不到保证。所以，上市药品或者说进入流通以及使用环节的药品必须是合格药品。为此，国家授权相关部门制定并颁布药品质量标准，在药品监管体制改革前，由卫生部负责制定和颁布药品标准，药品监管部门单设以后，由国家药品监督管理部门设立的药典委员会负责药品标准的修订。

药品质量不同于其他商品，只有合格与不合格之分，没有等级划分。国家相关要求明确规定，凡不合格药品绝对不能出厂、销售和使用，否则就是违法，要受到严厉处罚。

药品质量监督管理和质量检验有很强的科学性和专业性，药品质量的真伪，一般消费者是很难从外观识别的。必须由专门的技术人员和专门的机构，依据法定标准，应用合乎要求的仪器设备，可靠的方法，才能做出鉴定和评价。目前，我国的药品检验机构还没有向第三方开放，根据现行《药品管理法》第六条规定，药品监督管理部门设置或者确定的药品检验机构，承担依法实施药品审批和药品质量监督检查所需的药品检验工作。药品检验按照其检验的性质及检验结果的效力可分两类：一类是药品生产者、经营者、医疗机构等因自身需要对药品进行的检验。对于这类药品的检验，法律没有必要强制规定检验机构。另一类药品检验为药品监督管理部门依据履行药品监督管理职能需要进行的检验，这属于强制检验。

也就是说，目前在我国范围内，生产、经营、使用环节内部设立的检验机构是为本企业或本单位内部的药品质量把关服务，各级药品检验机构是为药品行政监管做技术支撑，同时也服务药品生产、经营、使用环节。还有一些科研机构或大专院校也设立了实验室，从技术上也具有药品检验水平和能力，但是出具的检验数据或检验结果在法律上不具有证明作用。目前，我国的药品检验机构一般为三级设置：国家级、省级、地区级。有个别地区有县级药品检验机构的例子，但是比较少。另外，为把好进口药品质量关，国家还通过检查认可，在以上的药品检验机构中选择确定了部分口岸药品检验机构。中国食品药品检定研究院（中国药品检验总所）是我国最高层的药品检验机构，是指导全国药品检验工作的技术部门。全国内陆的包括23个省，5个自治区，4个直辖市，共32个地域都设置了省级药品检验机构。内蒙古自治区范围内从事药品检验工作的机构共15家，包括自治区药品检验所，12个盟市级药品检验机构（因食品药品监管职能整合，目前大多是综合性检验机构，同时承担食品、药品、化妆品检验，个别机构还承担农产品等其他种类的检验任务），另外还有两个口岸所（二连、满洲里）。在巴彦淖尔地区，根据体制改革的需要，已经完成整合，目前的巴彦淖尔市食品药品检验所的前身是巴彦淖尔市药品检验所，这个成立于20世纪70年代的检验机构，通过不断调整，今非昔比，用于检验的大型精密仪器设备居全区前列，检验能力不断拓展，能够为当地180万人民群众饮食用药安全保驾护航。

药品的质量可控主要涉及两方面要素：检验标准和检验行为。

1.检验标准

从国内到国外，全世界各国家各地区基本都有自己的药品标准体系，我国的药品标准是以《中华人民共和国药典》（以下简称

《中国药典》)为核心的国家药品标准系列。在20世纪至21世纪初,我国药品标准存在大量的地方标准,一个品种在不同省市有不同标准,检验方法不一致,对检验结果的要求也不一致,标准的混乱导致评价体系不一致,同种药品生产工艺不一致,是我国医药科学和制药经济不发达不先进的突出表现。后经国家药品监督部门的全力推进,完成了地方药品标准的提高,目前除中药材和炮制规范以及制剂规范外,药品检验引用都是国家标准(《中国药典》、部颁标准、局颁标准、单行注册标准等)。《中国药典》从1953年开始制定实施,到目前已经出版到第十部(2015年版),是药品标准的最高法典。2015版《中国药典》共分四部:一部收载品种有中药材、中药饮片、植物油脂和提取物、成方制剂和单味制剂;二部收载化学药品、抗生素、生化药品以及放射性药品等;三部主要收载生物制品;四部收载的具体品种是辅料,主要内容是方法等要求。

　　药品标准由国家相关部门制定并颁布,具有权威性和法定性。制定药品标准和收载药品品种,必须坚持质量第一、安全有效、技术先进的原则。《中国药典》收载的品种一般是医疗必须、疗效肯定、毒副作用小、其质量易控和鉴定的品种。列入我国《国家基本药物目录》(2012年版)(化学药品和生物制品主要依据临床药理学分类,共317个品种;中成药主要依据功能分类,共203个品种;中药饮片不列具体品种)品种的规格和剂型主要依据就是2010年版《中国药典》。《中国药典》中各品种检验标准是根据药物自身的理化与生物学特性,按照批准的处方来源、生产工艺、贮藏运输条件等所制定的,用以检测药品质量是否达到用药要求并衡量其质量是否稳定均一的技术规定。

药品标准内容按照顺序列有:品名(包括中文名、汉语拼音与英文名)、来源、处方、制法、性状、鉴别、检查、含量测定、炮制、性味与归经、功能与主治、用法与用量、注意、规格、贮藏、制剂等。

对于药品标准有几点需特别说明:①不是所有人们在使用、认为属于药品范畴的品种或类型都有用于质量控制的检验标准。比如临床已经配伍在一起的混合输液,是无法引用任何标准的。因为药品制剂标准是针对具体每一种原辅料固定、生产工艺固定、获得批准文号的药品确定的质量控制方法和要求。每个检验标准的制定是经过科学、细致的实验后,反复验证得到的技术规范,可操作性强,评判指标明确。对于未知物的检验需要从科研的角度进行探索和实验,不属于日常检验能力范围。②依据药品标准检验合格的药品(制剂),不能完全代表药品的符合性。因为药品的特殊性,对药品质量的判定,不仅仅是对终端产物的结果鉴定,必须对生产过程有严格要求,任何违反GMP或未经批准添加物质所生产的药品,即使符合《中国药典》或按照《中国药典》没有检出其添加物质或相关杂质,亦不能认为其符合规定。药品标准是药品质量的技术要求,GMP是药品生产的过程标准,二者都得到保证,才能从过程到结果完整地证明药品的质量。③药品标准对药品质量的控制不是"滴水不漏"的,也就是说药品标准对各品种检验项目或要求所做的规定是主要的和必须满足的质量指标。尤其是中成药,一个品种的处方中由多种中药组成,而在标准中只是对主要成分或有效成分的定性和定量测定方法,以及反应药品稳定性、均一性等药品基本特性的技术要求,并不能将所有组成或所有成分都一一明确限定,这是客观存在的局限性,也是中药标准的特点。比如,收载在《中国药典》2015年版一部中的人参再造丸,处方由人参、乌药、黄连、三七等五十六味组成,在标准中只对其中的当归、川芎、人参和黄连做了鉴定的方法规定,对黄连的代表性成分盐酸小檗碱做了定量要求。可见在本品种质量标准中对成分的技术要求很有限,处方的大部分组成都依靠在生产过程中的原料投入和工艺控制来造就成品的稳定质量。我国历来在医药界就有一句经典的箴言:修合无人见,存心

有天知！也是高悬在同仁堂正厅的牌匾，几百年来，作为药界的座右铭被恪守遵从。同样具有行业道德约束的古训还有：炮制虽繁必不敢省人工，品味虽贵必不敢减物力。中华古老的医药宝藏不仅给我们留下源源不断、挖掘不尽的医药资源，今人还必须要传承国学文化对职业道德的高标准要求，既要做事，更重要的是做人！

2.检验行为

前面已经提到，目前从事药品检验的机构除药品生产、经营、使用等环节内设的检验部门，主要是食品药品监管部门依法设立的官方检验机构在承担药品质量监督和药品审批注册的检验任务。药品监督管理部门根据监督检查的需要，对药品进行监督抽检，抽检费用是各级政府拨付经费，不论是抽样单位和还是检验机构都禁止向被抽样单位收取费用，注册和审批按照相关规定收取费用。另外，如果向检验机构申请委托检验，则根据委托项目按照国家财政部联合相关部门下发的收费标准收取相应费用。检验机构一般都将收费标准公示，接受监督。针对委托检验，检验机构会根据情况判断是否接收，签订委托协议前，必须了解委托的目的，对检验项目和自身检验能力进行评价。如果涉及案件举报和申诉等情况，必须经药品监管行政部门的调查，必要时需经立案、封存、抽检后才能进入检验流程。

药品检验是对药品质量做出的技术鉴定，检验工作纯属专业性技术工作。打一个不太恰当的比方，医疗机构的医生是给人诊病的，那么药品检验机构的专业人员就是给药品查问题或者说"诊病"的。因此，对人员的要求非常高，一方面是专业知识，另一方面是实际操作能力，当然还有职业道德和职业态度的要求。目前，我国对检验检测机构的资质条件执行的是强制认定的方式，从检验人员的数量和能力、环境条件的设置、仪器设备的配置、对消耗品的控制以及内部管理体系的运作等多方面进行评审，符合国家相关规定要求才可以开展检验检测工作，而且必须在认定的范围内承担检验任务。

在实际工作中，检验机构也会时不时接到群众举报或咨询药品质量存在的问题。对此，检验机构的窗口科室会根据专业特点给对方一些回复,但是受客观条件的局限,专业人员的回复有时难以被对方接受,甚至会出现纠纷。曾经有一个自称患有疑难病症多年的咨询者到检验机构,随身带着几种在别处买来的外形为丸剂和胶囊的"药",要求进行检验。对于这种情况,检验机构是无法接收的。因为这种情况既不属于药品生产企业正常生产的品种,也不属于单味药材或中药饮片,可以通过性状、鉴别、含量测定对样品进行分析。没有检验标准就没有具体方法对样品进行处理和检测,也就无法对样品进行质量判断,就好像仅有想测量的一个物件,但是没有测量的方法和工具,就无法达到目的。对于患者,无论在医者的角度还是药品检验机构的角度,都深怀悲悯同情之心,况且从本职工作考虑,只要有一线可能,都是在竭力克服专业上的难题,从技术层面为保障群众用药安全尽心尽力。只是,我们一定要有理性客观的认识,药品检验工作是专业性比较强的技术工作,是在科学的根基上生发的支脉,不论是科学的发展还是技术的进步,都受一些条件的制约,科学和技术不能解决生活中所有的问题和矛盾。这就需要我们多了解,在了解的基础上去理解。

第三节　如何保证药品质量

一、《药品管理法》现行法的实施情况

我国现行的《中华人民共和国药品管理法》是 1984 年 9 月 20 日第六届全国人民代表大会常务委员会第七次会议通过,2001 年 2 月 28 日第九届全国人民代表大会常务委员会第二十次会议修订,2001 年 2 月 28 日中华人民共和国主席令第 45 号公布,自 2001 年 12 月 1 日起施行的。共包括十章 106 条,集中体现了各级政府在药品监管机构改革中的成果,简化了药品生产、经营的审批程序,进一步规范对药品生产、经营的管理。在《药品管理法》中明确了药品监督抽验的经费来源,不允许向被抽样单位收取检验费;强化药品监管执法力度;加大对违法行为的处罚、打击力度,不仅涉及被监管对象,也包括各级各类药品监管职能部门以及技术机构。多措

并举,才能加强药品质量监管,全力保障人民群众用药安全有效。

根据2013年12月28日第十二届全国人民代表大会常务委员会第六次会议《关于修改<中华人民共和国海洋环境保护法>等七部法律的决定》第一次修正,将第十三条修改为:"经省、自治区、直辖市人民政府药品监督管理部门批准,药品生产企业可以接受委托生产药品。"

根据2015年4月24日第十二届全国人民代表大会常务委员会第十四次会议《关于修改<中华人民共和国药品管理法>的决定》第二次修正。

1.删去第七条第一款中的"凭《药品生产许可证》到工商行政管理部门办理登记注册"。

2.删去第十四条第一款中的"凭《药品经营许可证》到工商行政管理部门办理登记注册"。

3.删去第五十五条。

4.将第八十九条改为第八十八条,并删去其中的"第五十七条"。

5.删去第一百条。

二、假药和劣药的不同情况

首先从法律的定义上对假药和劣药逐一介绍。在现行《药品管理法》第四十八条中明确规定,禁止生产(包括配制)、销售假药。有下列情形之一的,为假药:(一)药品所含成分与国家药品标准规定的成分不符的;(二)以非药品冒充药品或者以他种药品冒充此种药品的。有下列情形之一的药品,按假药论处:(一)国务院药品监督管理部门规定禁止使用的;(二)依照本法必须批准而未经批准生产、进口,或者依照本法必须检验而未经检验即销售的;(三)变质的;(四)被污染的;(五)使用依照本法必须取得批准文号而未取得批准文号的原料药生产的;(六)所标明的适应症或者功能主治超出规定范围的。

在现行《药品管理法》第四十九条中明确规定,禁止生产、销售劣药。药品成分的含量不符合国家药品标准的,为劣药。有下列情形之一的药品,按劣药论处:(一)未标明有效期或者更改有效期的;(二)不注明或者更改生产批号的;(三)超过有效期的;(四)直接接触药品的包装材料和容器未经批准的;(五)擅自添加着色剂、防腐剂、香料、矫味剂及辅料的;(六)其他不符合药品标准规定的。

我国对假药和劣药的概念和管理从法律的角度做了清晰、准确的定义,在药品监管部门和广大群众的实际工作和生活中如何界定和理解,还需要仔细甄别和判断。国家在审评批准药品时,对药品有明确的规定,内容包括适应症和功能主治、主要成分及其含量、理化特性、药效学、禁忌、服法用量。药品的生产者必须按照国家批准的药品处方、工艺、标准制售药品。医疗机构的医生也应当按照药品标准规定正确使用,否则,使用不当就可能延误诊断治疗,甚至危及人的生命安全。

对于用药者,判断药品质量的直观方式就是药品的包装、标识和说明书,重点关注生产日期、批号、有效期,包装是否破损或被污染,有外包装破损情况下是否影响到直接接触药品的最小包装。有许多瓶装药品的说明书在生产企业的出厂包装时放在中包装里,使用者在购买时要向销售方索取说明书,以便识别和准确服用。大多数人对药品日期的标注了解较少,药品外包装一般标注三个和时限相关的数字,产品批号、生产日期、有效期至,有电子喷码、油墨印制等不同方式。药品生产批号的含义是指用于识别"批"的一组数字或字母加数字。用之可以追溯和审查该批药品生产的历史。在生产过程中,药品批号主要起标识作用。根据生产批号和相应的生产记录,可以追溯该批药品的原料来源、药品形成过程的历史。在药品形成成品后,根据销售记录,可以追溯药品的市场去向,药品进入市场后的质量状况,在需要的时候可以控制和回收该批药品。在我国,药品生产日期一般以生产批号为准,药品有效期的计算也是自生产批号确定的日期计算。因此,不注明或更改生产批号的行为,其结果等同于未标明有效期或更改有效期。使用者在购买和使用药品前,要形成关注日期标注的习惯,以免影响治疗对身体造成损伤。

这些从外部能够识别出药品质量的情形仅仅是很少数的,不论是对假劣药品定义的分析,还是实际存在情形,大部分假药和劣药都是通过药品监管部门和药品检验机构的检查和检测才能发现的。监管部门通过对生产企业原辅料控制,对品种的批准审核、生产过程的

审计,对上市药品在流通渠道的追踪溯源和质量证明,对医疗机构制剂室的检查等这些行政手段,发现是否存在未经批准的违规行为。至于针对药品内在质量的判断是必须通过检验才能做结论的。

我们前面提到,药品具有安全性和有效性,影响药品有效性和安全性最关键因素之一是药品所含成分。药品所含成分是指该药品产生规定作用的有效成分或活性物质,是决定药品效果和质量的决定因素。不同的药物成分其理化性质、药效是不一样的,使用中的安全性也有不同。国家对于药品所含成分的审批有着十分严格的程序规定。药品生产的申请者必须如实报送研制方法、质量指标、药理及毒理试验结果等有关资料和样品。国务院药品监督管理部门组织药学、医学和其他技术人员,对药品进行审评,符合国家有关规定后才批准其生产、销售、使用。

可见,从一个药品的诞生之日(获得批准)起,就必须匹配对其进行质量控制的检验标准,对于涉及成分和内在质量指标的判定是需要通过技术手段才能做结论的。已经通过审查批准并进行合法生产的药品,其质量标准中都有确定的技术指标和相关要求。这样规定的目的就在于要确保该药品的质量和在预防、治疗、诊断中的效能与安全性。作为国家强制实施的标准,其生产、销售者必须贯彻执行。擅自改变国家药品标准中业已规定的药品所含成分的技术标准,致使药品所含成分与国家药品标准规定的成分不符的,就不能保证在使用中拥有确切的药效,更不可能保证使用者安全有效地用药。检验机构在按照各品种质量标准开展的检验过程中,可以发现是否存在成分的不一致和含量不符合限值要求的情形。

为提示广大人民群众用药意识,需要特别强调一下药品功能主治的相关规定。从药品最基本的概念和用途分析,药品和保健食品、食品、药食同源品种明显的区分在功能主治方面。每一种药品都有其确定的适应症或功能主治。非药品不具有药品特定的功效,如果被使用,轻者可延误病情,严重的危及使用者的生命安全。他种药品与被冒充的药品的一个重要区别就在于它们的适应症或功能主治以及服法用量、用药注意事项不同,以他种药品冒充此种药品不但不能达到预期目的,反而可能产生严重后果,这是十分危险的。以非药品冒充药品或以他种药品冒充此种药品的行为严重破坏了国家药品标准的实施。因此,《药品管理法》将功能主治超范围现象定为假药,需要使用者高度关注。

三、药品监管所涉法律法规

中国从国情出发,借鉴国际先进经验,围绕提高药品安全性、有效性和质量可控性,建立了涵盖药品研究、生产、流通、使用各环节的法律、法规、部门规章。

法律:

《中华人民共和国药品管理法》

《中华人民共和国行政处罚法》

《中华人民共和国行政强制法》

《中华人民共和国行政许可法》

《中华人民共和国行政复议法》

《中华人民共和国行政诉讼法》

《中华人民共和国国家赔偿法》

法规:

《中华人民共和国药品管理法实施条例》

《麻醉药品和精神药品管理条例》

《疫苗流通和预防接种管理条例》

《医疗用毒性药品管理办法》

《戒毒条例》

《中药品种保护条例》

《血液制品管理条例》

《放射性药品管理办法》

《反兴奋剂条例》

《易制毒化学品管理条例》

《国务院关于加强食品等产品安全监督管理的特别规定》

《野生药材资源保护管理条例》

《行政执法机关移送涉嫌犯罪案件的规定》

《中华人民共和国政府信息公开条例》

《中华人民共和国行政复议法实施条例》

涉及的部门规章共32个：

1.《药品经营质量管理规范》(国家食品药品监督管理总局令第13号)(2015-06-25)《关于修改〈药品经营质量管理规范〉的决定》(国家食品药品监督管理总局令第28号)(2016-07-13)

2.《蛋白同化制剂和肽类激素进出口管理办法》(国家食品药品监督管理总局　海关总署　国家体育总局令第9号)(2014-09-28)

3.《国家基本药物目录》(2012年版)(卫生部令第93号)(2013-03-13)

4.《药品不良反应报告和监测管理办法》(卫生部令第81号)(2011-05-04)

5.《药品生产质量管理规范》(2010年修订)(卫生部令第79号)(2011-01-17)

6.《药品类易制毒化学品管理办法》(卫生部令第72号)(2010-03-18)

7.《药品召回管理办法》(国家食品药品监督管理局令第29号)(2007-12-10)

8.《药品注册管理办法》(国家食品药品监督管理局令第28号)(2007-07-10)

9.《药品广告审查办法》(国家食品药品监督管理局令第27号)(2007-03-13)

10.《药品广告审查发布标准》(国家工商总局局令第27号)(2007-03-03)

11.《药品流通监督管理办法》(国家食品药品监督管理局令第26号)(2007-01-31)

12.《药品说明书和标签管理规定》(国家食品药品监督管理局令第24号)(2006-03-15)

13.《进口药材管理办法(试行)》(国家食品药品监督管理局令

第22号）（2005-11-24）

14.《国家食品药品监督管理局药品特别审批程序》（国家食品药品监督管理局令第21号）（2005-11-18）

15.《医疗机构制剂注册管理办法》(试行)（国家食品药品监督管理局令第20号）（2005-06-22）

16.《医疗机构制剂配制监督管理办法》(试行)（国家食品药品监督管理局令第18号）（2005-04-14）

17.《药品生产监督管理办法》（国家食品药品监督管理局令第14号）（2004-08-05）

18.《直接接触药品的包装材料和容器管理办法》（国家食品药品监督管理局令第13号）（2004-07-20）

19.《生物制品批签发管理办法》（国家食品药品监督管理局令第11号）（2004-07-13）

20.《互联网药品信息服务管理办法》（国家食品药品监督管理局令第9号）（2004-07-08）

21.《国家食品药品监督管理局关于涉及行政审批的行政规章修改、废止、保留的决定》（国家食品药品监督管理局令第8号）（2004-06-30）

22.《药品经营许可证管理办法》（国家食品药品监督管理局令第6号）（2004-02-04）

23.《药品进口管理办法》（国家食品药品监督管理局令第4号）（2003-08-18）

24.《药物临床试验质量管理规范》（国家食品药品监督管理局令第3号）（2003-08-06）

25.《药物非临床研究质量管理规范》（国家食品药品监督管理局令第2号）（2003-08-06）

26.《中药材生产质量管理规范（试行）》（国家药品监督管理局令第32号）（2002-04-17）

27.《医疗机构制剂配制质量管理规范》（国家药品监督管理局令第27号）（2001-03-13）

28.《药品行政保护条例实施细则》(国家药品监督管理局令第25号)(2000-10-24)

29.《处方药与非处方药分类管理办法(试行)》(国家药品监督管理局令第10号)(1999-06-18)

30.《食品药品投诉举报管理办法》(国家食品药品监督管理总局令第21号)(2016-01-12)

31.《食品药品行政处罚程序规定》(国家食品药品监督管理总局令第3号)(2014-04-28)

32.《药品医疗器械飞行检查办法》(国家食品药品监督管理总局令第14号)(2015-06-29)

四、不合格药品和问题药品的处理

不合格药品和问题药品是指药品内在质量、外在质量和包装标识不符合《药品管理法》、《中华人民共和国药典》和国家药品标准以及其他有关法律、法规规定的药品,国家食药监总局对相关情况会发出通告。指依照《中华人民共和国药品管理法》的规定属于假、劣药的药品。

1. 假药处理

《药品管理法》第七十三条规定:生产、销售假药的,没收违法生产、销售的药品和违法所得,并处违法生产、销售药品货值金额二倍以上五倍以下的罚款;有药品批准证明文件的予以撤销,并责令停产、停业整顿;情节严重的,吊销《药品生产许可证》《药品经营许可证》或者《医疗机构制剂许可证》;构成犯罪的,依法追究刑事责任。

《刑法》第一百四十一条:生产、销售假药的,处三年以下有期徒刑或者拘役,并处罚金;对人体健康造成严重危害或者有其他严重情节的,处三年以上十年以下有期徒刑,并处罚金;致人死亡或者有其他特别严重情节的,处十年以上有期徒刑、无期徒刑或者死刑,并处罚金或者没收财产。

2. 劣药处理

《药品管理法》第七十四条规定:生产、销售劣药的,没收违法生产、销售的药品和违法所得,并处违法生产、销售药品货值金额一倍以上三倍以下的罚款；情节严重的，责令停产、停业整顿或者撤销药品批准证明文件、吊销《药品生产许可证》《药品经营许可证》或者《医疗机构制剂许可证》；构成犯罪的，依法追究刑事责任。

《刑法》第一百四十二条：生产、销售劣药，对人体健康造成严重危害的，处三年以上十年以下有期徒刑，并处销售金额百分之五十以上二倍以下罚金；后果特别严重的，处十年以上有期徒刑或者无期徒刑，并处销售金额百分之五十以上二倍以下罚金或者没收财产。

第四节　如何保障用药安全可靠的提示

药品作为与人类生存、生活、健康和长寿密切相关的外部物质，从选择、使用、存放等各环节都需要慎重，尤其对于婴幼儿、老年人等特殊人群的用药，更是不可一味地根据自身的生活经验随意使用。保障用药安全应注意以下三个方面：

一、药品的选择和查询

人们日常使用药品的来源有两种：有的在医疗机构经医生诊断后开具处方从药房购取药品。医改之前，医疗机构有一定比例的药品加成，患者为节约费用，尤其是一些老病号，经常拿着医生开的处方到医院外面的药店购买，这种情况在购买时需要注意所开处方药品成分和规格应一致。为满足临床药用，药物根据性质和特点，同一品种有不同剂型和规格，大夫会根据患者的个体差异和病情以及恢复情况开不同的处方，购买和服用时一定仔细区分。大部分人用药是自己根据需要，自我诊断后从药店购买使用。因为人们在生活中已经积累了丰富的常识，对于非处方药品，一般问题不大，但是处方药还是建议慎重选择。

目前人们的质量意识越来越强烈，在信息来源畅通、资讯发达的现代社会，希望通过网络方便地解决问题，所以出现了通过百度看病吃药的众多现象，从网上购药的数量也不少，这是一个消费者很难辨别真假的渠道，应该慎选慎用。

国家食品药品监督管理总局"公众查询"平台是对所有人开放

的,如果在购买药品后,想了解是否属于已获得批准文号的药品,可以登录"公众查询"及时进行查询。具体方法是打开国家食品药品监督管理总局的官网,点开位于官网左侧的"公众查询",输入药品名称,可以查到所有获得批准文号的药品。这是区分假药的最基础环节,如果购买的药品在官网查询不到,有可能不是药品,或者是假冒药品。包括保健食品都可以在"公众查询"中了解相关生产企业和批准文号。

二、药品的存放

在药品的存放期间,要经常检查,防止误用超过有效期的药品,导致疗效不确切而影响身体状况。药品有效期是指药品在一定的储存条件下,能够保持质量不变的期限。药品有效期的长短与药品的稳定性密切相关。有些稳定性较差的药品在贮存中药效降低、毒性增高,如果继续使用,就可能对健康造成危害,因此不能再作药用。药品有效期的确定是在经过大量科学实验(非临床实验及临床试验等)基础上,根据每一药品稳定性的实际情况而作出的,因此,一定不要继续服用。为避免出现浪费现象,除慢性病患者外,常用药的储备要以一个最小包装为好。另外,对药品的包装最好不要更换,保持原包装,一方面可随时查看药品信息,另一方面,药品包装材料也是影响药品质量的因素,直接接触药品的包装材料和容器是否污染容器内的药品以及能否影响该药品的稳定性至关重要。一些药品,尤其是药品制剂,剂型本身就是依附包装而存在的。

三、正确用药

对于药品的使用,最安全可靠的方式就是遵医嘱、看说明。大多数家庭都储备常用药品,人们外出都要准备急用药品带在身边,尤其是患有心脑血管疾病、糖尿病等人群,对于生命的维持和保护,药物甚至比食物还重要。有一些老病号常说,每天不吃饭可以,不吃药就要送命。作为药品监管的职能部门,要恪尽职守,为人民群众用药安全保驾护航。广大群众对药品使用要保持科学、正确的认识和态度,要通过健康意识的增强和生活方式的改变减少、减轻患病几率和患病程度。百姓安康,岁月静好,是我们共同的愿望!